Nachrichtentechnik
Herausgegeben von H. Marko
Band 10

Eberhard Hänsler

Grundlagen der Theorie statistischer Signale

Mit 69 Abbildungen

Springer-Verlag
Berlin Heidelberg New York 1983

Dr.-Ing. EBERHARD HÄNSLER

Professor, Institut für Netzwerk- und Signaltheorie
Technische Hochschule Darmstadt

Dr.-Ing. HANS MARKO

Professor, Lehrstuhl für Nachrichtentechnik
Technische Universität München

CIP-Kurztitelaufnahme der Deutschen Bibliothek

Hänsler, Eberhard:
Grundlagen der Theorie statistischer Signale/
Eberhard Hänsler. - Berlin; Heidelberg; New York: Springer, 1983.
(Nachrichtentechnik; Bd. 10)

ISBN 3-540-12081-5 Springer-Verlag Berlin Heidelberg New York
ISBN 0-387-12081-5 Springer-Verlag New York Heidelberg Berlin

NE: GT

Druck- und Bindearbeiten: Weihert-Druck GmbH, Darmstadt
2060/3020 - 543210

Vorwort

Das vorliegende Buch ist aus Vorlesungen entstanden, die ich seit 1974 für Studenten der Elektrotechnik an der Technischen Hochschule Darmstadt halte. Die Vorlesung "Grundlagen der Theorie statistischer Signale" ist eine Pflichtvorlesung für alle Studenten der Nachrichten- und der Regelungstechnik. Es wird empfohlen, sie im 5. Semester, also unmittelbar nach der Diplom-Vorprüfung, zu hören. Ihr schließen sich vertiefende Vorlesungen an, die jeweils auf die besonderen Interessen der Nachrichten- und der Regelungstechnik abgestimmt sind.

Der Inhalt diese Buches beschränkt sich auf die Beschreibung der Eigenschaften statistischer Signale und deren Veränderung durch lineare und nichtlineare Systeme. Im Mittelpunkt stehen hierbei die Autokorrelationsfunktion und das Leistungsdichtespektrum. Nicht behandelt werden Signalquellen und informationstheoretische Probleme. Die einzelnen Abschnitte beginnen in der Regel mit einer Definition oder der knappen Herleitung einer Gleichung. Es wird dann versucht, diese zu erklären und mit bereits bekannten Zusammenhängen in Verbindung zu setzen. Abschließend wird anhand von Beispielen die Anwendung des vorher diskutierten gezeigt.

Vorlesungen und ein Buch entstehen nicht ohne das kritische Interesse von Kollegen, Mitarbeitern und Studenten. Allen sei an dieser Stelle gedankt. Die Mitarbeiter des Fachgebietes Theorie der Signale an der Technischen Hochschule Darmstadt haben durch konstruktive Kritik die Entwicklung der Vorlesungen und damit auch den Inhalt dieses Buches beeinflußt. Mein besonderer Dank gilt Herrn Dipl.-Ing. T. Becker, Herrn Dipl.-Ing. U. Hornberger und Herrn Dr.-Ing. W. Schott. Herr Becker und Herr Schott haben die mühevolle Aufgabe des Korrekturlesens übernommen und mit wertvollen Anregungen zur Verbesserung des Textes beigetragen. Herr Schott hat auch das Zeichenprogramm für die dreidimensionale Darstellung von Funktionen erstellt. Herr Hornberger hat ein Programm zur Textverarbeitung so erweitert, daß dieses Buch - einschließlich aller Formeln - damit geschrieben werden konnte.

Herrn Professor Dr.-Ing. H. Marko habe ich zu danken, daß er dieses Buch in die Reihe Nachrichtentechnik aufgenommen hat. Schließlich gilt mein Dank dem Springer-Verlag für das bereitwillige Eingehen auf meine Wünsche bei der Herausgabe des Buches.

Darmstadt, im Herbst 1982

E. Hänsler

Inhaltsverzeichnis

1. Einführung

1.1 Zum Inhalt dieses Buches

Unter einem Signal versteht man in der Nachrichten- und Regelungstechnik die Darstellung einer Nachricht durch physikalische Größen [1.1]. Im Gegensatz hierzu wollen wir in diesem Buch unter einem Signal ein Signalmodell verstehen. "Statistisches Signal" steht somit abkürzend für ein Signalmodell, das mit den Mitteln der Wahrscheinlichkeitsrechnung beschrieben und analysiert wird. Auch der Begriff "Grundlagen" im Titel dieses Buches bedarf einer Präzisierung: Er ist als "einige elementare Grundlagen" zu interpretieren, wobei für die Auswahl des Stoffes der Umfang des Buches, die bewußte Beschränkung der mathematischen Hilfsmittel und nicht zuletzt subjektive Vorlieben des Autors maßgebend sind.

Der Aufbau dieses Buches orientiert sich an den Problemen um ein System mit einem Eingang und einem Ausgang (Bild 1.1). Im Gegensatz zur klassischen Systemtheorie werden hier das Eingangs- und das Ausgangssignal durch statistische Modelle beschrieben. Das System selbst wird determiniert vorausgesetzt, d.h., zwischen Eingang, Systemzustand und Ausgang besteht immer ein eindeutiger vorherbestimmter Zusammenhang.

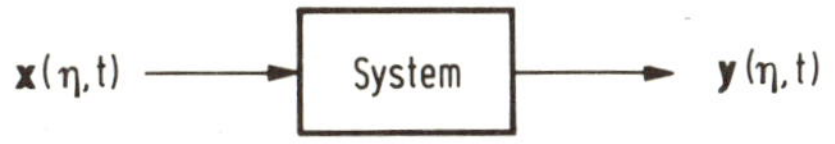

Bild 1.1: System

Das statistische Modell für ein Signal ist der Zufallsprozeß. Seine Definition, seine Beschreibung und seine Eigenschaften werden im 3. Kapitel dieses Buches behandelt. Zur Vorbereitung hierauf werden im 2. Kapitel einige Grundlagen der Wahrscheinlichkeitsrechnung, insbesondere die Zufallsvariable, diskutiert. Das 4. Kapitel beschäftigt sich mit den Zusammenhängen zwischen den Eigenschaften der Zufallsprozesse am Eingang und am Ausgang eines Systems. Es werden hier drei Klassen von Systemen behandelt: Systeme ohne Speicher, lineare Systeme und einfache nichtlineare Systeme. Im 5. Kapitel wird schließlich die Optimierung linearer Systeme für statistische Signale an den Beispielen des signalangepaßten Filters, des Wiener-Kolmogoroff Filters und des Kalman Filters gezeigt.

Bei der Darstellung dieses Stoffes wird ein Mittelweg zwischen "rein anschaulich" und "streng formal" angestrebt. Das Buch sollte daher einem Praktiker einen ausreichenden theoretischen Hintergrund für den experimentellen Umgang mit Signalen geben können. Es sollte gleichzeitig einen Theoretiker auf das Studium formalerer Darstellungen vorbereiten. Beide werden für die Lösung konkreter Probleme zusätzliche Literatur benötigen: Der Praktiker Bücher über Messung und Verarbeitung von Signalen, beispielsweise [1.2], [1.3], [1.4], [1.5], der Theoretiker formalere Darstellungen der Theorie der Zufallsprozesse und ihrer Anwendung, beispielsweise [1.6], [1.7].

1.2 Warum statistische Signalmodelle?

Genauer formuliert sollte diese Frage lauten: "Warum benötigt man neben determinierten Signalmodellen auch statistische Modelle?" Eine zunächst nur sehr pauschale Antwort lautet: "Die Lösung der aktuellen Probleme der Nachrichten- und Regelungstechnik setzt Erkenntnisse voraus, die mit Hilfe von determinierten Signalmodellen nicht gewonnen werden können". Eine detailliertere Antwort ergibt sich aus einer kurzen historischen Betrachtung und einigen allgemeinen Überlegungen zur Modellbildung.

1.3 Kurzer historischer Überblick

In diesem Abschnitt soll die Entwicklung der Theorie statistischer Signale, insbesondere aber der Übergang von determinierten zu statistischen Signalmodellen, skizziert werden.

Es kennzeichnet die Entwicklung eines Wissensgebietes, daß die Komplexität seiner Modelle stetig zunimmt. Nachrichten- und Regelungstechnik konnten mehrere Jahrzehnte lang die an sie herangetragenen Probleme mit Hilfe determinierter Signalmodelle lösen. Ihre fundamentalen Gesetze, beispielsweise die 1924 von Küpfmüller [1.8] und Nyquist [1.9] unabhängig voneinander formulierten Einschwinggesetze basieren ausschließlich auf der determinierten Beschreibung von Signalen. Selbst einfache Erkenntnisse über die Kapazität einer Nachrichtenübertragung wurden 1928 von Hartley [1.10] mit rein determinierten Ansätzen gewonnen. Diese determinierte Betrachtungsweise erreichte ihren Höhepunkt und Abschluß etwa mit dem Erscheinen des Buches "Die Systemtheorie der elektrischen Nachrichtenübertragung" von Küpfmüller [1.11] im Jahre 1949. Wenige Jahre vorher haben Kolmogoroff [1.12] und Wiener [1.13] gezeigt, welche neuartigen Lösungen möglich sind, wenn für Signale und Störungen statistische Modelle angenommen werden. Beide haben für den Filterentwurf als Gütekriterium den mittleren quadratischen Fehler benutzt, ein Kriterium, das Gauß bereits 1795 formuliert hat [1.14]. Etwa gleichzeitig mit Küpfmüllers "Systemtheorie" erschienen die grundlegenden Arbeiten Shannons zur Informationstheorie [1.15], [1.16]. Dieser ging von ähnlichen Fragestellungen wie Hartley aus, benutzte für Signale und Störungen jedoch statistische Modelle.

Kolmogoroff und Wiener konnten das Optimalfilterproblem nur für stationäre Vorgänge lösen. Begründet ist dies vorwiegend dadurch, daß ihnen zur Systembeschreibung nur das Hilfsmittel der Gewichtsfunktion bzw. der Übertragungsfunktion zur Verfügung stand. Erst die Anwendung der Zustandsraumdarstellung ermöglichten 1960 Kalman [1.17] und ein Jahr später Kalman und Bucy [1.18] eine allgemeinere Lösung. Das von Kalman für zeitdiskrete Signale und Störungen angegebene Optimalfilter ist für die Realisierung mit Mitteln der digitalen Signalverarbeitung besonders geeignet.

Die digitale Realisierung von Verfahren, die auf der Basis statistischer Signalmodelle hergeleitet werden konnten, hat in den folgenden Jahren zur Entwicklung außerordentlich leistungsfähiger nachrichten- und regelungstechnischer Systeme geführt. Ihre wohl spektakulärste Anwendung finden diese u.a. in der Raumfahrt, wo es derzeit möglich ist, über Entfernungen von mehr als einer Lichtstunde hinweg, einen Satelliten auf seiner vorausberechneten Bahn zu führen und Bildsignale zu übertragen.

1.4 Modellbildung

Die Untersuchung und Beschreibung physikalischer Vorgänge mit den Hilfsmitteln der Mathematik erfordert die Formulierung eines Modells. Hierbei gilt es in jedem einzelnen Fall zwischen der notwendigen

Wirklichkeitsnähe des Modells und dem zulässigen Schwierigkeitsgrad der für die Modellanalyse erforderlichen mathematischen Hilfsmittel abzuwägen. Große Wirklichkeitsnähe bedeutet in der Regel hohen mathematischen Aufwand. Es ist daher üblich, für denselben physikalischen Vorgang oder für dasselbe Gerät Modelle unterschiedlicher Komplexität zu formulieren. Dem Nachrichten- und Regelungstechniker geläufige Beispiele hierfür sind die Ersatzschaltungen eines Übertragers oder die Beschreibung einer Wechselspannung. Für einfache Überlegungen kann ein Übertrager ideal angenommen werden (Bild 1.2 a). Genauere Untersuchungen erfordern die Einbeziehung der Streuung (Bild 1.2 b) und endlich auch der Verluste (Bild 1.2 c). Eine Wechselspannung kann für die Untersuchung linearer Systeme durch Amplitude, Frequenz und Phase der sinusförmigen Grundwelle ausreichend genau beschrieben sein. Bei Systemen mit nichtlinearen Elementen kann es dagegen notwendig werden, auch Oberwellen bei der Modellbildung zu berücksichtigen.

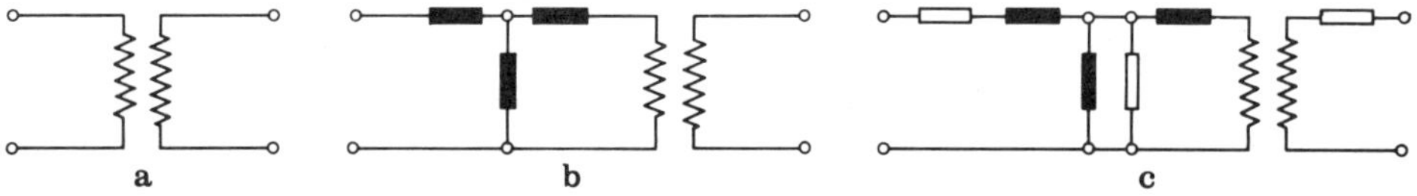

Bild 1.2: Modelle eines Übertragers: a) idealer Übertrager, b) Übertrager mit Streuung, c) Übertrager mit Streuung und Verlusten

Die Reihe dieser Beispiele kann beliebig fortgesetzt werden. Welches Modell jeweils am besten geeignet ist, hängt von der Aufgabe ab, für deren Lösung es angewandt werden soll. In jedem Fall ist es erstrebenswert, das Modell so einfach wie möglich zu formulieren. Daher ist ein zweiter Gesichtspunkt bei einer Modellbildung wichtig: Ein Modell erfordert eine Reihe von Annahmen, die ausschließlich mathematischen Gesetzen unterliegen. Dies bedeutet, daß sie nach mathematischen Regeln untereinander widerspruchsfrei sein müssen; es bedeutet aber nicht zwangsläufig, daß alle Annahmen im Einklang mit physikalischen Gesetzen stehen müssen oder daß die Zulässigkeit aller Annahmen mit physikalischen Mitteln nachprüfbar sein muß. Trotzdem kann die Analyse eines Modells, für das derartige Annahmen getroffen werden, wertvolle Erkenntnisse bringen. Auch hierfür gibt es in der Nachrichten- und Regelungstechnik viele Beispiele. Einige dieser Annahmen, die als Grenzfälle der physikalischen Wirklichkeit interpretiert werden können, sind so gebräuchlich, daß sie meist gar nicht besonders genannt werden: Ein Wechselstrom fließt von $t=-\infty$ bis $t=+\infty$, oder ein System antwortet bereits, bevor es angeregt wird, d.h., es verletzt die Kausalität. Besonders der letzte Gesichtspunkt - meßtechnisch nicht nachprüfbare Annahmen - wird in den folgenden Kapiteln bei der Benutzung von Zufallsprozessen als Signalmodelle eine wichtige Rolle spielen.

Das einfachste Modell für ein Signal ist ein einzelner impulsförmiger oder ein periodischer Vorgang, dessen Verlauf bekannt und meist auch einfach mathematisch beschreibbar ist. Der Schritt zu einem wirklichkeitsgetreueren Modell folgt der Erkenntnis, daß ein Gerät - beispielsweise ein Verstärker - nicht für ein einzelnes bekanntes Signal, sondern für eine große Anzahl möglicher Signale - für eine Schar von Signalen - entwickelt wird. Von Bedeutung sind daher nicht die Verläufe einzelner Signale, sondern deren gemeinsame Eigenschaften. Man spricht dann beispielsweise von Tonsignalen, Datensignalen oder Bildsignalen. Ein mathematisches Modell für eine derartige Schar von Signalen ist der Zufallsprozeß (auch stochastischer Prozeß oder Zufallsfunktion genannt). Jedes einzelne zur Schar gehörende Signal ist eine Musterfunktion des Prozesses.

Auch für Zufallsprozesse als Signalmodelle gelten die in diesem Abschnitt zunächst für geläufigere Modellvorstellungen erläuterten Gesichtspunkte: Es gibt nicht das "richtige" Modell für ein bestimmtes Signal, sondern es hängt vom physikalischen Vorgang und vom Untersuchungsziel ab, welche Art von Zufallsprozeß im Einzelfall das am besten geeignete Modell darstellt, und es können Voraussetzungen sinnvoll sein, die physikalischen Gesetzen (oder zumindest der Anschauung) widersprechen oder die physikalisch nicht nachprüfbar sind.

1.5 Notwendige Vorkenntnisse

Für das Verständnis dieses Buches werden elementare Kenntnisse der Analysis, der Systemtheorie und der Theorie determinierter Signale vorausgesetzt. Gebrauch gemacht wird von den Zusammenhängen zwischen Zeit- und Frequenz- bzw. z-Bereich und der Beschreibung linearer Systeme durch Gewichtsfunktion, Übertragungsfunktion und Zustandsvektor, wie sie zum Beispiel in [1.19], [1.20], [1.21] und [1.22] behandelt werden. Nützlich sind schließlich elementare Kenntnisse der Wahrscheinlichkeitsrechnung (z.B. [1.23], [1.24], [1.25]), obwohl der Wahrscheinlichkeitsraum im folgenden 2. Kapitel des Buches kurz behandelt wird.

Wie bereits eingangs betont, wird für dieses Buch eine Darstellung angestrebt, die zwar formal korrekt sein möchte, deren Aussage jedoch nicht durch Formalismen überdeckt sein sollte. Diesem Konzept folgend werden u. a. Voraussetzungen nur formuliert, soweit sie physikalisch bedingt sind. Rein mathematisch-technische Voraussetzungen werden fast immer nicht besonders erwähnt. Auf pathologische Fälle wird nur eingegangen, wenn sie sich als Grenzfälle physikalischer Erscheinungen deuten lassen. Besondere Räume oder Funktionenklassen werden nicht explizit definiert. Es wird für auftretende Funktionen immer angenommen, daß Summen, Integrale, Ableitungen und Grenzwerte dort, wo sie benötigt werden, existieren und daß die Reihenfolge linearer Operationen vertauschbar ist. Beweise werden nicht mathematisch streng geführt. Sie werden nur dort angegeben, wo sie zum Verständnis beitragen oder als Beispiel für das Arbeiten mit den betreffenden Größen dienen können.

1.6 Notationen

Abschließend soll noch auf einige Besonderheiten bei der Schreibweise von Formelzeichen hingewiesen werden. Die in diesem Buch verwendete Darstellung ist an vielen Stellen bewußt weitschweifig, um das Gedächtnis des Lesers nicht zu sehr mit Abkürzungen zu belasten und um die Lesbarkeit und das Verständnis der Formelausdrücke zu erleichtern. Dem Leser sei jedoch nahegelegt, bei eigenen Arbeiten kürzere Darstellungen zu verwenden, wie sie beispielsweise in [1.26] vorgeschlagen werden.

Zufallsvariablen und Zufallsprozesse werden in diesem Buch - wie oft in englischsprachigen Lehrbüchern [1.27] - mit fetten Buchstaben bezeichnet: $\mathbf{x}(\eta)$ steht für eine Zufallsvariable, $\mathbf{x}(\eta,t)$ für einen Zufallsprozeß. Hierbei ist das Argument η ein Element einer Ergebnismenge H und t ein Element einer Parametermenge $T_{\mathbf{x}}$. Die Bezeichnungen η und H werden abweichend von den in der mathematischen Literatur üblichen Buchstaben ω und Ω gewählt, da ω für die Kreisfrequenz benötigt wird. Das Argument η wird bei Zufallsvariablen bzw. -prozessen immer mitgeschrieben, um deren Definitionen als Scharen von Größen zu betonen. Der Zusammenhang zwischen der Funktion einer Größe und der Größe selbst wird durch Indizes hergestellt: $F_{\mathbf{x}}(x)$ ist die Wahrscheinlichkeitsverteilungsfunktion der Zufallsvariablen $\mathbf{x}(\eta)$, $f_{\mathbf{x}}(x,t)$ ist die Wahrscheinlichkeitsdichtefunktion des Zufallsprozesses $\mathbf{x}(\eta,t)$ für den Zeitpunkt t. Diese Bezeichnung erlaubt die freie Wahl der Variablen für das Argument der Funktion. Dort, wo beispielsweise mehrere Integrationsvariable gebraucht werden, wird $F_x(u)$, $F_x(v)$ und $F_x(w)$ geschrieben.

Ereignisse werden grundsätzlich mit großen Buchstaben bezeichnet:

$$A = \{\eta_1,\eta_2\}\ ,\quad B = \{\eta_3,\eta_4\}\quad \text{oder auch}\quad C = \{\eta \mid x(\eta,t) \leq x\}.$$

Wird im Argument einer Wahrscheinlichkeit ein Ereignis durch die Elemente seiner Menge spezifiziert, so werden die Mengenklammern mitgeschrieben:

$$P(A) = P(\{\eta_1,\eta_2\}) \quad \text{oder} \quad P(E \cap C) = P(\{\eta_3,\eta_4\} \cap \{\eta \mid x(\eta,t) \leq x\}).$$

Gleichzeitig sollen jedoch folgende Abkürzungen vereinbart werden:

$$P(\{\eta \mid x(\eta) = x\}) = P_x(x)\ ,$$

$$P(\{\eta \mid x(\eta,t) = x\}) = P_x(x,t)\ .$$

Schließlich sei noch darauf hingewiesen, daß bei der Bezeichnung von Funktionen nicht zwischen der Funktion und dem Funktionswert an einer bestimmten Stelle unterschieden wird: $z(\eta)$ bezeichnet entweder die Funktion "Zufallsvariable z", oder deren Funktionswert für ein spezielles Argument η. Soll besonders hervorgehoben werden, daß die zuletzt genannte Bedeutung gemeint ist, so wird das Argument mit einem Index versehen: $z(\eta_0)$.

1.7 Schrifttum

[1. 1] DIN 40 146: Begriffe der Nachrichtenübertragung. Blatt 1. Beuth-Verlag, Berlin, 1973.

[1. 2] Jenkins, G. M. and D. G. Watts: Spectral Analysis and its Applications. Holden-Day, San Francisco, 1968.

[1. 3] Blackman, R. B. and J. W. Tukey: The Measurement of Power Spectra. Dover Publ., New York, 1958.

[1. 4] Rabiner, L. R. and B. Gold: Theory and Application of Digital Signal Processing. Prentice-Hall, Englewood Cliffs, 1975.

[1. 5] Oppenheim, A. V. and R. W. Schafer: Digital Signal Processing. Prentice-Hall, Englewood Cliffs, 1975.

[1. 6] Middleton, D.: Introduction to Statistical Communication Theory. McGraw-Hill, New York, 1960.

[1. 7] Doob, J. L.: Stochastic Processes. J. Wiley, New York, 1953.

[1. 8] Küpfmüller, K.: Über Einschwingvorgänge in Wellenfiltern. Elektrische Nachrichtentech. 1 (1924), 141-152.

[1. 9] Nyquist, H.: Certain factors affecting telegraph speed. Bell Syst. tech. J. 3 (1924), 324-346.

[1.10] Hartley, R. V. L.: Transmission of information. Bell Syst. tech. J. 7 (1928), 535-563.

[1.11] Küpfmüller, K.: Die Systemtheorie der elektrischen Nachrichtenübertragung. S. Hirzel-Verlag, Stuttgart, 1949.

[1.12] Kolmogoroff, A.: Interpolation und Extrapolation von stationären zufälligen Folgen (russ.). Akad. Nauk. UdSSR Ser. Math. 5 (1941), 3-14.

[1.13] Wiener, N.: The Extrapolation, Interpolation, and Smoothing of Stationary Time Series with Engineering Applications. J. Wiley, New York, 1949. (Die Originalarbeit erschien als MIT Radiation Laboratory Report bereits 1942.)

[1.14] Gauß, C. F.: Theorie der Bewegung der Himmelskörper, welche in Kegelschnitten die Sonne umlaufen. Deutsche Übersetzung des lateinischen Originals von 1809. Carl Meyer, Hannover, 1865.

[1.15] Shannon, C. E.: A mathematical theory of communication. Bell Syst. tech. J. 27 (1948), 379-424 und 623-657.

[1.16] Shannon, C. E.: Communication in the presence of noise. Proc. IRE 37 (1949), 10-21.

[1.17] Kalman, R. E.: A new approach to linear filtering and prediction problems. Trans. ASME, J. of Basic Eng. 82 (1960), 35-45.

[1.18] Kalman, R. E. and R. S. Bucy: New results in linear filtering and prediction theory. Trans. ASME, J. of Basic Eng. 83 (1961), 95-108.

[1.19] Papoulis, A.: The Fourier Integral an its Applications. McGraw-Hill, New York, 1962.

[1.20] Unbehauen, R.: Systemtheorie. Oldenbourg-Verlag, München,1980.

[1.21] Zadeh, L. A. and C. A. Desoer: Linear System Theory. McGraw-Hill, New York, 1963.

[1.22] Thoma, M.: Theorie linearer Regelsysteme. Vieweg-Verlag, Braunschweig, 1973.

[1.23] Chung, K. L.: Elementare Wahrscheinlichkeitstheorie und stochastische Prozesse. Springer-Verlag, Berlin, 1978.

[1.24] Krickeberg, K. und H. Ziezold: Stochastische Methoden. Springer-Verlag, Berlin, 1977.

[1.25] Cramér, H.: Mathematical Methods of Statistics. Princeton University Press, Princeton, 1974.

[1.26] DIN 13 303: Stochastik. Teil 1 und Teil 2. Beuth-Verlag, Berlin, 1980.

[1.27] Papoulis, A.: Probability, Random Variables, and Stochastic Processes. McGraw-Hill, New York, 1965.

2. Zufallsvariablen

In diesem Kapitel werden die Definition und die Eigenschaften von Zufallsvariablen behandelt. Es soll auf das folgende Kapitel Zufallsprozesse vorbereiten, von dem aus dann häufig auf Zufallsvariablen Bezug genommen wird.

2.1 Wahrscheinlichkeitsraum

Die Basis für die Definition einer Zufallsvariablen ist der Wahrscheinlichkeitsraum. Man versteht darunter die Zusammenfassung von drei Größen: einer Ergebnismenge H, eines Ereignisfeldes $\mathcal{A}$ und eines Wahrscheinlichkeitsmaßes P.

> Definition 2.1:
> Wahrscheinlichkeitsraum = (H, $\mathcal{A}$, P)

2.1.1 Ergebnismenge

Als Ergebnismenge H (oder Merkmalmenge) bezeichnet man die Menge aller möglichen Ergebnisse η eines Zufallsexperimentes. Dies ist ein Experiment mit einer Anzahl möglicher Ergebnisse, bei dem jedoch das aktuelle Ergebnis nicht vorhersagbar ist. Bei jeder Ausführung stellt sich immer genau ein Ergebnis ein. (Man sagt auch, "es prägt sich genau ein Merkmal aus".)

> Definition 2.2:
> Ergebnismenge H = { alle möglichen Ergebnisse eines Zufallsexperimentes }

Beispiel 2.1: Würfeln

Das Werfen eines Würfels ist ein Zufallsexperiment. Mögliche Ergebnismengen sind:

H_1 = { alle möglichen Augenzahlen } ,
H_2 = { gerade Augenzahl, ungerade Augenzahl } ,
H_3 = { Augenzahl ≤ 3, Augenzahl > 3 } .

Beispiel 2.2: Spannungsmessung

Die Messung einer Spannung mit einem Zeigermeßgerät kann als Zufallsexperiment betrachtet werden. Eine mögliche Ergebnismenge ist:

H = { alle möglichen Winkel zwischen dem Zeiger und seiner Nullstellung } .

Beispiel 2.1 zeigt, daß die Beschreibung der Durchführung eines Zufallsexperimentes nicht ausreicht, um dessen Ergebnismenge eindeutig festzulegen. Diese muß immer definiert werden. Hierbei kann nach Zweckmäßigkeitsgesichtspunkten verfahren werden. Einschränkend wirkt nur die Forderung, daß jede Ausführung des Experimentes <u>genau</u> <u>ein</u> Ergebnis haben darf.

Die Ergebnismengen der Beispiele 2.1 und 2.2 unterscheiden sich wesentlich dadurch, daß im Beispiel 2.1 die Anzahl der Elemente der Ergebnismenge <u>abzählbar</u>, im Beispiel 2.2 dagegen <u>nicht</u> <u>abzählbar</u> ist. Dies hat zur Folge, daß den Ergebnissen des Beispiels 2.2 kein <u>Maß</u> zugeordnet werden kann. Ein solches Maß wäre beispielsweise die Wahrscheinlichkeit, mit der einzelne Zeigerstellungen auftreten können. Voraussetzung für die (mathematische) Meßbarkeit einzelner Ergebnisse ist jedoch u.a., daß das Maß der Vereinigung jeder Teilmenge von Ergebnissen gleich der Summe der Maße der (disjunkt angenommenen) Elemente dieser Teilmengen ist. In Beispiel 2.2 würde jede Zeigerstellung die Wahrscheinlichkeit Null erhalten. Hieraus könnte somit nicht die Wahrscheinlichkeit, daß das Meßgerät beispielsweise zwischen 1 V und 2 V anzeigt, berechnet werden, da auch bei Addition der Wahrscheinlichkeiten unendlich vieler möglicher Zeigerstellungen in diesem Intervall sich immer die Wahrscheinlichkeit Null ergäbe.

"Maß" und "Meßbarkeit" sind im vorangehenden Abschnitt <u>mathematische</u> Begriffe. Sie sind nicht zu verwechseln mit der technischen Messung einer Größe. Leser, die nicht mit der Maßtheorie vertraut sind, seien hier auf Längenmaße hingewiesen: Die Länge einer Strecke ist gleich der Summe der Längen der Teilstrecken. Einzelne Punkte auf einer Strecke haben die Länge Null. Auch durch die Aneinanderreihung beliebig vieler Punkte erhält man nicht die Länge der Strecke.

Beispiel 2.3: Spannungsmessung

Eine mögliche Ergebnismenge ist:

$$H = \{ \eta \mid \gamma_i \leq \eta < \gamma_{i+1} \}$$

$$\text{mit } i = 0, \ldots, N-1: \gamma_0 = 0 \text{ und } \gamma_N = \gamma_{max}.$$

Beispiel 2.3 zeigt, wie für das Zufallsexperiment aus Beispiel 2.2 eine meßbare Ergebnismenge definiert werden kann.

2.1.2 Ereignisfeld

Die Absicht, ein Zufallsexperiment in jedem Fall mit den Mitteln der Wahrscheinlichkeitsrechnung beschreiben zu wollen, führt zur Definition des Ereignisfeldes $\mathcal{A}$. Dieses enthält meßbare Teilmengen der Ergebnismenge. Bei abzählbarer Ergebnismenge können dies alle Teilmengen - also die Potenzmenge - der Ergebnismenge H sein. Bei nicht abzählbarer Ergebnismenge kann man Teilmengen beispielsweise in der Form von Intervallen bilden. Grundsätzlich enthält ein Ereignisfeld $\mathcal{A}$ neben einer Anzahl beliebig ausgewählter meßbarer Teilmengen der Ergebnismenge H die Menge H selbst und alle weiteren Mengen, die sich durch die Operationen Durchschnitt, Vereinigung und Negation aus Elementen von $\mathcal{A}$ bilden lassen. Dies schließt immer die leere Menge $\emptyset$ ein.

Beispiel 2.4: Würfeln

Ergebnismenge: $H = \{\eta_1,\eta_2,\eta_3,\eta_4,\eta_5,\eta_6\}$ mit η_i = Augenzahl i

Ein mögliches Ereignisfeld ist:

$$\mathcal{A} = \{\emptyset,\ \{\eta_1\},\ \{\eta_2\},\ \{\eta_1,\eta_2\},\ \{\eta_2,\eta_3,\eta_4,\eta_5,\eta_6\},$$
$$\{\eta_1,\eta_3,\eta_4,\eta_5,\eta_6\},\ \{\eta_3,\eta_4,\eta_5,\eta_6\},\ H\} .$$

Schließlich enthält ein Ereignisfeld zu jeder konvergierenden Folge von Mengen auch deren Grenzmenge. Ein Feld mit diesen Eigenschaften nennt man ein Borel-Feld oder eine σ-Algebra von Teilmengen über der Ergebnismenge H.

Definition 2.3:

Ein Ereignisfeld $\mathcal{A}$ ist eine nicht leere Menge von Teilmengen der Ergebnismenge H mit folgenden Eigenschaften:

1.) $H \in \mathcal{A}$
2.) Aus $A \in \mathcal{A}$ folgt $\bar{A} \in \mathcal{A}$
3.) Aus $A_1, A_2 \in \mathcal{A}$ folgt $A_1 \cup A_2 \in \mathcal{A}$
4.) Aus $A_1, A_2, \ldots\ldots \in \mathcal{A}$ folgt $\bigcup_{i=1}^{\infty} A_i \in \mathcal{A}$

In Def. 2.3 bezeichnet $\bar{A}$ das Komplement der Menge A, d.h. alle Elemente der Menge H, die <u>nicht</u> in A enthalten sind. Die Teile 2.) und 3.) der Definition schließen ein, daß auch die Schnittmenge $A_1 \cap A_2$ ein Element des Ereignisfeldes ist.

Die Elemente des Ereignisfeldes nennt man <u>Ereignisse</u>. Aus Def. 2.3 und dem vorher Gesagten folgt, daß ein Ergebnis $\eta_i \in$ H Element mehrerer Ereignisse sein kann. Alle diese Ereignisse "finden statt", wenn η_i als Ergebnis auftritt. Ein Zufallsexperiment hat somit immer genau ein Ergebnis, es kann jedoch mehrere Ereignisse gleichzeitig auslösen.

Im Zusammenhang mit Ereignissen sind noch einige Begriffe von Bedeutung: Ein Ereignis, das nur ein Element der Ergebnismenge enthält, ist ein <u>Elementarereignis</u>. Die leere Menge $\emptyset$ bildet das <u>unmögliche</u> Ereignis, die Ergebnismenge H das <u>sichere</u> Ereignis. Zwei Ereignisse, die kein Element gemeinsam enthalten, d.h. deren Durchschnitt leer ist, nennt man <u>disjunkte</u> oder <u>unvereinbare</u> Ereignisse. Die Zusammenfassung (H , $\mathcal{A}$) wird auch <u>Meßraum</u> genannt.

Beschränkt man die Definition der Ergebnismenge auf eine Menge mit <u>abzählbar</u> vielen Elementen, so kann man auf die Unterscheidung von Ergebnis und Elementarereignis verzichten. Damit ist das Ereignisfeld als Potenzmenge des Ergebnisraumes festgelegt und eine gesonderte Definition des Ereignisfeldes entfällt.

2.1.3 Wahrscheinlichkeit

Die Elemente des Ereignisfeldes sind meßbar. Ein spezielles Maß, das man ihnen zuordnen kann, ist die Wahrscheinlichkeit. Diese ist eine Funktion, die über dem Ereignisfeld definiert ist. Ihr Wertebereich ist das Intervall [0,1] der reellen Zahlen. Man sagt daher auch, daß die Funktion Wahrscheinlichkeit das Ereignisfeld $\mathcal{A}$ auf das Intervall [0,1] der reellen Zahlen abbildet.

Betrachtet man die Def. 2.3 des Ereignisfeldes unter dem Gesichtspunkt, daß Wahrscheinlichkeiten nur für Ereignisse definiert werden können, so wird auch die Bedeutung der Punkte 2.) und 3.) dieser Definition sichtbar: 2.) stellt sicher, daß gleichzeitig mit der Wahrscheinlichkeit des Stattfindens eines Ereignisses auch die Wahrscheinlichkeit dafür angegeben werden kann, daß das Ereignis <u>nicht</u> stattfindet. 3.) bedeutet, daß zusammen mit den Wahrscheinlichkeiten zweier Ereignisse A_1 und A_2 auch die Wahrscheinlichkeit dafür, daß A_1 <u>und</u> A_2 stattfindet, definiert wird.

Die Eigenschaften der Funktion Wahrscheinlichkeit sind durch drei <u>Axiome</u> definiert:

Definition 2.4: Wahrscheinlichkeit

1.) $P(A) \geq 0$

2.) $P(E) = 1$

3.) $P(A \cup B) = P(A) + P(B)$ für A und B disjunkt

Diese auf Kolmogoroff [2.1] zurückgehende Definition besagt, daß die Wahrscheinlichkeit 1.) <u>nicht negativ</u>, 2.) <u>normiert</u> und 3.) <u>additiv</u> ist. 2.) sagt ferner, daß die Wahrscheinlichkeit des sicheren Ereignisses gleich Eins ist. Damit ist die Wahrscheinlichkeit des unmöglichen Ereignisses gleich Null.

Def. 2.4 ist heute die einzige zulässige Definition der Wahrscheinlichkeit. Nachteilig an ihr ist, daß sie keinen Hinweis dafür gibt, wie Wahrscheinlichkeiten im konkreten Fall zu bestimmen sind. Diese Schwierigkeit, daß sich aus einer Definition keine Meßvorschrift für einen Schätzwert der definierten Größe herleiten läßt, wird noch mehrfach, insbesondere im Zusammenhang mit Zufallsprozessen, auftreten.

Sollen <u>Schätzwerte</u> für die Wahrscheinlichkeiten von Ereignissen bestimmt werden, so kann hierfür die <u>relative Häufigkeit</u> dieser Ereignisse benutzt werden. Diese ist definiert als:

$$\tilde{P}(A) = n_A \,/\, N \,. \qquad (2\text{-}1)$$

Hierbei ist N die Anzahl der Ausführungen des Zufallsexperimentes und n_A die Anzahl von Ausführungen, bei denen das Ereignis A eingetreten ist. Nach dem Gesetz der großen Zahlen strebt die Wahrscheinlichkeit, daß

$$|P(A) - \tilde{P}(A)| < \varepsilon$$

ist, für beliebig kleines ε mit wachsendem N gegen Eins.

Beispiel 2.5: Werfen einer Münze

Eine Münze wird N = 100 mal geworfen. Das Ereignis {WAPPEN} tritt 51 mal, das Ereignis {ZAHL} 49 mal auf. Es sind somit:

$$\tilde{P}(\{\text{WAPPEN}\}) = 0{,}51 \quad , \quad \tilde{P}(\{\text{ZAHL}\}) = 0{,}49 .$$

Nach Gl.(2-1) bestimmte relative Häufigkeiten genügen den Axiomen der Wahrscheinlichkeit. Eine Definition der Wahrscheinlichkeit über die relative Häufigkeit ist jedoch nicht zulässig, da kein Beweis dafür möglich ist, daß $\tilde{P}(A)$ – wie oben gefordert – tatsächlich mit wachsendem N gegen einen Grenzwert konvergiert, der unabhängig von N ist.

Der Quotient $P(A \cap B) \,/\, P(B)$ bezeichnet die Wahrscheinlichkeit des Ereignisses A unter der Bedingung, daß das Ereignis B stattgefunden hat. Man nennt ihn die bedingte Wahrscheinlichkeit des Ereignisses A und schreibt:

$$P(A|B) = P(A \cap B) \,/\, P(B) . \tag{2-2}$$

Voraussetzung ist, daß $P(B) > 0$ ist. Die Ereignisse A und B sind in $P(A \cap B)$ vertauschbar. Daher gilt (für $P(A) > 0$) auch:

$$P(B|A) = P(A \cap B) \,/\, P(A) . \tag{2-3}$$

Aus den Gln.(2-2) und (2-3) folgt – wieder nur für $P(B) > 0$ – schließlich:

$$P(A|B) = P(B|A)\, P(A) \,/\, P(B) . \tag{2-4}$$

Dies ist die sog. Bayessche Formel. Die Wahrscheinlichkeit P(A) nennt man in diesem Zusammenhang auch die a-priori-Wahrscheinlichkeit, die bedingte Wahrscheinlichkeit $P(A|B)$ die a-posteriori-Wahrscheinlichkeit des Ereignisses A. Beide Begriffe spielen in der Schätz- und Entscheidungstheorie eine Rolle. P(A) beschreibt hier die Kenntnis über die Wahrscheinlichkeit eines Ereignisses, bevor Messungen oder

Beobachtungen vorgenommen wurden. $P(A|B)$ bezeichnet dagegen die Wahrscheinlichkeit des Ereignisses A, nachdem feststeht, daß das Ereignis B stattgefunden hat.

Für bedingte Wahrscheinlichkeiten gelten die gleichen Gesetze wie für Wahrscheinlichkeiten. Aus den Axiomen der Wahrscheinlichkeit (s. Def. 2.4) folgt für bedingte Wahrscheinlichkeiten:

1.) $P(A|B) \geq 0$, (2-5.1)

2.) $P(H|B) = 1$, (2-5.2)

3.) $P(A_1 \cup A_2 |B) = P(A_1|B) + P(A_2|B)$ für A_1 und A_2 disjunkt. (2-5.3)

2.2 Definition einer Zufallsvariablen

Grundlage für die Definition einer Zufallsvariablen ist der Wahrscheinlichkeitsraum $(H , \mathcal{A} , P)$ (s. Abschnitt 2.1). Bei der folgenden Definition beschränken wir uns auf reelle Zufallsvariablen. Allgemeinere Definitionen sind möglich, sollen aber in diesem Buch nicht betrachtet werden.

> Definition 2.5: Reelle Zufallsvariable
>
> Eine reelle Zufallsvariable $x(\eta)$ ist eine eindeutige Abbildung der Ergebnismenge H eines Zufallsexperimentes auf die Menge $\mathbb{R}$ der reellen Zahlen mit folgen Eigenschaften:
>
> 1.) $\{\eta | x(\eta) \leq x\} \in \mathcal{A}$ für jedes $x \in \mathbb{R}$
>
> 2.) $P(\{\eta | x(\eta) = -\infty\}) = P(\{\eta | x(\eta) = +\infty\}) = 0$

Ergänzend zu dieser Definition werden wir zulassen, daß Zufallsvariablen Größen sind, d.h. daß zu dem Zahlenwert $x \in \mathbb{R}$ noch eine Einheit gehören kann. Den Wert einer Zufallsvariablen $x(\eta)$ für ein bestimmtes Argument $\eta = \eta_i$ nennt man eine Realisierung der Zufallsvariablen. Eine Zufallsvariable kann diskret oder kontinuierlich sein. Ist die Ergebnismenge H abzählbar, so ist $x(\eta)$ immer diskret. Im konkreten Fall wird eine Zufallsvariable durch eine Tabelle oder eine mathematische Vorschrift definiert.

Beispiel 2.6: Gewinntabelle beim Würfelspiel

Zufallsexperiment: Würfeln

Ergebnismenge: H = { alle möglichen Augenzahlen }

Zufallsvariable $x(\eta)$:

η	$x(\eta)$
1	0
2	0
3	5
4	10
5	10
6	100

Beispiel 2.7: Eichung eines Zeigermeßgerätes

Zufallsexperiment: Messung einer Spannung

Ergebnismenge: H = { alle möglichen Winkel zwischen dem Zeiger und seiner Nullstellung }

Zufallsvariable $x(\eta)$:

$$x(\eta) = (\eta/\alpha_{max})\, U_{max}$$

mit α_{max}: Winkel bei maximalem Zeigerausschlag,
U_{max}: größte meßbare Spannung.

Die Bezeichnung <u>Zufalls</u>variable ist mißverständlich. Sie bezieht sich ausschließlich auf den Zusammenhang zwischen der Ausführung eines Zufallsexperimentes und dem Wert, den die Zufallsvariable danach annimmt. Nach Def. 2.5 besteht jedoch zwischen jedem Ergebnis $\eta \in H$ und dem Wert der Zufallsvariablen $x(\eta)$ für dieses Ergebnis ein eindeutiger Zusammenhang, $x(\eta)$ ist eine <u>eindeutige</u> <u>Funktion</u> von $\eta \in H$. Zufällig ist die <u>Auswahl</u> eines speziellen Argumentes η durch ein Zufallsexperiment. Da eine Zufallsvariable jedoch im allgemeinen keine umkehrbar eindeutige Funktion ist (s. Beispiel 2.6), kann man von der Realisierung einer Zufallsvariablen nicht eindeutig auf das Ergebnis zurückschließen.

Die in Def. 2.5 unter 1.) geforderte Eigenschaft der Zufallsvariablen besagt, daß die durch $\{\eta \mid x(\eta) \leq x\}$ definierte Teilmenge der Ergebnismenge für jedes $x \in \mathbb{R}$ ein Ereignis ist. Damit ist es möglich, eine Wahrscheinlichkeit dafür anzugeben, daß diese Zufallsvariable $x(\eta)$ einen Wert kleiner oder gleich x annimmt. Die unter 2.) geforderte Eigenschaft besagt, daß eine Zufallsvariable mit einer von Null verschiedenen Wahrscheinlichkeit nur endliche Werte annehmen darf.

Abschließend sei zur Definition der Zufallsvariablen noch vermerkt, daß über derselben Ergebnismenge mehrere Zufallsvariablen definiert sein können. Dies ist eine Voraussetzung für die Definition des Zufallsprozesses (s. 3. Kapitel).

2.3 Wahrscheinlichkeitsverteilungsfunktion

Definition 2.6: Wahrscheinlichkeitsverteilungsfunktion

$$F_{\mathbf{x}}(x) = P(\{\eta \mid \mathbf{x}(\eta) \leq x\})$$

Diese Funktion, die auch Wahrscheinlichkeitsverteilung oder kurz Verteilung genannt wird, existiert für jedes $x \in \mathbb{R}$ (s. Def. 2.5), d.h. auch für solche x, die die Zufallsvariable nicht annimmt. Sie hat folgende Eigenschaften:

1.) $F_{\mathbf{x}}(-\infty) = 0$,

2.) $F_{\mathbf{x}}(+\infty) = 1$,

3.) $F_{\mathbf{x}}(x)$ nimmt mit wachsendem x nirgends ab.

1.) und 2.) folgen aus Def. 2.5, 3.) folgt aus den Eigenschaften der Wahrscheinlichkeit (Def. 2.4). Bei einer diskreten Zufallsvariablen enthält $F_{\mathbf{x}}(x)$ Sprünge an den Stellen $x = x_i$, die die Zufallsvariable annehmen kann. Die Höhe des Sprunges bei x_i ist gleich der Wahrscheinlichkeit $P(\{\eta \mid \mathbf{x}(\eta) = x_i\}) = P_{\mathbf{x}}(x_i)$.

Beispiel 2.8: Diskrete Zufallsvariable

Zufallsexperiment: Werfen einer Münze

Ergebnismenge: H = {WAPPEN, ZAHL}

Zufallsvariable: $\mathbf{x}$(WAPPEN) = 0
$\mathbf{x}$(ZAHL) = 1

Wahrscheinlichkeit: P({WAPPEN}) = P({ZAHL}) = 0,5

Wahrscheinlichkeitsverteilung:

$$F_{\mathbf{x}}(x) = \begin{cases} 0 & x < 0 \\ 0{,}5 & 0 \leq x < 1 \\ 1 & x \geq 1 \end{cases}$$

(s. Bild 2.1)

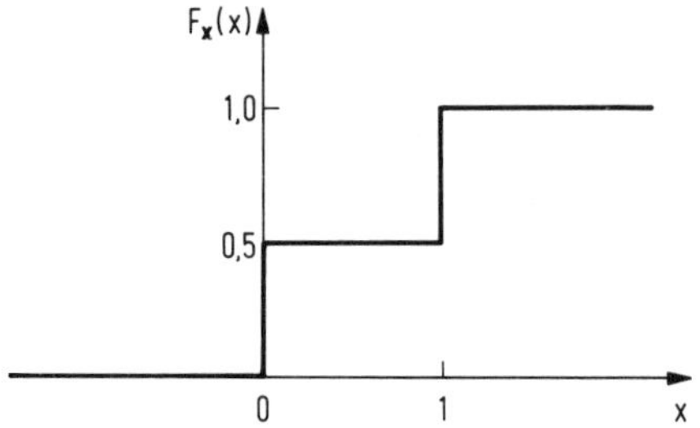

Bild 2.1: Wahrscheinlichkeitsverteilung einer diskreten Zufallsvariablen (s. Beispiel 2.8)

Beispiel 2.9: Kontinuierliche Zufallsvariable

Zufallsexperiment: Ausfall eines Bauelementes

Ergebnismenge: H = { alle möglichen Ausfallzeitpunkte zwischen $t = 0$ und $t = t_{max}$ }
(Hierbei wird angenommen, daß das Bauelement bei $t = 0$ noch nicht und bei $t = t_{max}$ sicher ausgefallen ist.)

Zufallsvariable: $\mathbf{x}(\eta)$ = Ausfallzeitpunkt des Bauelementes

Wahrscheinlichkeitsverteilung:

$$F_{\mathbf{x}}(x) = \begin{cases} 0 & x < 0 \\ (x/t_{max})^2 & 0 \leq x \leq t_{max} \\ 1 & x > t_{max} \end{cases}$$

(s. Bild 2.2)

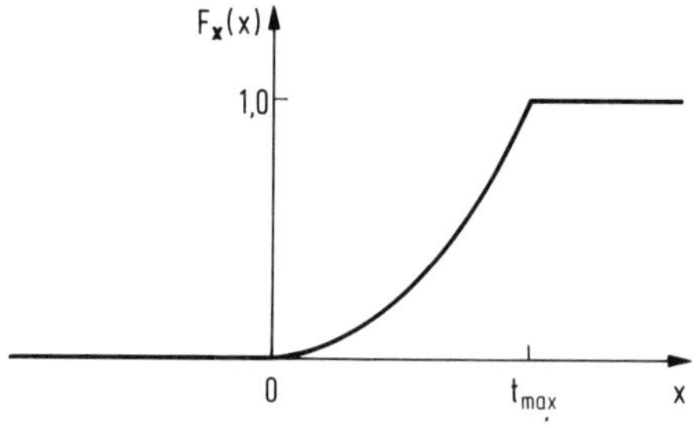

Bild 2.2: Wahrscheinlichkeitsverteilung einer kontinuierlichen Zufallsvariablen (s. Beispiel 2.9)

Für die Wahrscheinlichkeit, daß der Wert x einer Zufallsvariablen $\mathbf{x}(\eta)$ in einem Intervall $x_1 < x \leq x_2$ liegt, folgt aus Def. 2.6:

$$P(\{\eta | x_1 < \mathbf{x}(\eta) \leq x_2\}) = P(\{\eta | \mathbf{x}(\eta) \leq x_2\}) - P(\{\eta | \mathbf{x}(\eta) \leq x_1\})$$

$$= F_{\mathbf{x}}(x_2) - F_{\mathbf{x}}(x_1) \quad . \qquad (2\text{-}6)$$

Die Wahrscheinlichkeiten $P(\{\eta | x_1 < \mathbf{x}(\eta) \leq x_2\})$ und $P(\{\eta | x_1 \leq \mathbf{x}(\eta) \leq x_2\})$ unterscheiden sich nur dann voneinander, wenn die Zufallsvariable $\mathbf{x}(\eta)$ den Wert x_1 mit von Null verschiedener Wahrscheinlichkeit annimmt.

2.4 Wahrscheinlichkeitsdichtefunktion

Definition 2.7: Wahrscheinlichkeitsdichtefunktion

$$f_{\mathbf{x}}(x) = dF_{\mathbf{x}}(x) \; / \; dx$$

Als Wahrscheinlichkeitsdichtefunktion oder kürzer Wahrscheinlichkeitsdichte oder noch kürzer Dichte $f_{\mathbf{x}}(x)$ einer Zufallsvariablen $\mathbf{x}(\eta)$ bezeichnet man die Ableitung der Wahrscheinlichkeitsverteilung $F_{\mathbf{x}}(x)$ nach x. Diese Ableitung existiert nur für Zufallsvariablen mit stetiger (oder genau: mit <u>absolut stetiger</u>) Wahrscheinlichkeitsverteilung. Wir dürfen jedoch an Stellen, an denen $F_{\mathbf{x}}(x)$ Sprünge enthält, die Ableitung als verallgemeinerte Ableitung (Derivierte) verstehen. Dies bedeutet, daß in $f_{\mathbf{x}}(x)$ an Stellen x_i, an denen $F_{\mathbf{x}}(x)$ Sprünge enthält, δ-Distributionen auftreten. Diese sind jeweils mit einem Faktor gewichtet, der gleich der Höhe des Sprunges in $F_{\mathbf{x}}(x)$ an der betreffenden Stelle ist.

Beispiel 2.8 (Fortsetzung):

Wahrscheinlichkeitsdichte:

$$f_{\mathbf{x}}(x) = 0{,}5 \; (\delta(x) + \delta(x - 1))$$

(s. Bild 2.3)

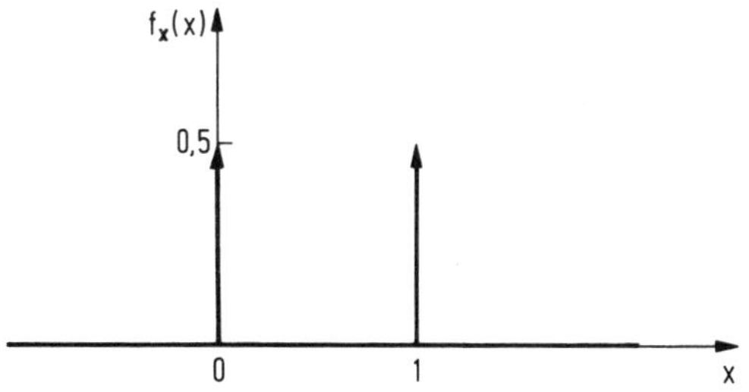

Bild 2.3: Wahrscheinlichkeitsdichte einer diskreten Zufallsvariablen (s. Beispiel 2.8 (Fortsetzung))

Beispiel 2.9 (Fortsetzung):

Wahrscheinlichkeitsdichte:

$$f_{\mathbf{x}}(x) = \begin{cases} 2x \,/\, t_{max}^2 & 0 \leq x \leq t_{max} \\ 0 & \text{sonst} \end{cases}$$

(s. Bild 2.4)

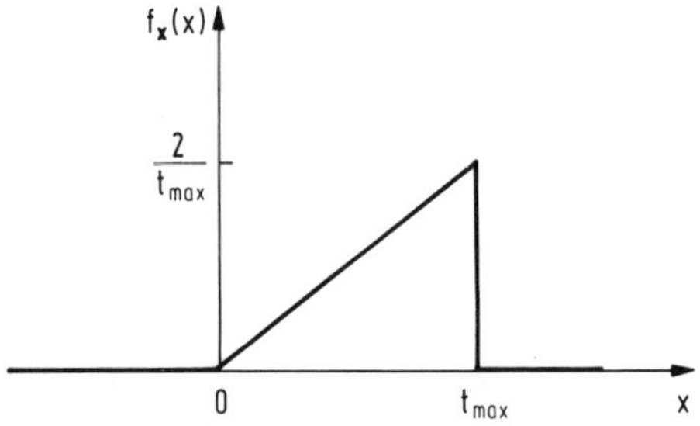

Bild 2.4: Wahrscheinlichkeitsdichte einer kontinuierlichen Zufallsvariablen (s. Beispiel 2.9 (Fortsetzung))

Die Wahrscheinlichkeitsverteilung kann aus der Dichte durch Integration berechnet werden:

$$F_{\mathbf{x}}(x) = \int_{-\infty}^{x} f_{\mathbf{x}}(u)\, du \,. \tag{2-7}$$

Nimmt eine diskrete Zufallsvariable die Werte x_i, $i= 1, \ldots, M$, an, so hat ihre Wahrscheinlichkeitsdichte die Form

$$f_{\mathbf{x}}(x) = \sum_{i=1}^{M} a_i \delta(x - x_i) \,. \tag{2-8}$$

Der Koeffizient a_i ist gleich der Höhe des Sprunges in $F_{\mathbf{x}}(x)$ an der Stelle x_i und somit gleich der Wahrscheinlichkeit, mit der $\mathbf{x}(\eta) = x_i$ ist:

$$a_i = P_{\mathbf{x}}(x_i) = P(\{\eta \,|\, \mathbf{x}(\eta) = x_i\}) \,. \tag{2-9}$$

Setzt man die Gln.(2-8) und (2-9) in Gl.(2-7) ein und benutzt die Eigenschaft der δ-Distribution

$$\int_{-\infty}^{+\infty} g(x)\, \delta(x - x_0)\, dx = g(x_0) \tag{2-10}$$

(mit der eindeutigen und bei x_0 stetigen Funktion g(x)), so folgt für diskrete Zufallsvariablen:

$$F_{\mathbf{x}}(x) = \sum_{x_i \leq x} P_{\mathbf{x}}(x_i) \; . \tag{2-11}$$

Allgemein ergeben sich aus Def. 2.7 und den Eigenschaften der Wahrscheinlichkeitsverteilung (s. Abschnitt 2.3) folgende Eigenschaften der Wahrscheinlichkeitsdichte:

1.) $f_{\mathbf{x}}(x) \geq 0$ für alle $x \in \mathbb{R}$,

2.) $\int\limits_{-\infty}^{+\infty} f_{\mathbf{x}}(x)\, dx = 1$.

Die erste Eigenschaft folgt daraus, daß Wahrscheinlichkeiten nichtnegativ sind und somit $F_{\mathbf{x}}(x)$ mit wachsendem x nirgends abnimmt. Die zweite Eigenschaft folgt daraus, daß die Wahrscheinlichkeit des sicheren Ereignisses gleich Eins und somit $F_{\mathbf{x}}(+\infty) = 1$ ist. Schließlich kann man aus $f_{\mathbf{x}}(x)$ die Wahrscheinlichkeit dafür berechnen, daß $\mathbf{x}(\eta)$ einen Wert zwischen x_1 und x_2 annimmt:

$$P(\{\eta | x_1 \leq \mathbf{x}(\eta) \leq x_2\}) = \int\limits_{x_1}^{x_2} f_{\mathbf{x}}(x)\, dx \; . \tag{2-12}$$

Bei diskretem $\mathbf{x}(\eta)$ ist analog Gl.(2-11) das Integral durch eine Summe zu ersetzen. Die Frage, ob das Integrationsintervall über eine Wahrscheinlichkeitsdichte offen, halboffen oder geschlossen anzunehmen ist, ist nur dann von Bedeutung, wenn x_1 und/oder x_2 diskrete Werte von $\mathbf{x}(\eta)$ sind, d.h., wenn $f_{\mathbf{x}}(x)$ bei x_1 und/oder bei x_2 δ-Distributionen aufweist.

Einige spezielle Wahrscheinlichkeitsverteilungen bzw. -dichten und deren Eigenschaften werden im Abschnitt 2.8 behandelt.

2.5 Gemeinsame Wahrscheinlichkeitsverteilungen und gemeinsame Wahrscheinlichkeitsdichten

Definiert man über derselben Ergebnismenge H mehrere Zufallsvariablen, so kann man für diese gemeinsame Wahrscheinlichkeitsverteilungsfunktionen bzw. Wahrscheinlichkeitsdichtefunktionen angeben. Wir beschränken uns hier auf zwei Zufallsvariablen $\mathbf{x}(\eta)$ und $\mathbf{y}(\eta)$. Eine Verallgemeinerung ist jedoch leicht möglich.

Definition 2.8: Gemeinsame Wahrscheinlichkeitsverteilungsfunktion

$$F_{\mathbf{xy}}(x,y) = P(\{\eta | \mathbf{x}(\eta) \leq x\} \cap \{\eta | \mathbf{y}(\eta) \leq y\})$$

Definition 2.9: Gemeinsame Wahrscheinlichkeitsdichtefunktion

$$f_{\mathbf{xy}}(x,y) = \partial^2 F_{\mathbf{xy}}(x,y) \,/\, \partial x \, \partial y$$

Die partiellen Ableitungen in Def. 2.9 sind gegebenenfalls wieder als verallgemeinerte Ableitungen zu interpretieren (s. Abschnitt 2.4).

Die Ereignisse $\{\eta | \mathbf{x}(\eta) \leq +\infty\}$ bzw. $\{\eta | \mathbf{y}(\eta) \leq +\infty\}$ sind sichere Ereignisse:

$$\{\eta | \mathbf{x}(\eta) \leq +\infty\} = \{\eta | \mathbf{y}(\eta) \leq +\infty\} = H \; . \tag{2-13}$$

Die Ereignisse $\{\eta | \mathbf{x}(\eta) \leq -\infty\}$ bzw. $\{\eta | \mathbf{y}(\eta) \leq -\infty\}$ sind unmögliche Ereignisse:

$$\{\eta | \mathbf{x}(\eta) = -\infty\} = \{\eta | \mathbf{y}(\eta) \leq -\infty\} = \emptyset \; . \tag{2-14}$$

Die gemeinsame Verteilung zweier Zufallsvariablen $\mathbf{x}(\eta)$ und $\mathbf{y}(\eta)$ hat daher folgende Eigenschaften:

$$F_{\mathbf{xy}}(x,+\infty) = F_{\mathbf{x}}(x) \; , \tag{2-15.1}$$

$$F_{\mathbf{xy}}(+\infty,y) = F_{\mathbf{y}}(y) \; , \tag{2-15.2}$$

$$F_{\mathbf{xy}}(x,-\infty) = 0 \; , \tag{2-15.3}$$

$$F_{\mathbf{xy}}(-\infty,y) = 0 \; , \tag{2-15.4}$$

$$F_{\mathbf{xy}}(+\infty,+\infty) = 1 \; . \tag{2-15.5}$$

Aus der gemeinsamen Dichte kann die gemeinsame Verteilung durch Integration berechnet werden:

$$F_{\mathbf{xy}}(x,y) = \int_{-\infty}^{x} \int_{-\infty}^{y} f_{\mathbf{xy}}(u,v) \, dv \, du \; . \tag{2-16}$$

Setzt man Gl.(2-16) in Gl.(2-15.1) und Gl.(2-15.2) ein und vergleicht die Ergebnisse mit Gl.(2-7), so erhält man für die Zusammenhänge zwischen den Dichten der Zufallsvariablen $\mathbf{x}(\eta)$ und $\mathbf{y}(\eta)$ und ihrer gemeinsamen Dichte:

$$f_{\mathbf{x}}(x) = \int_{-\infty}^{+\infty} f_{\mathbf{xy}}(x,y)\, dy \,, \tag{2-17.1}$$

$$f_{\mathbf{y}}(y) = \int_{-\infty}^{+\infty} f_{\mathbf{xy}}(x,y)\, dx \,. \tag{2-17.2}$$

Beispiel 2.10: Gemeinsame Wahrscheinlichkeitsdichte und gemeinsame Wahrscheinlichkeitsverteilung

Für die gemeinsame Dichte zweier Zufallsvariablen $\mathbf{x}(\eta)$ und $\mathbf{y}(\eta)$ gelte:

$$f_{\mathbf{xy}}(x,y) = \begin{cases} 2 & x \geq 0 \text{ und } y \geq 0 \text{ und } x+y \leq 1 \\ 0 & \text{sonst} \end{cases} .$$

Dann sind:

$$f_{\mathbf{x}}(x) = \begin{cases} 2\,(1-x) & 0 \leq x \leq 1 \\ 0 & \text{sonst} \end{cases} ,$$

$$f_{\mathbf{y}}(y) = \begin{cases} 2\,(1-y) & 0 \leq y \leq 1 \\ 0 & \text{sonst} \end{cases} ,$$

$$F_{\mathbf{xy}}(x,y) = \begin{cases} 0 & x \leq 0 \text{ und/oder } y \leq 0 \\ 2xy & x \geq 0 \text{ und } y \geq 0 \text{ und } x+y \leq 1 \\ 1-(1-x)^2-(1-y)^2 & x \leq 1 \text{ und } y \leq 1 \text{ und } x+y \geq 1 \\ 1-(1-x)^2 & 0 \leq x \leq 1 \text{ und } y \geq 1 \\ 1-(1-y)^2 & 0 \leq y \leq 1 \text{ und } x \geq 1 \\ 1 & x \geq 1 \text{ und } y \geq 1 \end{cases} ,$$

(s. Bild 2.5)

$$F_{\mathbf{x}}(x) = \begin{cases} 0 & x \leq 0 \\ 1-(x-1)^2 & 0 \leq x \leq 1 \,, \\ 1 & x \geq 1 \end{cases}$$

$$F_{\mathbf{y}}(y) = \begin{cases} 0 & y \leq 0 \\ 1-(y-1)^2 & 0 \leq y \leq 1 \,. \\ 1 & y \geq 1 \end{cases}$$

Aus der gemeinsamen Verteilung bzw. Dichte zweier Zufallsvariablen lassen sich nach den Gln.(2-15.1) und (2-15.2) bzw. (2-17.1) und (2-17.2) immer die Verteilungen bzw. Dichten der einzelnen Zufallsvariablen berechnen. Man nennt diese Funktionen in diesem Zusammenhang auch Randverteilungen bzw. Randdichten. Der umgekehrte Weg ist nur in

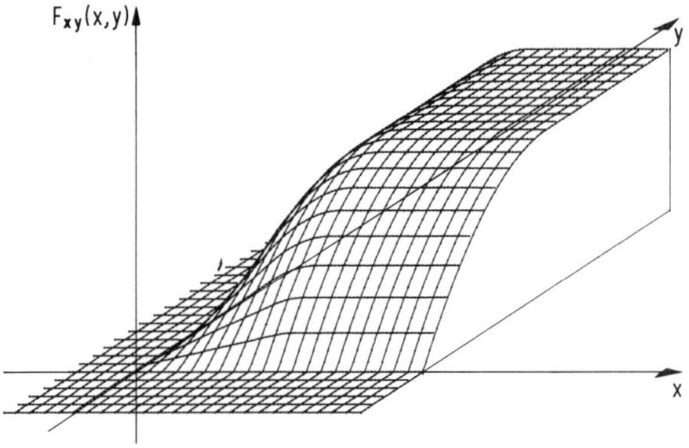

Bild 2.5: Gemeinsame Wahrscheinlichkeitsverteilungsfunktion zweier Zufallsvariablen $\mathbf{x}(\eta)$ und $\mathbf{y}(\eta)$ (s. Beispiel 2.10)

einem Sonderfall möglich: wenn $\mathbf{x}(\eta)$ und $\mathbf{y}(\eta)$ <u>statistisch unabhängig</u> sind.

> Definition 2.10: Statistische Unabhängigkeit
>
> Zwei Zufallsvariablen $\mathbf{x}(\eta)$ und $\mathbf{y}(\eta)$ sind statistisch unabhängig, wenn für ihre gemeinsame Wahrscheinlichkeitsdichtefunktion gilt:
>
> $$f_{\mathbf{xy}}(x,y) = f_{\mathbf{x}}(x)\, f_{\mathbf{y}}(y) \;.$$

Für die gemeinsame Verteilung zweier statistisch unabhängiger Zufallsvariablen folgt aus Gl.(2-16) und Def. 2.10:

$$F_{\mathbf{xy}}(x,y) = F_{\mathbf{x}}(x)\, F_{\mathbf{y}}(y) \;. \tag{2-18}$$

Statistische Unabhängigkeit ist eine mathematisch definierte Eigenschaft. Dort, wo sie angenommen werden darf, bewirkt sie in der Regel eine wesentliche Vereinfachung des Modells. Physikalisch bedeutet sie, daß zwischen den Ursachen zweier zufälliger Größen, beispielsweise dem Abtastwert eines Signals und dem Abtastwert einer Störung, keine Verbindung besteht. Bei statistisch unabhängigen Zufallsvariablen bedeutet die Kenntnis einer Realisierung der einen Zufallsvariablen keinerlei Vorwissen über die zugehörige Realisierung der zweiten Zufallsvariablen.

Beispiel 2.11: Zweiphasenmodulation

Zur Übertragung binärer Daten können zwei Komponenten eines Signals so moduliert werden, daß bei <u>idealer</u> Übertragung ihre Abtastwerte $x(\eta)$ und $y(\eta)$ im Empfänger exakt den Punkt (1,1) oder den Punkt (-1,-1) einer x-y-Ebene einnehmen. Bei realer Übertragung kann dagegen für $x(\eta)$ und $y(\eta)$ folgende gemeinsame Wahrscheinlichkeitsdichtefunktion vorliegen:

$$f_{xy}(x,y) = \frac{1}{4\pi\sigma^2}\left[e^{-((x-1)^2+(y-1)^2)/2\sigma^2} + e^{-((x+1)^2+(y+1)^2)/2\sigma^2}\right]$$

(s. Bild 2.6). (Für die Bedeutung des Parameters σ siehe Abschnitt 2.8.2.) Für die Randdichten folgt mit Gl.(2-17.1) bzw.Gl.(2-17.2):

$$f_x(x) = \frac{1}{2\sqrt{2\pi}\,\sigma}\left[e^{-(x-1)^2/2\sigma^2} + e^{-(x+1)^2/2\sigma^2}\right] ,$$

$$f_y(y) = \frac{1}{2\sqrt{2\pi}\,\sigma}\left[e^{-(y-1)^2/2\sigma^2} + e^{-(y+1)^2/2\sigma^2}\right] .$$

Es ist somit $f_{xy}(x,y) \neq f_x(x)\, f_y(y)$: Die beiden Zufallsvariablen sind statistisch abhängig.

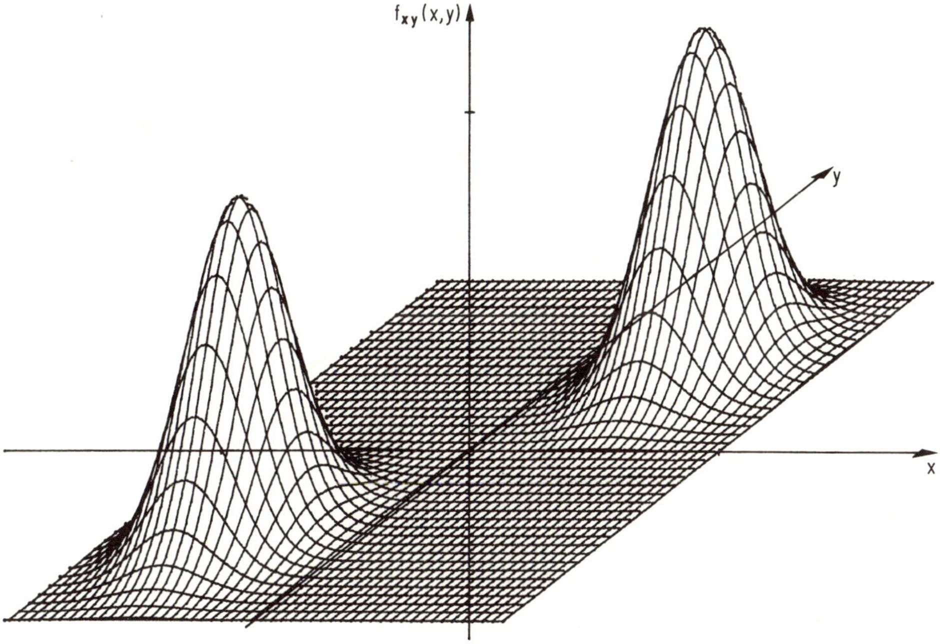

Bild 2.6: Gemeinsame Wahrscheinlichkeitsdichtefunktion zweier statistisch abhängiger Zufallsvariablen $x(\eta)$ und $y(\eta)$ (s. Beispiel 2.11)

Beispiel 2.12: Vierphasenmodulation

Zur Übertragung vierwertiger Daten können zwei Komponenten eines Signals so moduliert werden, daß bei idealer Übertragung ihre Abtastwerte $\mathbf{x}(\eta)$ und $\mathbf{y}(\eta)$ im Empfänger exakt einen der vier Punkte (1,1), (1,-1), (-1,1) oder (-1,-1) einer x-y-Ebene einnehmen (s. auch Beispiel 2.11). Bei realer Übertragung kann dagegen für $\mathbf{x}(\eta)$ und $\mathbf{y}(\eta)$ folgende gemeinsame Wahrscheinlichkeitsdichtefunktion vorliegen:

$$f_{\mathbf{xy}}(x,y) = \frac{1}{8\pi\sigma^2}\Big[e^{-((x-1)^2+(y-1)^2)/2\sigma^2} + e^{-((x-1)^2+(y+1)^2)/2\sigma^2} + e^{-((x+1)^2+(y-1)^2)/2\sigma^2} + e^{-((x+1)^2+(y+1)^2)/2\sigma^2}\Big]$$

(s. Bild 2.7).

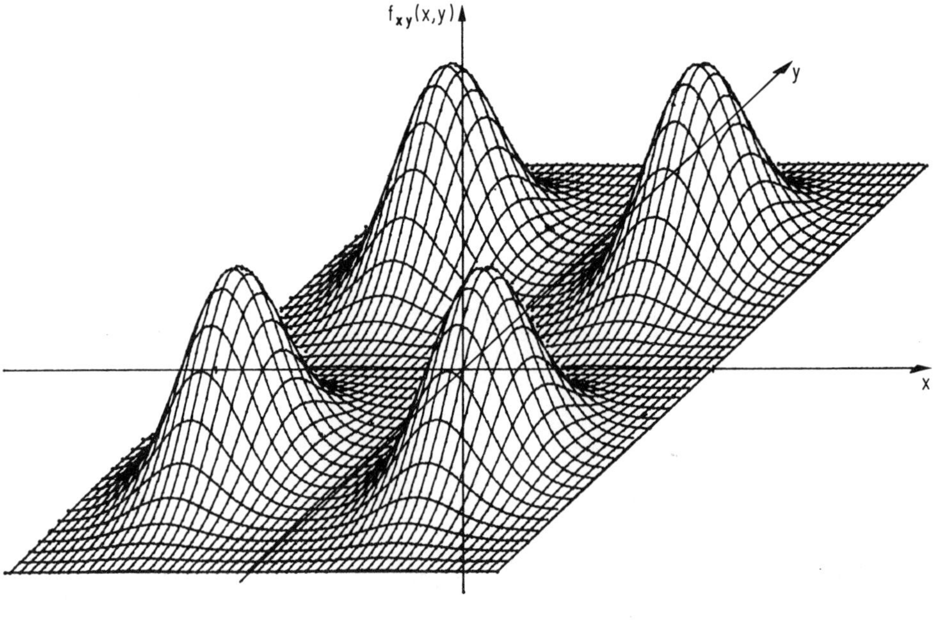

Bild 2.7: Gemeinsame Wahrscheinlichkeitsdichtefunktion zweier statistisch unabhängiger Zufallsvariablen $\mathbf{x}(\eta)$ und $\mathbf{y}(\eta)$ (s. Beispiel 2.12)

Für die Randdichten folgt mit Gl.(2-17.1) bzw. Gl.(2-17.2):

$$f_{\mathbf{x}}(x) = \frac{1}{2\sqrt{2\pi}\,\sigma}\left[e^{-(x-1)^2/2\sigma^2} + e^{-(x+1)^2/2\sigma^2}\right] ,$$

$$f_{\mathbf{y}}(y) = \frac{1}{2\sqrt{2\pi}\,\sigma}\left[e^{-(y-1)^2/2\sigma^2} + e^{-(y+1)^2/2\sigma^2}\right] .$$

Die beiden Zufallsvariablen sind somit statistisch unabhängig, denn es gilt $f_{\mathbf{xy}}(x,y) = f_{\mathbf{x}}(x)\ f_{\mathbf{y}}(y)$.

2.6 Erwartungswert

2.6.1 Definition

Eine der fundamentalen Operationen bei Zufallsvariablen ist die Bildung des Mittelwertes der Variablen. Dieser Wert ist ein Scharmittelwert (oder Ensemblemittelwert), denn er ist über die Schar der möglichen Werte, die eine Zufallsvariable annehmen kann, zu bestimmen. Hierbei ist jeder Wert mit der Wahrscheinlichkeit, mit der er auftritt, zu gewichten. Man nennt die derart bestimmte Größe den Erwartungswert der Zufallsvariablen und schreibt dafür $E\{\mathbf{x}(\eta)\}$ (oder $E(\mathbf{x}(\eta))$ oder auch kurz $E\mathbf{x}(\eta)$ bzw. $E\mathbf{x}$). Wir definieren hier zunächst den Erwartungswert einer eindeutigen Funktion $g(x)$ einer Zufallsvariablen und diskutieren später Sonderfälle dieser Funktion.

Definition 2.11: Erwartungswert

$$E\{g(\mathbf{x}(\eta))\} = \int_{-\infty}^{+\infty} g(x)\ f_{\mathbf{x}}(x)\ dx$$

Hierbei wird vorausgesetzt, daß das Integral existiert. Ist $g(x)$ eine reelle Funktion, so ist $g(\mathbf{x}(\eta))$ wieder eine reelle Zufallsvariable.

Def. 2.11 gilt hier in dieser Form auch für diskrete Zufallsvariablen, da wir auch für diese Wahrscheinlichkeitsdichtefunktionen angenommen haben (s. Gl.(2-8)). Setzt man die Gln.(2-8) und (2-9) in Def. 2.11 ein, so erhält man für den Erwartungswert der Funktion $g(x)$ einer diskreten Zufallsvariablen $\mathbf{x}(\eta)$:

$$E\{g(\mathbf{x}(\eta))\} = \sum_{i=1}^{M} g(x_i)\; P_{\mathbf{x}}(x_i) \; . \tag{2-19}$$

Hierbei sind x_i, $i = 1, \ldots, M$, die Werte der diskreten Zufallsvariablen. Auch hier muß vorausgesetzt werden, daß die Summe existiert.

Sieht man von der Einführung einer Wahrscheinlichkeitsdichte für diskrete Zufallsvariablen ab, so kann Def. 2.11 mit Hilfe eines Stieltjes-Integrals formuliert werden:

$$E\{g(\mathbf{x}(\eta))\} = \int_{-\infty}^{+\infty} g(x)\; dF_{\mathbf{x}}(x) \; . \tag{2-20}$$

Def. 2.11 zeigt, daß der Erwartungswert ein linearer Operator ist. Es gelten daher folgende Rechenregeln:

$$E\{ag(\mathbf{x}(\eta))\} = a\, E\{g(\mathbf{x}(\eta))\} \; , \tag{2-21}$$

$$E\{g(\mathbf{x}(\eta)) + h(\mathbf{y}(\eta))\} = E\{g(\mathbf{x}(\eta))\} + E\{h(\mathbf{y}(\eta))\} \; . \tag{2-22}$$

a ist hierbei eine beliebige reelle oder komplexe Konstante, $g(x)$ und $h(x)$ sind reelle oder komplexe Funktionen derart, daß die Erwartungswerte existieren.

Wir betrachten nun einige Sonderfälle der Funktion $g(x)$.

2.6.2 Linearer Mittelwert

Setzt man $g(\mathbf{x}(\eta)) = \mathbf{x}(\eta)$, so ergibt die Def. 2.11 den linearen Mittelwert der Zufallsvariablen $\mathbf{x}(\eta)$:

$$m_{\mathbf{x}} = E\{\mathbf{x}(\eta)\} \; . \tag{2-23}$$

In der Mechanik entspricht diesem linearen Mittelwert der Schwerpunkt einer Masse, die entlang der reellen Achse gemäß der Wahrscheinlichkeitsdichte $f_{\mathbf{x}}(x)$ veteilt ist.

Für den linearen Mittelwert einer diskreten Zufallsvariablen läßt sich ein Schätzwert $\tilde{m}_{\mathbf{x}}$ experimentell bestimmen, wenn man anstelle der Wahrscheinlichkeiten in Gl.(2-19) die relativen Häufigkeiten (s. Gl. (2-1)) einsetzt. Man erhält dann:

$$\tilde{m}_{\mathbf{x}} = \Big(\sum_{i=1}^{M} x_i\; n_i \Big) / N \; . \tag{2-24}$$

Hierbei sind x_i, $i = 1, \ldots, M$, die Werte der Zufallsvariablen, n_i die Anzahl der Versuche, bei denen $x(\eta)$ den Wert x_i angenommen hat, und N die Gesamtzahl der Versuche. Bezeichnet man mit u_j den Wert, den $x(\eta)$ beim j-ten Versuch angenommen hat, so folgt aus Gl.(2-24):

$$\tilde{m}_x = \left(\sum_{j=1}^{N} u_j \right) / N . \qquad (2\text{-}25)$$

$\tilde{m}_x$ ist somit der arithmetische Mittelwert.

2.6.3 Quadratischer Mittelwert

Mit $g(x(\eta)) = x(\eta)^2$ ergibt die Def. 2.11 den <u>quadratischen</u> <u>Mittelwert</u> oder das <u>zweite</u> <u>Moment</u> der Zufallsvariablen $x(\eta)$:

$$m_x^{(2)} = E\{x(\eta)^2\} . \qquad (2\text{-}26)$$

Auch hier kann (ähnlich wie in Abschnitt 2.6.2) ein Schätzwert für den quadratischen Mittelwert experimentell bestimmt werden:

$$\tilde{m}_x^{(2)} = \left(\sum_{j=1}^{N} u_j^2 \right) / N . \qquad (2\text{-}27)$$

2.6.4 k-tes Moment

Die in den Gln.(2-23) und (2-26) begonnene Erwartungswertbildung von Potenzen von $x(\eta)$ kann verallgemeinert werden:

$$m_x^{(k)} = E\{x(\eta)^k\} . \qquad (2\text{-}28)$$

Man nennt $m_x^{(k)}$ das <u>k-te</u> <u>Moment</u> der Zufallsvariablen $x(\eta)$. Linearer und quadratischer Mittelwert sind Sonderfälle dieser Größe für $k = 1$ und $k = 2$.

2.6.5 k-tes zentrales Moment

In vielen Fällen sind Momente aussagekräftiger, wenn man diese für die um ihren linearen Mittelwert verminderte Zufallsvariable berechnet. Man spricht dann von <u>zentralen</u> <u>Momenten</u>:

$$\mu_x^{(k)} = E\{(x(\eta) - m_x)^k\} . \qquad (2\text{-}29)$$

Von besonderem Interesse ist hier der Sonderfall $k = 2$, die sog. Varianz einer Zufallsvariablen.

2.6.6 Varianz

Mit <u>Varianz</u> oder <u>Streuung</u> bezeichnet man das zweite zentrale Moment einer Zufallsvariablen:

$$\sigma_x^2 = \mu_x^{(2)} = E\{(x(\eta) - m_x)^2\} . \tag{2-30}$$

Dieser Erwartungswert wird auch mit $\mathrm{Var}\{x(\eta)\}$ abgekürzt. Die positive Wurzel aus der Varianz einer Zufallsvariablen nennt man <u>Standardabweichung</u>. Zwischen dem quadratischen Mittelwert $m_x^{(2)}$ und der Varianz σ_x^2 gilt folgender Zusammenhang:

$$\sigma_x^2 = m_x^{(2)} - (m_x)^2 . \tag{2-31}$$

Gl.(2-31) ergibt sich aus Gl.(2-30) und den Rechenregeln für Erwartungswerte (Gln.(2-21) und (2-22)).

In der Mechanik entspricht die Varianz dem Trägheitsmoment einer Masse, die entlang der reellen Achse gemäß der Wahrscheinlichkeitsdichte $f_x(x)$ verteilt ist. Sie sagt damit etwas über die Ausdehnung des Bereiches aus, in dem mit hoher Wahrscheinlichkeit die Realisierungen der Zufallsvariablen liegen.

Beispiel 2.13: Mittelwert und Varianz einer diskreten Zufallsvariablen

$x(\eta)$ sei eine binäre Zufallsvariable. Es seien:
$x_1 = -a$, $x_2 = a$, $P_x(x_1) = P_x(x_2) = 0{,}5$.

Damit erhält man:

$$m_x = 0 ,$$
$$\sigma_x^2 = a^2 .$$

Beispiel 2.14: Mittelwert und Varianz einer kontinuierlichen Zufallsvariablen

Es sei:

$$f_x(x) = \begin{cases} 1 / a & 0 \leq x \leq a \\ 0 & \text{sonst} \end{cases} .$$

Dann erhält man:

$$m_x = a / 2 ,$$
$$\sigma_x^2 = a^2 / 12 .$$

2.6.7 Charakteristische Funktion

Setzt man in der Def. 2.11 $g(x) = e^{j\omega x}$ ein, so erhält man als Sonderfall eines Erwartungswertes die <u>charakteristische Funktion</u>:

$$\Phi_{\mathbf{x}}(\omega) = E\{e^{j\omega \mathbf{x}(\eta)}\} = \int_{-\infty}^{+\infty} e^{j\omega x} f_{\mathbf{x}}(x)\, dx \; . \tag{2-32}$$

Diese ist somit die konjugiert komplexe Funktion zur Fouriertransformierten der Wahrscheinlichkeitsdichte. Die Anwendung der charakteristischen Funktion kann gegenüber dem Arbeiten mit der Wahrscheinlichkeitsdichte ähnliche Vorteile bringen wie das Arbeiten mit der Übertragungsfunktion (im Frequenzbereich) anstelle der Gewichtsfunktion (im Zeitbereich).

Aus der charakteristischen Funktion lassen sich die Momente einer Zufallsvariablen berechnen: Entwickelt man die Exponentialfunktion in eine Reihe und vertauscht die Reihenfolge von Erwartungswert und Summation, so erhält man mit Gl.(2-28):

$$\Phi_{\mathbf{x}}(\omega) = 1 + \sum_{n=1}^{\infty} (j\omega)^n \, m_{\mathbf{x}}^{(n)} / n! \; . \tag{2-33}$$

Die Differentiation nach ω ergibt schließlich:

$$d^n \Phi_{\mathbf{x}}(\omega) \, / \, d\omega^n \Big|_{\omega=0} = j^n \, m_{\mathbf{x}}^{(n)} \; . \tag{2-34}$$

Aus der charakteristischen Funktion kann nach den Regeln der Fouriertransformation die Wahrscheinlichkeitsdichte bestimmt werden:

$$f_{\mathbf{x}}(x) = \frac{1}{2\pi} \int_{-\infty}^{+\infty} \Phi_{\mathbf{x}}(x) \, e^{-j\omega x} \, d\omega \; . \tag{2-35}$$

Zusammen mit Gl.(2-34) bedeutet dies, daß die Wahrscheinlichkeitsdichte einer Zufallsvariablen allgemein nur dann aus deren Momenten bestimmt werden kann, wenn <u>alle</u> Momente bekannt sind. Bei der <u>Gaußdichte</u> (s. Abschnitt 2.8.2) lassen sich allerdings alle höheren Momente aus dem ersten und zweiten Moment berechnen. Bei ihr ist somit die Wahrscheinlichkeitsdichte bereits durch die beiden ersten Momente vollständig bestimmt.

2.7 Gemeinsame Momente zweier Zufallsvariablen

Der Operator Erwartungswert läßt sich auch auf Produkte aus mehreren Zufallsvariablen anwenden, wenn diese über derselben Ergebnismenge definiert sind. Allgemein kann man auch hier Funktionen der Zufallsvariablen - insbesondere deren Potenzen - zulassen. Für das gemeinsame erste Moment zweier Zufallsvariablen $\mathbf{x}(\eta)$ und $\mathbf{y}(\eta)$ gilt:

$$m_{\mathbf{xy}} = E\{\mathbf{x}(\eta)\mathbf{y}(\eta)\} = \int_{-\infty}^{+\infty}\int_{-\infty}^{+\infty} x\ y\ f_{\mathbf{xy}}(x,y)\ dx\ dy\ . \qquad (2\text{-}36)$$

Das erste gemeinsame zentrale Moment nennt man die Kovarianz der Zufallsvariablen $\mathbf{x}(\eta)$ und $\mathbf{y}(\eta)$:

$$\mu_{\mathbf{xy}} = \mathrm{Cov}\{\mathbf{x}(\eta)\mathbf{y}(\eta)\} = E\{(\mathbf{x}(\eta) - m_{\mathbf{x}})\ (\mathbf{y}(\eta) - m_{\mathbf{y}})\}$$

$$= \int_{-\infty}^{+\infty}\int_{-\infty}^{+\infty} (x - m_{\mathbf{x}})\ (y - m_{\mathbf{y}})\ f_{\mathbf{xy}}(x,y)\ dx\ dy\ . \qquad (2\text{-}37)$$

Normiert man $\mu_{\mathbf{xy}}$ auf das Produkt der Standardabweichungen $\sigma_{\mathbf{x}}$ und $\sigma_{\mathbf{y}}$, so erhält man den Korrelationskoeffizienten (s. Def. 2.14). Im Zusammenhang mit der Korrelation zweier Zufallsvariablen sind zwei Sonderfälle von Bedeutung:

Definition 2.12: Unkorrelierte Zufallsvariablen

Zwei über derselben Ergebnismenge definierte Zufallsvariablen $\mathbf{x}(\eta)$ und $\mathbf{y}(\eta)$ sind unkorreliert, wenn für sie gilt:

$$E\{\mathbf{x}(\eta)\mathbf{y}(\eta)\} = E\{\mathbf{x}(\eta)\}\ E\{\mathbf{y}(\eta)\}$$

Definition 2.13: Orthogonale Zufallsvariablen

Zwei über derselben Ergebnismenge definierte Zufallsvariablen $\mathbf{x}(\eta)$ und $\mathbf{y}(\eta)$ sind orthogonal, wenn für sie gilt:

$$E\{\mathbf{x}(\eta)\mathbf{y}(\eta)\} = 0$$

Ein Vergleich beider Definitionen läßt erkennen, daß zwei unkorrelierte Zufallsvariablen auch orthogonal sind, wenn mindestens eine davon den linearen Mittelwert Null hat.

Sind zwei Zufallsvariablen statistisch unabhängig (s. Def. (2-10)), so folgt:

$$E\{\mathbf{x}(\eta)\mathbf{y}(\eta)\} = \int_{-\infty}^{+\infty}\int_{-\infty}^{+\infty} x\ y\ f_{\mathbf{xy}}(x,y)\ dx\ dy$$

$$= \int_{-\infty}^{+\infty} x\ f_{\mathbf{x}}(x)\ dx \int_{-\infty}^{+\infty} y\ f_{\mathbf{y}}(y)\ dy = E\{\mathbf{x}(\eta)\}\ E\{\mathbf{y}(\eta)\}\ . \qquad (2\text{-}38)$$

Statistische Unabhängigkeit schließt daher immer Unkorreliertheit ein. Die Umkehrung dieses Satzes ist jedoch nur in einem Sonderfall zulässig: Wenn beide Zufallsvariablen eine gemeinsame gaußsche Wahrscheinlichkeitsdichte (s. Abschnitt 2.8.8) haben. In allen anderen Fällen können zwei Zufallsvariablen zwar unkorreliert, aber statistisch abhängig sein (s. Beispiel 2.15).

Beispiel 2.15: Unkorrelierte Zufallsvariablen

Es sei:

$$f_{\mathbf{xy}}(x,y) = \begin{cases} 0{,}5 & y+x \geq 1 \text{ und } y-x \geq -1 \text{ und} \\ & y+x \leq 3 \text{ und } y-x \leq 1 \\ 0 & \text{sonst} \end{cases},$$

(s. Bild 2.8).

Dann erhält man:

$$f_{\mathbf{x}}(x) = \begin{cases} x & 0 \leq x \leq 1 \\ 2-x & 1 \leq x \leq 2 \\ 0 & \text{sonst} \end{cases},$$

$$f_{\mathbf{y}}(y) = \begin{cases} y & 0 \leq y \leq 1 \\ 2-y & 1 \leq y \leq 2 \\ 0 & \text{sonst} \end{cases}.$$

Somit ist $f_{\mathbf{xy}}(x,y) \neq f_{\mathbf{x}}(x)\, f_{\mathbf{y}}(y)$, die beiden Zufallsvariablen $\mathbf{x}(\eta)$ und $\mathbf{y}(\eta)$ sind statistisch abhängig (s. Def. 2.10). Es sind ferner:

$$E\{\mathbf{x}(\eta)\} = E\{\mathbf{y}(\eta)\} = 1 ,$$

$$E\{\mathbf{x}(\eta)\mathbf{y}(\eta)\} = 1 .$$

Somit ist $E\{\mathbf{x}(\eta)\mathbf{y}(\eta)\} = E\{\mathbf{x}(\eta)\}\, E\{\mathbf{y}(\eta)\}$, die beiden Zufallsvariablen $\mathbf{x}(\eta)$ und $\mathbf{y}(\eta)$ sind unkorreliert.

Normiert man die Kovarianz zweier Zufallsvariablen $\mathbf{x}(\eta)$ und $\mathbf{y}(\eta)$ (Gl.(2-37)) auf die positive Wurzel des Produktes ihrer Varianzen (Gl.(2-30)), so erhält man den <u>Korrelationskoeffizienten</u> $\rho_{\mathbf{xy}}$.

Definition 2.14: Korrelationskoeffizient

$$\rho_{\mathbf{xy}} = \frac{\mu_{\mathbf{xy}}}{\sigma_{\mathbf{x}}\sigma_{\mathbf{y}}} = \frac{E\{(\mathbf{x}(\eta)-m_{\mathbf{x}})\,(\mathbf{y}(\eta)-m_{\mathbf{y}})\}}{\left|\sqrt{E\{(\mathbf{x}(\eta)-m_{\mathbf{x}})^2\}\, E\{(\mathbf{y}(\eta)-m_{\mathbf{y}})^2\}}\right|}$$

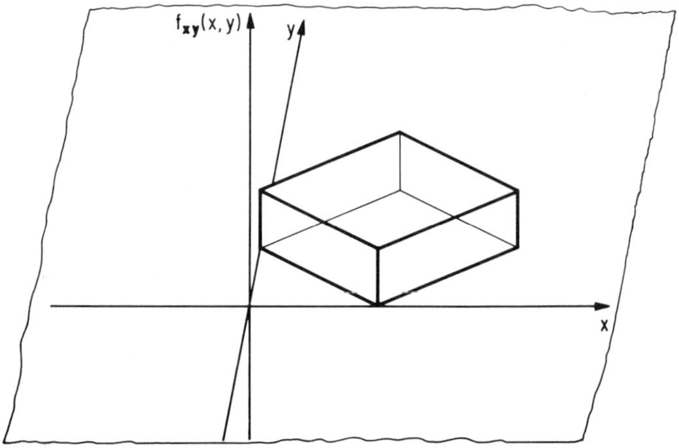

Bild 2.8: Gemeinsame Wahrscheinlichkeitsdichte zweier unkorrelierter Zufallsvariablen $\mathbf{x}(\eta)$ und $\mathbf{y}(\eta)$ (s. Beispiel 2.15)

Die Normierung bewirkt, daß für den Wertebereich des Korrelationskoeffizienten gilt:

$$- 1 \leq \rho_{\mathbf{xy}} \leq 1 \ . \qquad (2\text{-}39)$$

Dies kann mit folgendem Ansatz gezeigt werden: Für einen beliebigen reellen Faktor a gilt:

$$E\{(a\mathbf{x}(\eta) - \mathbf{y}(\eta))^2\} = a^2\ E\{\mathbf{x}(\eta)^2\} - 2a\ E\{\mathbf{x}(\eta)\mathbf{y}(\eta)\} + E\{\mathbf{y}(\eta)^2\} \geq 0 \ . \qquad (2\text{-}40)$$

Diese Ungleichung ist nur dann für beliebiges reelles a erfüllt, wenn

$$E\{\mathbf{x}(\eta)^2\}\ E\{\mathbf{y}(\eta)^2\} - (E\{\mathbf{x}(\eta)\mathbf{y}(\eta)\})^2 \geq 0 \qquad (2\text{-}41)$$

ist. Ersetzt man in (2-40) und (2-41) $\mathbf{x}(\eta)$ durch $\mathbf{x}(\eta)-m_{\mathbf{x}}$ und $\mathbf{y}(\eta)$ durch $\mathbf{y}(\eta)-m_{\mathbf{y}}$, so folgt hieraus unmittelbar die Ungleichung (2-39).

Die Bedeutung des Korrelationskoeffizienten soll an einem Beispiel erläutert werden:

Beispiel 2.16: Korrelationskoeffizient

$\mathbf{x}(\eta)$ und $\mathbf{y}(\eta)$ seien zwei über derselben Ergebnismenge definierte unkorrelierte Zufallsvariablen. Es sei ferner:

$$z(\eta) = a\, x(\eta) + (1 - |a|)\, y(\eta) \; .$$

a sei ein reeller Faktor, $0 \leq |a| \leq 1$.

Dann sind:

$$E\{x(\eta)y(\eta)\} = m_x\, m_y \; ,$$
$$E\{(x(\eta) - m_x)^2\} = \sigma_x^2 \; ,$$
$$E\{(y(\eta) - m_y)^2\} = \sigma_y^2 \; ,$$
$$E\{(z(\eta) - m_z)^2\} = a^2\sigma_x^2 + (1 - |a|)^2\sigma_y^2 \; ,$$
$$E\{(x(\eta) - m_x)\,(z(\eta) - m_z)\} = a\, \sigma_x^2 \; .$$

Folglich erhält man für den Korrelationskoeffizienten:

$$\rho_{xz} = \frac{a}{\left|\sqrt{a^2 + (1 - |a|)^2\sigma_y^2 / \sigma_x^2}\right|}$$

Sonderfälle:

$$a = 1 : \quad z(\eta) = x(\eta) : \quad \rho_{xz} = 1 \; ,$$
$$a = 0 : \quad z(\eta) = y(\eta) : \quad \rho_{xz} = 0 \; ,$$
$$a = -1 : \quad z(\eta) = -x(\eta) : \quad \rho_{xz} = -1 \; .$$

Den höchsten Grad an Korrelation erreichen zwei identische Zufallsvariablen. Hier ist $\rho_{xz} = 1$. Ist dagegen die erste Zufallsvariable gleich der negativen zweiten Zufallsvariablen, so ist $\rho_{xz}=-1$. Bei unkorrelierten Zufallsvariablen ist schließlich $\rho_{xz}=0$.

2.8 Einige spezielle Wahrscheinlichkeitsdichten und Wahrscheinlichkeitsverteilungen

In diesem Abschnitt sollen vier besonders häufig benutzte Wahrscheinlichkeitsdichten bzw. -verteilungen diskutiert werden. Auflistungen weiterer Dichten und Verteilungen finden sich beispielsweise in [2.2] und [2.3].

2.8.1 Rechteckdichte

Dies ist die einfachste Form einer Dichte einer kontinuierlichen Zufallsvariablen. Gelegentlich nennt man sie auch <u>Gleichdichte</u> [2.4].

Es gilt:

$$f_x(x) = \begin{cases} 1 / (b - a) & a \leq x \leq b \\ 0 & \text{sonst} \end{cases}, \qquad (2\text{-}42)$$

(s. Bild 2.9).

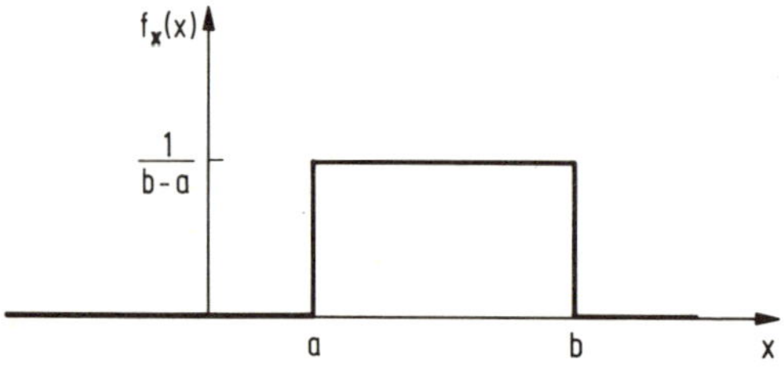

Bild 2.9: Rechteckdichte

Gleichung (2-42) besagt, daß die Zufallsvariable $x(\eta)$ nur Werte im Intervall [a,b] annimmt und daß kein Teilintervall besonders ausgezeichnet ist.

Für Mittelwert und Varianz der Zufallsvariablen $x(\eta)$ gelten:

$$m_x = 0{,}5\ (a + b)\ , \qquad (2\text{-}43)$$

$$\sigma_x^2 = (b - a)^2 / 12\ . \qquad (2\text{-}44)$$

Für die charakteristische Funktion erhält man schließlich:

$$\Phi_x(\omega) = \frac{\sin(\omega(b-a)/2)}{\omega(b-a)/2}\, e^{j\omega(a+b)/2}\ . \qquad (2\text{-}45)$$

2.8.2 Gaußdichte

Diese Dichte, die auch Normaldichte genannt wird, ist die am häufigsten angewandte Dichte einer kontinuierlichen Zufallsvariablen. Es gilt:

$$f_x(x) = \frac{1}{\sqrt{2\pi}\ \sigma_x}\, e^{-(x-m_x)^2/2\sigma_x^2}\ . \qquad (2\text{-}46)$$

Parameter dieser Dichte sind der lineare Mittelwert m_x und die Varianz σ_x^2 der Zufallsvariablen $x(\eta)$. Die Dichte ist symmetrisch zu m_x, ihre Wendepunkte liegen bei $m_x - \sigma_x$ und $m_x + \sigma_x$ (s. Bild 2.10).

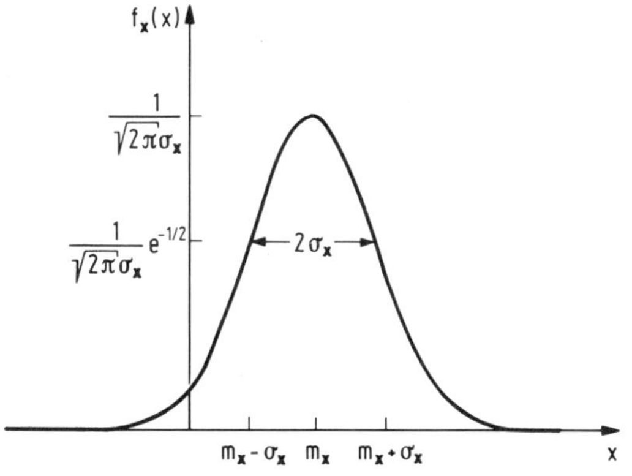

Bild 2.10: Gauß- oder Normaldichte

Für die charakteristische Funktion einer Zufallsvariablen $\mathbf{x}(\eta)$ mit Gaußdichte erhält man:

$$\Phi_{\mathbf{x}}(\omega) = e^{j\omega m_{\mathbf{x}} - \sigma_{\mathbf{x}}^2 \omega^2/2} \quad . \tag{2-47}$$

Für die zentralen Momente gilt:

$$\mu_{\mathbf{x}}^{(n)} = \begin{cases} 0 & n \text{ ungerade} \\ 1\cdot 3\cdot 5\cdot \;\ldots\; \cdot(n-1)\;\sigma_{\mathbf{x}}^{n} & n \text{ gerade} \end{cases} \quad . \tag{2-48}$$

Die Wahrscheinlichkeitsverteilungsfunktion kann durch Integration berechnet werden:

$$F_{\mathbf{x}}(x) = \frac{1}{\sqrt{2\pi}\;\sigma_{\mathbf{x}}} \int_{-\infty}^{x} e^{-(u-m_{\mathbf{x}})^2/2\sigma_{\mathbf{x}}^2}\, du \quad . \tag{2-49}$$

Dieses Integral kann nicht geschlossen gelöst werden. Es ist als Gaußsches Fehlerintegral bekannt. Die Funktion

$$\mathrm{erf}(x) = \frac{2}{\sqrt{\pi}} \int_{0}^{x} e^{-u^2}\, du \tag{2-50}$$

ist als Fehlerfunktion in Tafeln enthalten (beispielsweise in [2.5]).

Die Gaußdichte strebt sehr rasch gegen Null, wenn sich x vom linearen Mittelwert $m_{\mathbf{x}}$ entfernt. Durch Integration der Dichte erhält man für die Wahrscheinlichkeit P, daß $\mathbf{x}(\eta)$ einen Wert in einem Intervall $|\mathbf{x}(\eta)-m_{\mathbf{x}}| < n\sigma_{\mathbf{x}}$ annimmt, d.h. für $P = P(\{\eta \,|\, |\mathbf{x}(\eta)-m_{\mathbf{x}}| < n\sigma_{\mathbf{x}}\})$:

$n = 1$	$P = 0{,}683$,
$n = 2$	$P = 0{,}955$,
$n = 3$	$P = 0{,}997$.

Die Gleichung der gemeinsamen Gaußdichte zweier Zufallsvariablen $\mathbf{x}(\eta)$ und $\mathbf{y}(\eta)$, die über derselben Ergebnismenge definiert sind, lautet:

$$f_{\mathbf{xy}}(x,y) = \frac{1}{2\pi\sigma_{\mathbf{x}}\sigma_{\mathbf{y}}\sqrt{1-\rho_{\mathbf{xy}}^2}} \cdot \exp\left[-\frac{1}{2(1-\rho_{\mathbf{xy}}^2)}\left(\frac{(x-m_{\mathbf{x}})^2}{\sigma_{\mathbf{x}}^2} - 2\rho_{\mathbf{xy}}\frac{(x-m_{\mathbf{x}})(y-m_{\mathbf{y}})}{\sigma_{\mathbf{x}}\sigma_{\mathbf{y}}} + \frac{(y-m_{\mathbf{y}})^2}{\sigma_{\mathbf{y}}^2}\right)\right]. \tag{2-51}$$

Hierbei sind $m_{\mathbf{x}}$ und $m_{\mathbf{y}}$ die linearen Mittelwerte. $\sigma_{\mathbf{x}}^2$ und $\sigma_{\mathbf{y}}^2$ die Varianzen und $\rho_{\mathbf{xy}}$ der Korrelationskoeffizient der Zufallsvariablen $\mathbf{x}(\eta)$ und $\mathbf{y}(\eta)$. Sind $\mathbf{x}(\eta)$ und $\mathbf{y}(\eta)$ unkorreliert, so ist $\rho_{\mathbf{xy}}$ gleich Null (s. Beispiel 2.16) und Gl.(2-51) vereinfacht sich zu

$$f_{\mathbf{xy}}(x,y) = \frac{1}{2\pi\sigma_{\mathbf{x}}\sigma_{\mathbf{y}}}\exp\left(-\left(\frac{(x-m_{\mathbf{x}})^2}{2\sigma_{\mathbf{x}}^2} + \frac{(y-m_{\mathbf{y}})^2}{2\sigma_{\mathbf{y}}^2}\right)\right)$$

$$= f_{\mathbf{x}}(x)\, f_{\mathbf{y}}(y) \quad . \tag{2-52}$$

Die beiden Zufallsvariablen sind somit auch statistisch unabhängig. Es gilt jedoch <u>nur</u> für Zufallsvariablen mit gemeinsamer Gaußdichte, daß aus der Unkorreliertheit die statistische Unabhängigkeit folgt.

Soll die gemeinsame Gaußdichte für mehr als zwei Zufallsvariablen $\mathbf{x}_i(\eta)$, $i = 1, \ldots, n$, angegeben werden, so faßt man die Zufallsvariablen zweckmäßig zu einem Vektor zusammen:

$$\mathbf{x}(\eta) = (\,\mathbf{x}_1(\eta), \mathbf{x}_2(\eta), \ldots, \mathbf{x}_n(\eta)\,)^T \tag{2-53}$$

In gleicher Weise kann man einen Vektor der linearen Mittelwerte definieren:

$$m_{\mathbf{x}} = (\,m_{\mathbf{x}_1}, m_{\mathbf{x}_2}, \ldots, m_{\mathbf{x}_n}\,)^T \tag{2-54}$$

Für das erste gemeinsame zentrale Moment der Zufallsvariablen erhält man dann die sog. Kovarianzmatrix R_{xx}:

$$R_{xx} = E\{(\underline{x}(\eta) - m_x)\,(\underline{x}(\eta) - m_x)^T\}\ . \tag{2-55}$$

$\underline{x}(\eta)^T$ bedeutet hierbei die Transponierte des Vektors $\underline{x}(\eta)$. Die Matrix R_{xx} ist symmetrisch. Sie enthält in ihrer Hauptdiagonalen die Varianzen der Zufallsvariablen $x_i(\eta)$. Sind diese Zufallsvariablen unkorreliert, so sind die gemeinsamen ersten zentralen Momente gleich Null und R_{xx} ist eine Diagonalmatrix. Sind die Zufallsvariablen $x_i(\eta)$ schließlich linear unabhängig und sind ihre Varianzen größer als Null. so ist R_{xx} positiv definit und die inverse Matrix existiert. Für die gemeinsame Gaußdichte der Zufallsvariablen $x_i(\eta)$, i=1. .. ,n, kann man dann schreiben:

$$f_x(x) = \frac{|R_{xx}|^{-1/2}}{(2\pi)^{n/2}} \exp(-\frac{1}{2}(x-m_x)^T R_{xx}^{-1}(x-m_x))\ . \tag{2-56}$$

Hierbei ist $|R_{xx}|$ die Determinante der Kovarianzmatrix R_{xx}. Gl.(2-51) ist ein Sonderfall von Gl.(2-56) für n = 2.

Zufallsvariablen mit gaußscher Wahrscheinlichkeitsdichte sind wirklichkeitsnahe Modelle für sehr viele physikalische Größen. Dies gilt insbesondere dann, wenn sich eine Größe aus einer großen Anzahl voneinander unabhängiger Beiträge additiv zusammensetzt. Mathematisch wird diese Eigenschaft durch den zentralen Grenzwertsatz ausgedrückt. Dieser besagt, daß - unter sehr allgemeinen Bedingungen - die Wahrscheinlichkeitsverteilungsfunktion einer Summe aus statistisch unabhängigen Zufallsvariablen mit zunehmender Anzahl der Summanden gegen eine gaußsche Wahrscheinlichkeitsverteilungsfunktion konvergiert.

Es gibt zahlreiche Formulierungen des zentralen Grenzwertsatzes. Hinreichend für seine Gültigkeit sind folgende Bedingungen: Es seien $x_i(\eta)$ statistisch unabhängige Zufallsvariablen mit beliebigen Wahrscheinlichkeitsverteilungen. Die linearen Mittelwerte existieren und es gibt zwei positive Konstanten a und A derart, daß

$$\sigma_{x_i}^2 > a > 0 \tag{2-57}$$

und $$E\{|x_i(\eta) - m_{x_i}|^3\} < A < \infty \tag{2-58}$$

für alle i erfüllt sind. Dann strebt die Wahrscheinlichkeitsverteilung der Zufallsvariablen

$$y_n(\eta) = \left(\sum_{i=1}^{n} (x_i(\eta) - m_{x_i})\right) \Big/ \sqrt{\sum_{i=1}^{n} \sigma_{x_i}^{\,2}} \qquad (2\text{-}59)$$

mit wachsendem n gegen die Wahrscheinlichkeitsverteilung einer gaußschen Zufallsvariablen mit dem linearen Mittelwert Null und der Varianz Eins. Die Bedingungen (2-57) und (2-58) bedeuten, daß keine der Zufallsvariablen $x_i(\eta)$ dominierend gegenüber den übrigen sein darf. Hervorgehoben sei schließlich noch, daß der zentrale Grenzwertsatz Konvergenz für die Wahrscheinlichkeits<u>verteilung</u>, nicht für die Wahrscheinlichkeits<u>dichte</u> formuliert. Dies bedeutet, daß unter den Zufallsvariablen $x_i(\eta)$ auch diskrete Zufallsvariablen sein können.

Beweise verschiedener Formen des zentralen Grenzwertsatzes finden sich u.a. in [2.6] und [2.7].

Abschließend sei auf eine weitere Eigenschaft von Zufallsvariablen mit gemeinsamer Gaußdichte hingewiesen: Die Summe aus zwei derartigen Zufallsvariablen ergibt wieder eine Zufallsvariable mit gaußscher Wahrscheinlichkeitsdichte.

Beispiel 2.17: Summe aus zwei Zufallsvariablen mit gemeinsamer Gaußdichte

Es sei $\mathbf{z}(\eta) = \mathbf{x}(\eta) + \mathbf{y}(\eta)$.

Die gemeinsame Wahrscheinlichkeitsdichte der Zufallsvariablen $\mathbf{x}(\eta)$ und $\mathbf{y}(\eta)$ sei durch Gl.(2-51) gegeben. Zur Vereinfachung seien $m_{\mathbf{x}} = m_{\mathbf{y}} = 0$. Für die Wahrscheinlichkeitsverteilung der Zufallsvariablen $\mathbf{z}(\eta)$ gilt dann:

$$F_{\mathbf{z}}(z) = \iint\limits_{x+y\leq z} f_{\mathbf{xy}}(x,y)\,dy\,dx$$

$$= \int_{-\infty}^{+\infty} \int_{-\infty}^{z-x} f_{\mathbf{xy}}(x,y)\,dy\,dx \quad .$$

Die Wahrscheinlichkeitsdichte $f_{\mathbf{z}}(z)$ erhält man durch Differentiation nach z:

$$f_{\mathbf{z}}(z) = \int_{-\infty}^{+\infty} f_{\mathbf{xy}}(x,z-x)\,dx \quad .$$

Setzt man hier die Wahrscheinlichkeitsdichte aus Gl.(2-51) ein, so ergibt sich als Argument der Exponentialfunktion ein Ausdruck der

Form

$$ax^2 + 2bxz + cz^2 = a(x + \frac{b}{a}z)^2 + (c - \frac{b^2}{a})z^2 .$$

Damit kann die Wahrscheinlichkeitsdichte $f_z(z)$ wie folgt dargestellt werden:

$$f_z(z) = A\, e^{-(c - \frac{b^2}{a})z^2} \int_{-\infty}^{+\infty} e^{-a(x + \frac{b}{a}z)^2} dx .$$

Durch Variablensubstitution wird das Integral unabhängig von z und die gesuchte Wahrscheinlichkeitsdichte ist eine Gaußdichte:

$$f_z(z) = \frac{1}{\sqrt{2\pi}\,\sigma_z} e^{-z^2/2\sigma_z^2} .$$

σ_z läßt sich durch Koeffizientenvergleich und Auswertung des Integrals bestimmen:

$$\sigma_z^2 = \sigma_x^2 + 2\rho_{xy}\sigma_x\sigma_y + \sigma_y^2 .$$

Gaußprozesse werden im Abschnitt 3.8.5 behandelt.

Es sollen nun noch zwei Wahrscheinlichkeitsverteilungsfunktionen von diskreten Zufallsvariablen diskutiert werden. Da Wahrscheinlichkeitsdichten für diese nur mit Hilfe von δ-Distributionen angegeben werden können (s. Abschnitt 2.4), werden wir hier nur von den Verteilungen dieser Zufallsvariablen und von den Wahrscheinlichkeiten, daß sie bestimmte Werte annehmen, sprechen.

2.8.3 Binomialverteilung

Diese Wahrscheinlichkeitsverteilung ist auch unter der Bezeichnung Bernoullische Verteilung bekannt. Mann erhält eine Zufallsvariable $x(\eta)$ mit Binomialverteilung durch folgende Überlegung: Die Ergebnisse eines Zufallsexperimentes seien alle möglichen Folgen der Länge m aus zwei Elementen, beispielsweise den Buchstaben A und B:

$$\eta_i = A\ A\ B\ A\ B\ B\ \ldots\ A\ B\ B .$$

Derartige Folgen entstehen bei zahlreichen Anwendungen: der Prüfung von Bauelementen (A = gut, B = fehlerhaft), der binären Codierung des

Ausgangs einer Nachrichtenquelle (A = logische Eins, B = logische Null) u.a.m. Enthält eine Folge η_i n-mal das Element A und folglich (m-n)-mal das Element B, so habe das Elementarereignis $\{\eta_i\}$ die Wahrscheinlichkeit

$$p^n \, (1 - p)^{m-n} \, ,$$

mit $0 \leq p \leq 1$. Die Zufallsvariable $\mathbf{x}(\eta_i)$ sei schließlich gleich der Anzahl der Elemente A in der Folge η_i, d.h. beispielsweise gleich der Anzahl der guten Bauelemente in einer Folge von m Elementen. Unter allen möglichen Folgen der Länge m gibt es aber genau

$$\binom{m}{n} = m! \, / \, ((m - n)! \; n!) \tag{2-60}$$

Folgen, die n mal das Element A enthalten. Da die zugehörigen Ereignisse disjunkt sind, addieren sich die Wahrscheinlichkeiten dieser Folgen und man erhält für die Wahrscheinlichkeit, daß die Zufallsvariable $\mathbf{x}(\eta)$ den Wert n annimmt:

$$P_{\mathbf{x}}(n) = P(\{\eta \,|\, \mathbf{x}(\eta) = n\}) = \binom{m}{n} \, p^n \, (1 - p)^{m-n} \, . \tag{2-61}$$

Bild 2.11 zeigt diese Wahrscheinlichkeiten für m = 8 und einige Werte von p. Für die Wahrscheinlichkeitsverteilung folgt aus Gl.(2-61):

$$F_{\mathbf{x}}(x) = \begin{cases} 0 & x < 0 \\ \sum\limits_{i \leq x} \binom{m}{i} \, p^i \, (1 - p)^{m-i} & x \geq 0 \end{cases} \, . \tag{2-62}$$

Für Mittelwert und Varianz einer binomialverteilten Zufallsvariablen erhält man endlich:

$$m_{\mathbf{x}} = m \, p \, , \tag{2-63}$$

$$\sigma_{\mathbf{x}}^2 = m \, p \, (1 - p) \, . \tag{2-64}$$

Die Varianz der Zufallsvariablen $\mathbf{x}(\eta)$ ist somit bei gegebenem m für p = 0,5 maximal.

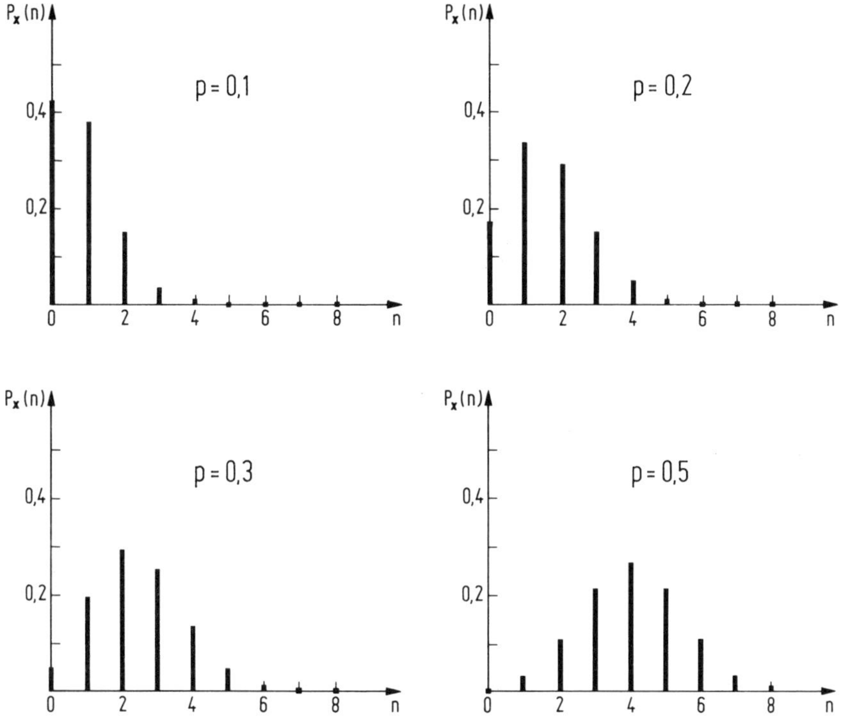

Bild 2.11: Wahrscheinlichkeiten einer Zufallsvariablen mit Binomialverteilung für m = 8 und verschiedene Werte von p

2.8.4 Poissonverteilung

Eine Poissonverteilung erhält man als Grenzfall einer Binomialverteilung, wenn man den Grenzübergang so ausführt, daß die Anzahl m der Elemente der Binärfolge gegen Unendlich und die Wahrscheinlichkeit p gegen Null strebt, aber das Produkt

$$m\, p = \lambda \tag{2-65}$$

endlich bleibt. Aus Gl.(2-61) erhält man dann beispielsweise für n=0 und n=1:

$$P_x(0) = \lim_{m \to \infty} (1 - \lambda/m)^m = e^{-\lambda} \quad , \tag{2-66}$$

$$\begin{aligned} P_x(1) &= \lim_{m \to \infty} \binom{m}{1} (\lambda/m)\ (1 - \lambda/m)^{m-1} \\ &= \lim_{m \to \infty} (\lambda\ /\ (1-\lambda/m))\ P_x(0) = \lambda\, e^{-\lambda} \quad . \end{aligned} \tag{2-67}$$

Setzt man diese Überlegung fort, so kann man das Bildungsgesetz für $P_{\mathbf{x}}(n)$ erkennen:

$$P_{\mathbf{x}}(n) = P(\{\eta \mid \mathbf{x}(\eta) = n\}) = (\lambda^n / n!)\, e^{-\lambda} \qquad n = 0,1,\ldots \quad (2\text{-}68)$$

λ ist dabei die mittlere Anzahl von Ereignissen in einer Zeiteinheit. Bild 2.12 zeigt diese Wahrscheinlichkeiten für einige Werte von λ. Zur Poissonverteilung gelangt man schließlich durch Summation:

$$F_{\mathbf{x}}(x) = \begin{cases} 0 & x < 0 \\ \sum\limits_{i \leq x} (\lambda^i / i!)\, e^{-\lambda} & x \geq 0 \end{cases} . \qquad (2\text{-}69)$$

Für den Mittelwert und die Varianz der Zufallsvariablen $\mathbf{x}(\eta)$ gelten endlich:

$$m_{\mathbf{x}} = \lambda , \qquad (2\text{-}70)$$

$$\sigma_{\mathbf{x}}^2 = \lambda . \qquad (2\text{-}71)$$

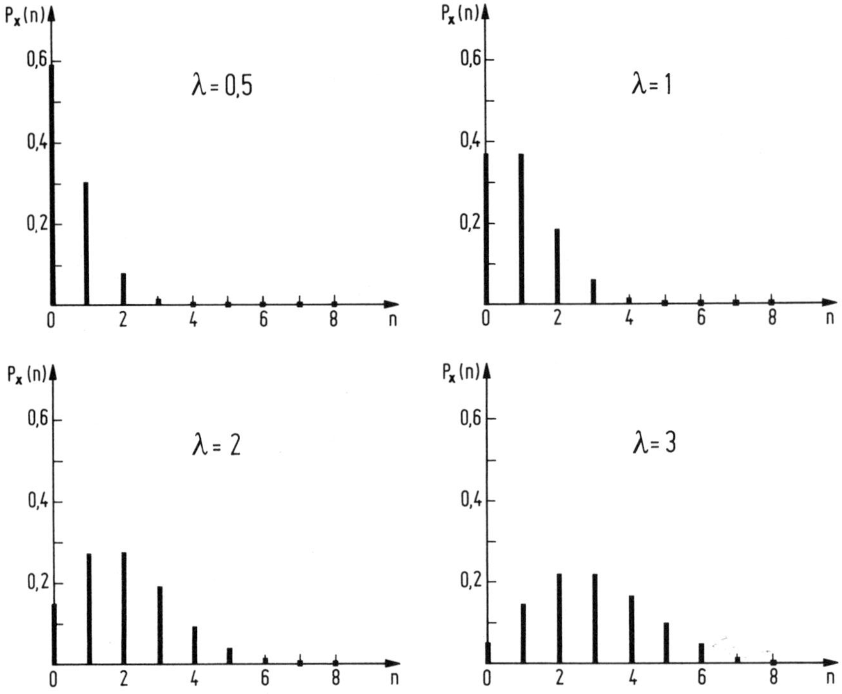

Bild 2.12: Wahrscheinlichkeiten einer Zufallsvariablen mit Poissonverteilung für einige Werte von λ

Beispiele für die Anwendung von Zufallsvariablen mit Poissonverteilung sind Modelle für Systeme, bei denen in einem bestimmten Zeitintervall T_0 eine Anzahl von Ereignissen (Ankunft von Kunden, Ausfall von Bauelementen) stattfindet. Diese Anzahl ist eine Zufallsvariable mit Poissonverteilung, wenn folgende Voraussetzungen erfüllt sind:

a) λ ist die mittlere Anzahl der Ereignisse in dem Zeitintervall T_0.
b) Die Wahrscheinlichkeit, daß in einem kleinen Teilintervall der Dauer T_0/m ein Ereignis stattfindet, ist gleich λ/m. Die Wahrscheinlichkeit, daß mehr als ein Ereignis stattfindet, kann demgegenüber vernachlässigt werden.
c) Ereignisse in Teilintervallen, die sich nicht überdecken, sind statistisch unabhängig voneinander.

Unter diesen Bedingungen können die Ereignisse in m aufeinanderfolgenden gleichlangen kleinen Teilintervallen als binäre Folge (A = Ereignis hat stattgefunden, B = Ereignis hat nicht stattgefunden) beschrieben werden. Die Anzahl der Ereignisse folgt daher einer Binomialverteilung, die - wie oben gezeigt wurde - im Grenzfall in eine Poissonverteilung übergeht. Poissonprozesse werden im Abschnitt 3.8.6 behandelt.

2.9 Schrifttum

[2.1] Kolmogoroff, A.: Grundbegriffe der Wahrscheinlichkeitsrechnung. Springer-Verlag, Berlin, 1933.

[2.2] Müller, P. H.: Lexikon der Stochastik. Akademie-Verlag, Berlin, 1975.

[2.3] Thomas, J. B.: An Introduction to Applied Probability and Random Processes. J. Wiley, New York, 1971.

[2.4] DIN 55 350: Begriffe der Qualitätssicherung und Statistik. Teil 22. Beuth-Verlag, Berlin, 1979.

[2.5] Abramowitz, M. and I. A. Stegun: Handbook of Mathematical Functions. Dover Publ., New York, 1965.

[2.6] Davenport, W. B.: Probability and Random Processes. McGraw-Hill, 1970.

[2.7] Cramér, H.: Mathematical Methods of Statistics. Princeton University Press, Princeton, 1974.

3. Zufallsprozesse

Probleme der Nachrichten- und Regelungstechnik erfordern im allgemeinen Lösungen, die nicht nur für bestimmte einzelne Signale, sondern für eine große Anzahl möglicher Signale mit gewissen gemeinsamen Eigenschaften gelten. Ein mathematisches Modell für eine derartige Schar von Signalen ist der Zufallsprozeß (oder stochastischer Prozeß). Dieser soll in diesem Kapitel betrachtet werden. An vielen Stellen kann dabei auf Zufallsvariablen (s. 2. Kapitel) zurückgegriffen werden. Dieses 3. Kapitel beginnt mit einer Definition des Zufallsprozesses. Es werden dann geeignete Funktionen für die Beschreibung seiner Eigenschaften eingeführt. Besonderen Raum nehmen dabei die Korrelationsfunktion und das Leistungsdichtespektrum ein. Bei der Korrelationsfunktion wird auch auf die Problematik ihrer Messung kurz eingegangen und es werden Verfahren vorgestellt, die Eigenschaften der Korrelationsfunktion ausnützen. Das Kapitel schließt mit der Diskussion einiger spezieller Klassen von Zufallsprozessen.

3.1 Definition eines Zufallsprozesses

Die Definition eines Zufallsprozesses kann auf verschiedene Weise formuliert werden. Wir werden hier eine Form wählen, die die Zeitfunktion - also das Signal oder die Störung - in den Vordergrund stellt. Wir beschränken uns dabei auf reelle Zufallsprozesse.

Definition 3.1: Reeller Zufallsprozeß

Ein reeller Zufallsprozeß $\mathbf{x}(\eta,t)$ ist eine Funktion, die jedem Ergebnis η einer Ergebnismenge H eine eindeutige reelle Zeitfunktion derart zuordnet, daß $\mathbf{x}(\eta,t)$ für jeden Zeitpunkt t aus einem Definitionsbereich $T_{\mathbf{x}}$ eine Zufallsvariable ist.

Es gibt andere Formulierungen dieser Definition, auf die noch eingegangen werden soll.

Nach Def. 3.1 ist ein Zufallsprozeß eine eindeutige Funktion von zwei Parametern. Wie bei der Zufallsvariablen ist nur die Auswahl eines Ergebnisses η aus der Ergebnismenge H durch ein (gedachtes) Zufallsexperiment zufällig. Durch das Ergebnis, für das wir nicht voraussetzen, daß ein Beobachter es kennt, wird aus der Schar der Zeitfunktionen eindeutig eine bestimmte Zeitfunktion ausgewählt.

Die einzelnen Funktionen eines Zufallsprozesses nennt man Musterfunktionen oder Realisierungen. Diese sollen hier immer als Zeitfunktionen betrachtet werden. Grundsätzlich aber kann der Parameter t eine beliebige andere Bedeutung haben. Der Definitionsbereich $T_{\mathbf{x}}$ des Parameters t kann kontinuierlich oder diskret sein. Wir werden hier als kontinuierlichen Definitionsbereich immer

$$T_{\mathbf{x}} = \{t \,|\, -\infty \leq t \leq +\infty\}$$

und als diskreten Definitionsbereich immer

$$T_{\mathbf{x}} = \{t \,|\, t = iT,\; i \in \mathbb{Z}\}$$

annehmen. Andere Annahmen sind möglich. Bei einem diskreten Definitionsbereich spricht man von einem (zeit-) diskreten Zufallsprozeß oder einer Zufallsfolge und nennt eine Musterfunktion dieses Prozesses auch eine Musterfolge. Bild 3.1 zeigt einen Ausschnitt aus der Schar der Musterfunktionen eines (zeit-) kontinuierlichen Zufallsprozesses.

Die Anzahl der Musterfunktionen eines Zufallsprozesses ist gleich der Anzahl der Elemente (Ergebnisse) η der Ergebnismenge H, über der der Zufallsprozeß definiert ist. Jede einzelne Musterfunktion kann als determinierte Funktion, d.h. als Funktion, deren Verlauf für alle Zeiten $t \in T_{\mathbf{x}}$ bestimmt ist, betrachtet werden. Dies steht nur scheinbar im Gegensatz zu anderen Beschreibungen eines Zufallsprozesses. Hierauf soll noch eingegangen werden.

Beispiel 3.1: Tonsignal

Ergebnismenge: H = {Titel auswählbarer Musikstücke}

Zufallsprozeß: $\mathbf{x}(\eta,t)$ = Schar der Eingangsspannungen eines Lautsprechers

(Soll der Prozeß für $-\infty \leq t \leq +\infty$ definiert werden, so kann jede Musterfunktion für Zeiten außerhalb der Abspielzeit beispielsweise

durch $x(\eta,t) = 0$ V fortgesetzt werden.)
Zufallsexperiment: Auswahl eines Titels

Die Musterfunktionen des in Beispiel 3.1 definierten Zufallsprozesses sind ohne Zweifel determiniert, denn sie sind auf Band oder Platte aufgezeichnet. Die Anzahl der Musterfunktionen ist gleich der Anzahl der auswählbaren Musikstücke. Durch Auswahl eines Titels $\eta_i \in H$ ist $x(\eta_i,t)$ eindeutig bestimmt.

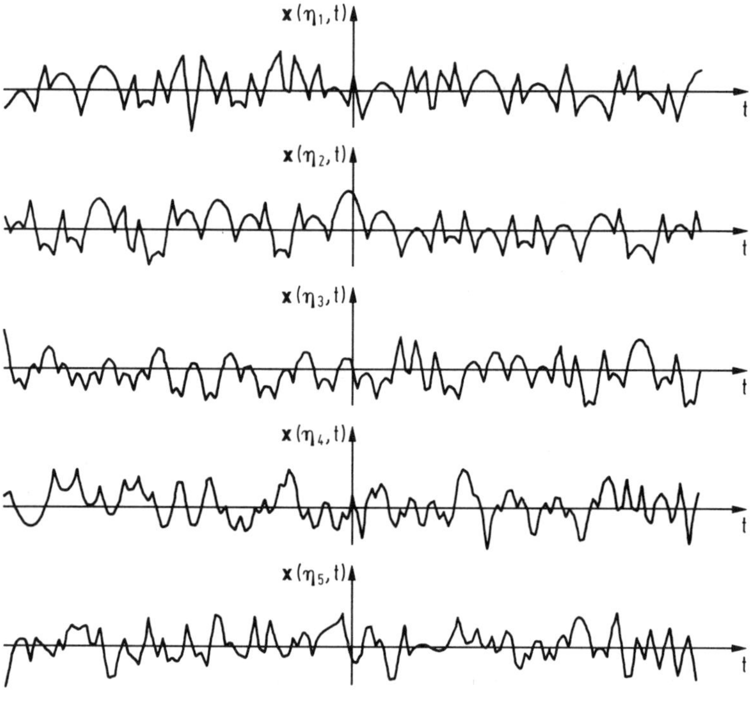

Bild 3.1: Ausschnitt aus den Musterfunktionen eines Zufallsprozesses

Beispiel 3.2: Wechselspannung

Ergebnismenge: H = {alle möglichen Phasenwinkel bei $t = 0$ einer sinusförmigen Wechselspannung}

Zufallsprozeß: $x(\eta,t) = u_0 \sin(\omega_0 t + \alpha(\eta))$

Zufallsexperiment: Festlegung des Phasenwinkels beim Einschalten eines Generators

Beispiel 3.2 beschreibt einen Zufallsprozeß mit sinusförmigen Musterfunktionen, die sich nur durch ihre Phasenlagen unterscheiden. Aus der Beobachtung einer Musterfunktion über eine Periodendauer kann der weitere Funktionsverlauf vorhergesagt werden. Eine Definition eines Zufallsprozesses als eine Funktion, bei der aus der Vergangenheit nicht auf die Zukunft geschlossen werden kann, ist daher nicht allgemein zulässig.

Beispiel 3.3: Abschalten eines Stromes

Ergebnismenge: H = {Abschaltung, keine Abschaltung}

Zufallsprozeß:

$$\mathbf{x}(\text{Abschaltung}, t) = \begin{cases} i_0 \cos\omega_0 t & -\infty \leq t < t_s \\ 0 & t_s \leq t \leq +\infty \end{cases}$$

$$\mathbf{x}(\text{keine Abschaltung}, t) = i_0 \cos\omega_0 t \qquad -\infty \leq t \leq +\infty$$

Zufallsexperiment: Entscheidung über die Abschaltung

Im Beispiel 3.3 wird schließlich ein Zufallsprozeß definiert, der zwei Musterfunktionen hat, die bis zu einem Zeitpunkt t_s gleich sind. Beobachtet man hier eine Musterfunktion vor diesem Zeitpunkt, so kann auch dann nicht auf deren weiteren Verlauf geschlossen werden, wenn die beiden Musterfunktionen formelmäßig bekannt sind. Eine Vorhersage ist nur möglich, wenn das Ergebnis des Zufallsexperimentes bekannt ist. Wir müssen dabei allerdings annehmen, daß dieses Ergebnis bereits bei Beginn des Definitionszeitraumes des Zufallsprozesses feststeht.

Eine von Def. 3.1 abweichende Formulierung der Definition eines Zufallsprozesses besagt, daß zu jedem Definitionszeitpunkt des Prozesses durch ein Zufallsexperiment sein aktueller Wert, d.h. der Wert einer Zufallsvariablen, festgelegt wird. Diese Definition läßt sich in Def. 3.1 überführen, wenn unter dem <u>einmaligen</u> Zufallsexperiment in Def. 3.1 eine Zusammenfassung aller "momentanen" Zufallsexperimente verstanden wird. Das einmalige Experiment legt dann einen <u>Pfad</u> durch die möglichen Ergebnisse nacheinander ausgeführter Zufallsexperimente fest.

Abschließend soll noch auf die Bedeutungen der Funktion $\mathbf{x}(\eta,t)$ hingewiesen werden. Es sind vier Fälle zu unterscheiden:

1. η und t sind variabel: $\mathbf{x}(\eta,t)$ ist ein Zufallsprozeß, d.h. eine Schar von Musterfunktionen.
2. η ist variabel, t ist fest: $\mathbf{x}(\eta,t)$ ist eine Zufallsvariable. Man schreibt dafür auch $\mathbf{x}_t(\eta)$.

3. η ist fest, t ist variabel: $\mathbf{x}(\eta,t)$ ist eine einzelne Musterfunktion, d.h. eine (ganz normale) Zeitfunktion. Man schreibt dafür auch $x_\eta(t)$.
4. η und t sind fest: $\mathbf{x}(\eta,t)$ ist ein einzelner (ganz gewöhnlicher) Zahlenwert. (Man schreibt dafür auch x.)

3.2 Wahrscheinlichkeitsverteilungs- und Wahrscheinlichkeitsdichtefunktion

Die Definitionen dieser Funktionen folgen unmittelbar aus den Definitionen der entsprechenden Funktionen für Zufallsvariablen (Defn. 2.6 und 2.7), wenn man beachtet, daß ein Zufallsprozeß für jedes beliebige $t \in T_{\mathbf{x}}$ eine Zufallsvariable darstellt.

Definition 3.2: Wahrscheinlichkeitsverteilungsfunktion

$$F_{\mathbf{x}}(x,t) = P(\{\eta \mid \mathbf{x}(\eta,t) \leq x\})$$

Definition 3.3: Wahrscheinlichkeitsdichtefunktion

$$f_{\mathbf{x}}(x,t) = \partial F_{\mathbf{x}}(x,t) \;/\; \partial x$$

Beide Funktionen sind im allgemeinen Fall von der Zeit t abhängig. Die Ableitung in Def. 3.3 ist wieder als verallgemeinerte Ableitung anzusehen: An Stellen, an denen in der Wahrscheinlichkeitsverteilung Sprünge auftreten, enthält die Wahrscheinlichkeitsdichte δ-Distributionen. Jede Distribution ist mit einem Faktor gewichtet, der gleich der Höhe des Sprunges der Wahrscheinlichkeitsverteilung an der betreffenden Stelle ist.

Betrachtet man einen Zufallsprozeß zu zwei Zeitpunkten t_1 und $t_2 \in T_{\mathbf{x}}$, so sind $\mathbf{x}(\eta,t_1)$ und $\mathbf{x}(\eta,t_2)$ zwei Zufallsvariablen, die über derselben Ergebnismenge definiert sind. Für sie können eine <u>gemeinsame Wahrscheinlichkeitsverteilung</u> - eine Verbundwahrscheinlichkeitsverteilung - und eine <u>gemeinsame</u> <u>Wahrscheinlichkeitsdichte</u> - eine Verbundwahrscheinlichkeitsdichte - angegeben werden:

Definition 3.4: Gemeinsame Wahrscheinlichkeitsverteilung

$$F_{\mathbf{xx}}(x_1,x_2,t_1,t_2) = P(\{\eta \mid \mathbf{x}(\eta,t_1) \leq x_1\} \cap \{\eta \mid \mathbf{x}(\eta,t_2) \leq x_2\})$$

Definition 3.5: Gemeinsame Wahrscheinlichkeitsdichte

$$f_{\mathbf{xx}}(x_1,x_2,t_1,t_2) = \partial^2 F_{\mathbf{xx}}(x_1,x_2,t_1,t_2) \;/\; \partial x_1\, \partial x_2$$

Beide Funktionen können von t_1 und t_2 abhängen. Die Ableitungen sind wieder als verallgemeinerte Ableitungen zu verstehen. Die Defn. 3.4 und 3.5 lassen sich auch auf zwei Zufallsprozesse $\mathbf{x}(\eta,t)$ und $\mathbf{y}(\eta,t)$ übertragen, wenn diese über derselben Ergebnismenge definiert sind:

Definition 3.6: Gemeinsame Wahrscheinlichkeitsverteilung zweier Zufallsprozesse

$$F_{\mathbf{xy}}(x,y,t_1,t_2) = P(\{\eta \,|\, \mathbf{x}(\eta,t_1) \leq x\} \cap \{\eta \,|\, \mathbf{y}(\eta,t_2) \leq y\})$$

Definition 3.7: Gemeinsame Wahrscheinlichkeitsdichte zweier Zufallsprozesse

$$f_{\mathbf{xy}}(x,y,t_1,t_2) = \partial^2 F_{\mathbf{xy}}(x,y,t_1,t_2) \;/\; \partial x\, \partial y$$

Die Voraussetzung, daß beide Zufallsprozesse über derselben Ergebnismenge definiert sind, bedeutet, daß zu jedem Ergebnis η aus der Ergebnismenge H genau eine Musterfunktion des Prozesses $\mathbf{x}(\eta,t)$ und genau eine Musterfunktion des Prozesses $\mathbf{y}(\eta,t)$ gehören.

Das Konzept der gemeinsamen Verteilungen und Dichten läßt sich auf mehr als zwei Zeitpunkte und mehr als zwei Prozesse erweitern.

Auch der Begriff der statistischen Unabhängigkeit, der von der gemeinsamen Wahrscheinlichkeitsdichte ausgeht und der in Def. 2.10 für zwei Zufallsvariablen formuliert wurde, kann auf zwei Prozesse angewendet werden. Voraussetzung ist wieder, daß beide Zufallsprozesse über derselben Ergebnismenge definiert sind:

Definition 3.8: Statistisch unabhängige Zufallsprozesse

Zwei Zufallsprozesse $\mathbf{x}(\eta,t)$ und $\mathbf{y}(\eta,t)$, die über derselben Ergebnismenge definiert sind, nennt man statistisch unabhängig, wenn für beliebige $t_{11}, \ldots, t_{1i} \in T_{\mathbf{x}}$, und $t_{21}, \ldots, t_{2j} \in T_{\mathbf{y}}$ die Zufallsvariablen $\mathbf{x}(\eta,t_{11}), \ldots, \mathbf{x}(\eta,t_{1i})$ statistisch unabhängig sind von den Zufallsvariablen $\mathbf{y}(\eta,t_{21}), \ldots, \mathbf{y}(\eta,t_{2j})$.

Aus Def. 3.8 folgt für die gemeinsame Wahrscheinlichkeitsdichte und die gemeinsame Wahrscheinlichkeitsverteilung statistisch unabhängiger Zufallsprozesse:

$$f_{xy}(x,y,t_1,t_2) = f_x(x,t_1)\, f_y(y,t_2) \quad , \tag{3-1.1}$$

$$F_{xy}(x,y,t_1,t_2) = F_x(x,t_1)\, F_y(y,t_2) \quad . \tag{3-1.2}$$

Statistische Unabhängigkeit ist eine Eigenschaft zweier Zufallsprozesse, die experimentell höchstens näherungsweise nachgewiesen werden kann. Bei der Formulierung eines Modells für ein System beispielsweise der Nachrichten- oder der Regelungstechnik kann sie - sofern sie nicht bereits aus den Annahmen über die Quellen auftretender Zufallsprozesse folgt - nur als Voraussetzung formuliert werden. Diese ist in der Regel berechtigt, wenn zwei Zufallsprozesse Modelle für Signale oder Störungen sind, die verschiedene Ursachen haben. Statistische Unabhängigkeit bedeutet immer eine wesentliche Vereinfachung der Modellanalyse. Man wird daher oft auch dort versuchen, mit statistischer Unabhängigkeit zu arbeiten, wo die Quellen der Zufallsprozesse zwar nicht völlig unabhängig voneinander sind, vorhandene Abhängigkeiten aber nicht interessieren.

3.3 Erwartungswerte

Da Zufallsprozesse Funktionen von zwei Parametern sind, lassen sich grundsätzlich auch zwei verschiedene Gruppen von Mittelwerten bilden: Mittelwerte über die Schar der Musterfunktionen bei fester Zeit oder festen Zeiten oder Mittelwerte über die Zeit bei fester Musterfunktion oder festen Musterfunktionen. Bild 3.2 deutet diese beiden Möglichkeiten der Mittelwertbildung an. Beide Gruppen von Mittelwerten sind im allgemeinen streng zu unterscheiden.

Der Erwartungswert eines Zufallsprozesses ist immer ein Scharmittelwert (Ensemblemittelwert). Er wird für beliebiges $t \in T_x$ - oder bei gemeinsamen Erwartungswerten für beliebige $t_i \in T_x$ - gebildet. Er ist somit der Erwartungswert einer Zufallsvariablen oder der gemeinsame Erwartungswert mehrerer Zufallsvariablen. Man kann daher alle für Zufallsvariablen gültigen Definitionen auch auf Zufallsprozesse anwenden, wenn man die zusätzliche Abhängigkeit von der Zeit berücksichtigt. Einige dieser Definitionen seien hier tabellarisch wiederholt:

Definition 3.9: Linearer Mittelwert

$$m_{\mathbf{x}}(t) = E\{\mathbf{x}(\eta,t)\} = \int_{-\infty}^{+\infty} x\, f_{\mathbf{x}}(x,t)\, dx$$

Definition 3.10: Quadratischer Mittelwert

$$m_{\mathbf{x}}(t)^{(2)} = E\{\mathbf{x}(\eta,t)^2\} = \int_{-\infty}^{+\infty} x^2\, f_{\mathbf{x}}(x,t)\, dx$$

Definition 3.11: Varianz

$$\sigma_{\mathbf{x}}(t)^2 = E\{(\mathbf{x}(\eta,t) - m_{\mathbf{x}}(t))^2\} = \int_{-\infty}^{+\infty} (x - m_{\mathbf{x}}(t))^2\, f_{\mathbf{x}}(x,t)\, dx$$

Definition 3.12: Autokorrelationsfunktion

$$R_{\mathbf{xx}}(t_1,t_2) = E\{\mathbf{x}(\eta,t_1)\ \mathbf{x}(\eta,t_2)\}$$

$$= \int_{-\infty}^{+\infty}\int_{-\infty}^{+\infty} x_1\, x_2\, f_{\mathbf{xx}}(x_1,x_2,t_1,t_2)\, dx_1\, dx_2$$

Definition 3.13 Autovarianzfunktion

$$C_{\mathbf{xx}}(t_1,t_2) = E\{(\mathbf{x}(\eta,t_1) - m_{\mathbf{x}}(t_1))\ (\mathbf{x}(\eta,t_2) - m_{\mathbf{x}}(t_2))\}$$

$$= \int_{-\infty}^{+\infty}\int_{-\infty}^{+\infty} (x_1 - m_{\mathbf{x}}(t_1))\ (x_2 - m_{\mathbf{x}}(t_2))\ f_{\mathbf{xx}}(x_1,x_2,t_1,t_2)\, dx_1\, dx_2$$

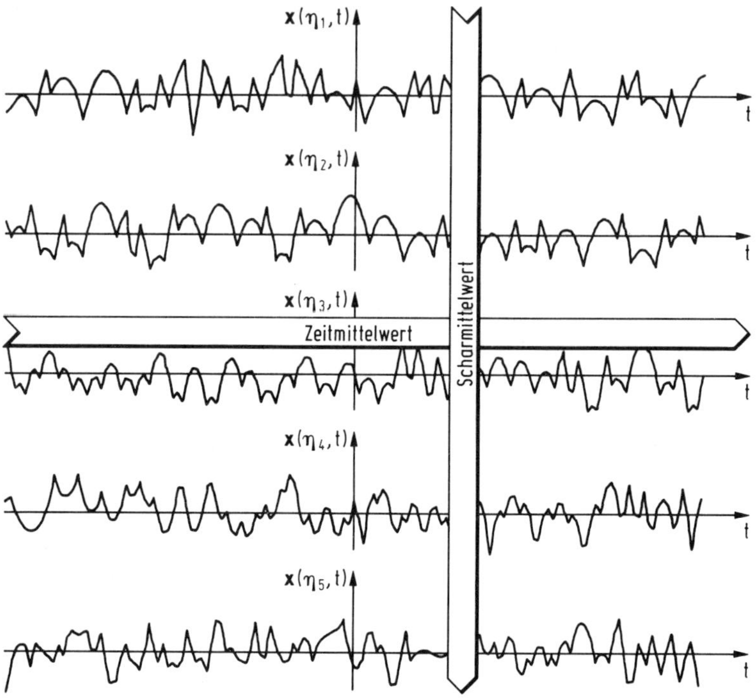

Bild 3.2 Mittelwertbildung bei einem Zufallsprozeß

Alle diese Definitionen sind nur sinnvoll, wenn der Erwartungswert existiert. Dies muß in jedem Einzelfall nachgeprüft werden. Die Autokorrelationsfunktion und die Autovarianzfunktion können als Verallgemeinerungen des quadratischen Mittelwertes und der Varianz angesehen werden. Die Eigenschaften der Autokorrelationsfunktion werden im Abschnitt 3.6 diskutiert. Für den Zusammenhang zwischen Autokorrelationsfunktion und Autovarianzfunktion folgt aus den Rechenregeln für Erwartungswerte (Gl.(2-22)):

$$C_{\mathbf{xx}}(t_1,t_2) = R_{\mathbf{xx}}(t_1,t_2) - m_{\mathbf{x}}(t_1)\, m_{\mathbf{x}}(t_2) \quad . \tag{3-2}$$

Kreuzkorrelationsfunktion und Kreuzvarianzfunktion sind gemeinsame Erwartungswerte für zwei Zufallsprozesse, die über derselben Ergebnismenge definiert sind:

Definition 3.14: Kreuzkorrelationsfunktion

$$R_{\mathbf{xy}}(t_1,t_2) = E\{\mathbf{x}(\eta,t_1)\ \mathbf{y}(\eta,t_2)\}$$
$$= \int_{-\infty}^{+\infty}\int_{-\infty}^{+\infty} x\ y\ f_{\mathbf{xy}}(x,y,t_1,t_2)\ dx\ dy$$

Definition 3.15: Kreuzvarianzfunktion

$$C_{\mathbf{xy}}(t_1,t_2) = E\{(\mathbf{x}(\eta,t_1) - m_{\mathbf{x}}(t_1))\ (\mathbf{y}(\eta,t_2) - m_{\mathbf{y}}(t_2))\ \}$$

$$= \int_{-\infty}^{+\infty}\int_{-\infty}^{+\infty} (x - m_{\mathbf{x}}(t_1))\ (y - m_{\mathbf{y}}(t_2))\ f_{\mathbf{xy}}(x,y,t_1,t_2)\ dx\ dy$$

Auch für Def. 3.14 und Def. 3.15 muß die Existenz der Erwartungswerte vorausgesetzt werden.

Beispiel 3.4: Erwartungswerte

Zufallsprozeß:

$$\mathbf{x}(\eta,t) = \sin(\omega_0 t + \mathbf{a}(\eta)) \qquad \text{mit } -\infty \leq t \leq +\infty \quad \text{und}$$

$$f_{\mathbf{a}}(\alpha) = \begin{cases} 2/\pi & 0 \leq \alpha < \pi/2 \\ 0 & \text{sonst} \end{cases}$$

Linearer Mittelwert:

$$m_{\mathbf{x}}(t) = (2\sqrt{2}\ /\ \pi)\ \sin(\omega_0 t + \pi/4)$$

Quadratischer Mittelwert:

$$m_{\mathbf{x}}(t)^{(2)} = 0{,}5\ (1 + (2/\pi)\ \sin 2\omega_0 t)$$

Autokorrelationsfunktion:

$$R_{\mathbf{xx}}(t_1,t_2) = 0{,}5\ (\cos\omega_0(t_1 - t_2) + (2/\pi)\ \sin\omega_0(t_1 + t_2))$$

In Beispiel 3.4 werden verschiedene Erwartungswerte für einen Zufallsprozeß mit sinusförmigen Musterfunktionen angegeben. Zu beachten ist, daß alle Erwartungswerte Funktionen der Zeit oder der Zeiten sind und daß der lineare Mittelwert nur für ausgezeichnete Werte von t gleich Null ist. Die Erwartungswerte unterscheiden sich somit deutlich von den Zeitmittelwerten einzelner Musterfunktionen.

Beispiel 3.5: Erwartungswerte

Zufallsprozeß:

$$\mathbf{x}(\eta,t) = \begin{cases} 0 & t < 0 \\ \exp(-\mathbf{a}(\eta)t) & t \geq 0 \end{cases}$$

Die Zufallsvariable $\mathbf{a}(\eta)$ nehme nur den Wert 1 oder den Wert 2 mit folgenden Wahrscheinlichkeiten an:

$$P_{\mathbf{a}}(1) = 0{,}8\ ,\quad P_{\mathbf{a}}(2) = 0{,}2\ .$$

Linearer Mittelwert:

$$m_x(t) = \begin{cases} 0 & t < 0 \\ 0{,}8 \exp(-t) + 0{,}2 \exp(-2t) & t \geq 0 \end{cases}$$

Quadratischer Mittelwert:

$$m_x(t)^{(2)} = \begin{cases} 0 & t < 0 \\ 0{,}8 \exp(-2t) + 0{,}2 \exp(-4t) & t \geq 0 \end{cases}$$

Autokorrelationsfunktion:

$$R_{xx}(t_1,t_2) = \begin{cases} 0 & t_1 \text{ oder } t_2 < 0 \\ 0{,}8 \exp(-(t_1+ t_2)) + 0{,}2 \exp(-2(t_1+ t_2)) & t_1 \text{ und } t_2 \geq 0 \end{cases}$$

Beispiel 3.5 beschreibt einen Zufallsprozeß mit nur zwei Musterfunktionen. Die Erwartungswerte können daher gemäß Gl.(2-19) als Summe berechnet werden.

Beispiel 3.6: Erwartungswerte für einen binären Zufallsprozeß

Gegeben sei ein Zufallsprozeß, dessen Musterfunktionen Folgen von Binärzeichen der Länge T sind. Alle Musterfunktionen sind synchronisiert, d.h., Zeichen beginnen in allen Musterfunktionen nur bei kT, $k \in \mathbb{Z}$ (Bild 3.3).

Es gelten folgende Wahrscheinlichkeiten:

$$P_x(1,t) = P_x(-1,t) = 0{,}5 \text{ für alle } t,$$

$$P_{xx}(x_1,x_2,t_1,t_2) = P_x(x_1,t_1)\, P_x(x_2,t_2)$$

für $t_1 \in [kT,(k+1)T)$ und gleichzeitig $t_2 \notin [kT,(k+1)T)$, $k \in \mathbb{Z}$.

Man erhält hieraus:

Linearer Mittelwert: $m_x(t) = 0$

Varianz: $\sigma_x^2(t) = 1$

Autokorrelationsfunktion:

$$R_{xx}(t_1,t_2) = \begin{cases} 1 & kT \leq t_1,t_2 < (k+1)T \\ 0 & \text{sonst} \end{cases}$$

(s. Bild 3.4). Diese Autokorrelationsfunktion wird wesentlich durch drei Annahmen bestimmt: gleichlange Zeichen, statistische Unabhängigkeit aufeinanderfolgender Zeichen und Synchronisation der Musterfunktionen. Dies bedeutet, daß, solange t_1 und t_2 jeweils zwischen kT und (k + 1)T liegen, keine der Musterfunktionen zwischen t_1 und t_2 ihre Amplitude ändern kann. Andererseits aber sind $x(\eta,t_1)$ und $x(\eta,t_2)$ statistisch unabhängig, wenn t_1 und t_2 in verschiedenen Intervallen liegen. Die Autokorrelationsfunktion ist somit in diesem Fall gleich dem Produkt der linearen Mittelwerte.

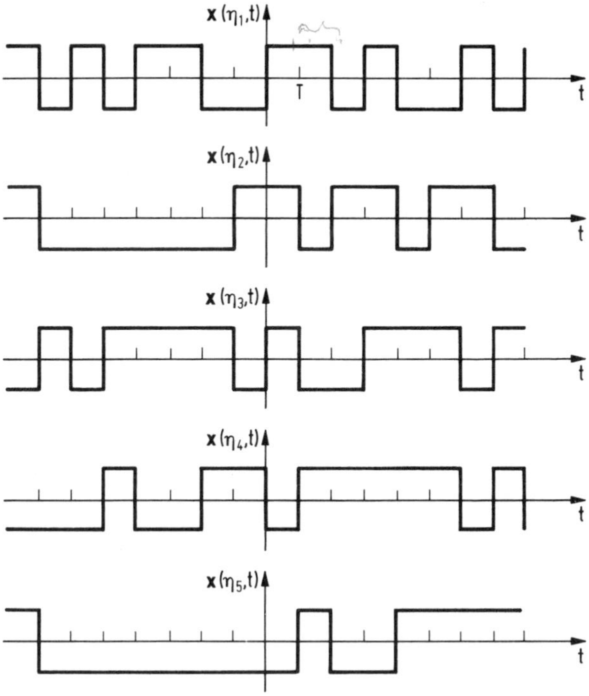

Bild 3.3: Ausschnitt aus den Musterfunktionen eines binären Zufallsprozesses mit synchronen Musterfunktionen (s. Beispiel 3.6)

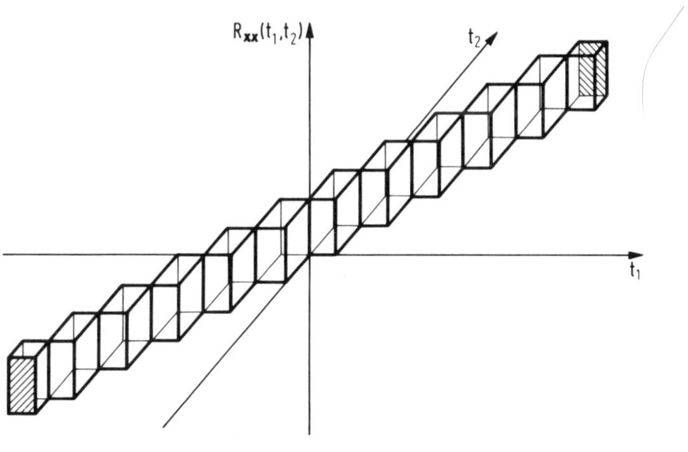

Bild 3.4: Autokorrelationsfunktion eines instationären Zufallsprozesses (s. Beispiel 3.6)

Auch die Defn. 2.12 (Unkorreliertheit) und 2.13 (Orthogonalität) lassen sich für Zufallsprozesse formulieren, wenn man wieder berücksichtigt, daß ein Zufallsprozeß für jedes beliebige, aber feste t eine Zufallsvariable ist:

> Definition 3.16: Unkorrelierte Zufallsprozesse
>
> Zwei über derselben Ergebnismenge definierte Zufallsprozesse $\mathbf{x}(\eta,t)$ und $\mathbf{y}(\eta,t)$ sind unkorreliert, wenn für alle $t_1 \in T_\mathbf{x}$ und $t_2 \in T_\mathbf{y}$ gilt:
>
> $$E\{\mathbf{x}(\eta,t_1)\ \mathbf{y}(\eta,t_2)\} = E\{\mathbf{x}(\eta,t_1)\}\ E\{\mathbf{y}(\eta,t_2)\}$$

> Definition 3.17: Orthogonale Zufallsprozesse
>
> Zwei über derselben Ergebnismenge definierte Zufallsprozesse $\mathbf{x}(\eta,t)$ und $\mathbf{y}(\eta,t)$ sind orthogonal, wenn für alle $t_1 \in T_\mathbf{x}$ und $t_2 \in T_\mathbf{y}$ gilt:
>
> $$E\{\mathbf{x}(\eta,t_1)\ \mathbf{y}(\eta,t_2)\} = 0$$

Sind zwei Zufallsprozesse unkorreliert und verschwindet der lineare Mittelwert mindestens bei einem der Prozesse, so sind - wie ein Vergleich der beiden Defn. 3.16 und 3.17 zeigt - beide Zufallsprozesse auch orthogonal.

Auch hier sei noch einmal besonders darauf hingewiesen, daß Orthogonalität bei Zufallsprozessen eine Eigenschaft des Scharmittelwertes und nicht - wie bei Zeitfunktionen - eine Eigenschaft des Zeitmittelwertes ist.

Für statistisch unabhängige Zufallsprozesse (s. Def. 3.8) erhält man:

$$\begin{aligned} E\{\mathbf{x}(\eta,t_1)\ \mathbf{y}(\eta,t_2)\} &= \int_{-\infty}^{+\infty}\int_{-\infty}^{+\infty} x\ y\ f_{\mathbf{xy}}(x,y,t_1,t_2)\ dx\ dy \\ &= \int_{-\infty}^{+\infty} x\ f_\mathbf{x}(x,t_1)\ dx \int_{-\infty}^{+\infty} y\ f_\mathbf{y}(y,t_2)\ dy \\ &= E\{\mathbf{x}(\eta,t_1)\}\ E\{\mathbf{y}(\eta,t_2)\}\ . \end{aligned} \qquad (3\text{-}3)$$

Dies besagt, daß aus statistischer Unabhängigkeit immer Unkorreliertheit folgt. Eine Umkehrung dieses Satzes ist jedoch nur in einem Sonderfall zulässig: Nur bei <u>Gaußprozessen</u> (s. Abschnitt 3.8.5) folgt aus der Unkorreliertheit immer auch die statistische Unabhängigkeit. Unkorreliertheit ist somit - verglichen mit statistischer Unabhängigkeit - die schwächere Eigenschaft.

3.4 Stationarität

Allgemein sind die Wahrscheinlichkeitsdichten eines Zufallsprozesses oder die gemeinsamen Dichten mehrerer Zufallsprozesse zeitabhängig. Dies hat zur Folge, daß Erwartungswerte der Form

$$E\{g(\mathbf{x}(\eta,t))\}$$

- beispielsweise der lineare Mittelwert oder die Varianz - Funktionen der Zeit t und Erwartungswerte der Form

$$E\{g(\mathbf{x}(\eta,t_1),\ \mathbf{x}(\eta,t_2))\} \text{ bzw. } E\{g(\mathbf{x}(\eta,t_1),\ \mathbf{y}(\eta,t_2))\}$$

- beispielsweise die Autokorrelationsfunktion oder die Kreuzkorrelationsfunktion - Funktionen der Zeiten t_1 und t_2 sind. Wesentliche Vereinfachungen treten ein, wenn sich die statistischen Eigenschaften eines Prozesses oder die gemeinsamen statistischen Eigenschaften mehrerer Prozesse bei einer Verschiebung der Zeitachse nicht ändern. Man nennt derartige Zufallsprozesse stationär.

> Definition 3.18: Stationarität
>
> Ein Zufallsprozeß heißt stationär, wenn seine statistischen Eigenschaften invariant gegenüber Verschiebungen der Zeit sind.
>
> Zwei Zufallsprozesse heißen verbunden stationär, wenn beide stationär und ihre gemeinsamen statistischen Eigenschaften invariant gegenüber Verschiebungen der Zeit sind.

Stationarität eines Zufallsprozesses bedeutet insbesondere:

$$f_{\mathbf{x}}(x,t) = f_{\mathbf{x}}(x,t+t_0) = f_{\mathbf{x}}(x) \ , \qquad (3\text{-}4)$$

$$f_{\mathbf{xx}}(x_1,x_2,t_1,t_2) = f_{\mathbf{xx}}(x_1,x_2,t_1+t_0,t_2+t_0)$$

$$= f_{\mathbf{xx}}(x_1,x_2,t_2-t_1) \ . \qquad (3\text{-}5)$$

(Der Einfachheit halber werden hier für die Wahrscheinlichkeitsdichten instationärer und stationärer Zufallsprozesse dieselben Bezeichnungen gewählt, auch wenn die Argumente dieser Funktionen verschieden sind). Für zwei verbunden stationäre Zufallsprozesse gelten die Gln.(3-4) und (3-5) für jeden der Prozesse. Zusätzlich ist

$$f_{xy}(x,y,t_1,t_2) = f_{xy}(x,y,t_2-t_1) \qquad (3\text{-}6)$$

erfüllt. Sind für einen Zufallsprozeß bzw. für mehrere Zufallsprozesse die Wahrscheinlichkeitsdichten beliebig hoher Ordnung invariant gegenüber Verschiebungen der Zeit, so nennt man diesen Prozeß stationär bzw. diese Prozesse verbunden stationär <u>im engeren Sinne</u> oder <u>streng</u> stationär. Stationär <u>im weiteren Sinne</u> oder <u>schwach</u> stationär nennt man einen Zufallsprozeß oder mehrere Zufallsprozesse, für die die Invarianz gegenüber einer Translation der Zeit nur für die Erwartungswerte erster und zweiter Ordnung gilt:

$$E\{x(\eta,t)\} = m_x , \qquad (3\text{-}7)$$

$$E\{x(\eta,t)^2\} = m_x^{(2)} , \qquad (3\text{-}8)$$

$$E\{x(\eta,t)\ x(\eta,t+\tau)\} = R_{xx}(\tau) , \qquad (3\text{-}9)$$

$$E\{x(\eta,t)\ y(\eta,t+\tau)\} = R_{xy}(\tau) . \qquad (3\text{-}10)$$

Die Gln.(3-9) und (3-10) folgen aus den Defn. 3.13 und 3.14 und den Gln.(3-5) und (3-6), wenn man $t_1 = t$ und $t_2 = t + \tau$ substituiert.

Stationarität ist eine Eigenschaft eines Zufallsprozesses, die nur aus der Gesamtheit aller Musterfunktionen bestimmt werden kann. Die Beobachtung endlich langer Abschnitte einzelner Musterfunktionen - nur dies ist in einem Experiment möglich - kann höchstens Hinweise dafür geben, ob die <u>Annahme</u> eines stationären Zufallsprozesses als Modell für ein Signal oder eine Störung angemessen ist oder nicht. Daneben hängt es weitgehend vom Untersuchungsziel ab, ob ein Vorgang durch einen instationären Zufallsprozeß modelliert werden muß oder ob das in der Regel sehr viel einfachere Modell eines stationären Prozesses wirklichkeitsnahe genug ist. Daß eine einzelne Funktion die Musterfunktion eines instationären oder eines stationären Zufallsprozesses sein kann, soll ein Vergleich der Beispiele 3.6 und 3.7 zeigen.

Beispiel 3.7: Erwartungswerte für einen binären Zufallsprozeß

Es gelten die Annahmen von Beispiel 3.6, ausgenommen die Synchronisation der Musterfunktionen. Für die Zeitpunkte der Zeichenanfänge in den verschiedenen Musterfunktionen gelte vielmehr $kT + d(\eta)$, $k \in \mathbb{Z}$ und $\eta \in H$. $d(\eta)$ sei eine Zufallsvariable mit folgender Wahrscheinlichkeitsdichte:

$$f_d(d) = \begin{cases} 1/T & 0 \leq d < T \\ 0 & \text{sonst} \end{cases} .$$

Dies bedeutet, daß die Zeichenanfänge in den einzelnen Musterfunktionen nun gegeneinander verschoben sind (s. Bild 3.5). Man erhält dann:

Linearer Mittelwert:

$$m_x(t) = 0$$

Varianz:

$$\sigma_x(t)^2 = 1$$

Autokorrelationsfunktion:

$$R_{xx}(t_1,t_2) = R_{xx}(t_2 - t_1) = R_{xx}(\tau) = \begin{cases} 1 - |\tau|/T & |\tau| < T \\ 0 & \text{sonst} \end{cases} ,$$

(s. Bild 3.6).

Der Verlauf der Autokorrelationsfunktion läßt sich mit folgender Überlegung bestimmen: Abweichend von der Annahme in Beispiel 3.5 gibt es hier keine ausgezeichneten Zeitpunkte für die Zeichenanfänge. Die Autokorrelationsfunktion hängt daher nur noch von $t_2 - t_1 = \tau$ ab. Mit zunehmendem $|\tau|$ wächst die Anzahl der Musterfunktionen, bei denen zwischen t und $t + \tau$ ein neues Zeichen beginnt. Entsprechend nimmt der Wert der Autokorrelationsfunktion ab. Bei $|\tau| = T$ hat mit Sicherheit bei allen Musterfunktionen ein neues Zeichen begonnen. Für $|\tau| \geq T$ sind $x(\eta,t)$ und $x(\eta,t+\tau)$ orthogonal. Ein Vergleich der Bilder 3.4 und 3.6 zeigt deutlich die Auswirkungen der zufälligen Verschiebung $d(\eta)$ der Zeichenanfänge auf die Autokorrelationsfunktion $R_{xx}(t_1,t_2)$.

In den Beispielen 3.6 und 3.7 werden zwei Zufallsprozesse beschrieben, bei denen eine Musterfunktion identisch ist und sich alle anderen Musterfunktionen nur durch Zeitverschiebungen unterscheiden. In Beispiel 3.6 ist die Autokorrelationsfunktion eine Funktion von t_1 und t_2, der Prozeß ist somit instationär. Der Zufallsprozeß in Beispiel 3.7 ist dagegen schwach stationär. Welcher der beiden Zufallsprozesse beispielsweise für den Entwurf eines Datenempfängers das besser geeignete Modell ist, hängt wesentlich davon ab, welche Randbedingungen für die Synchronisation des Empfängers vorliegen oder welche Aussagen hierüber interessieren.

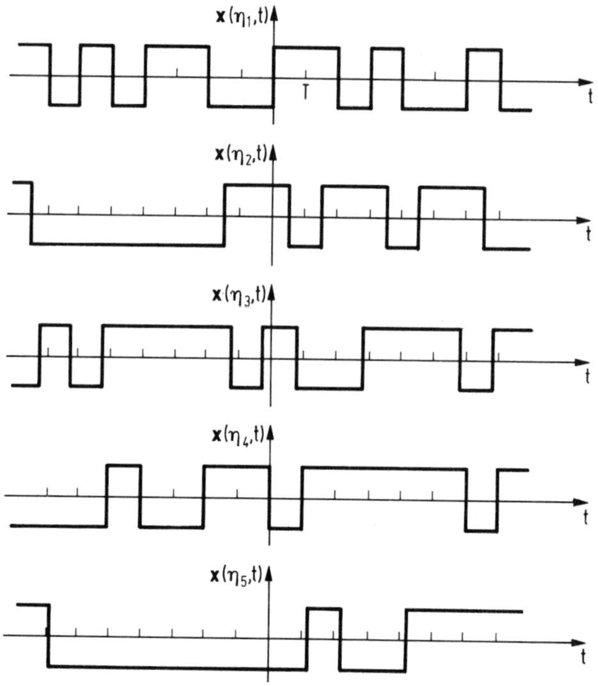

Bild 3.5: Ausschnitt aus den Musterfunktionen eines binären Zufallsprozesses mit asynchronen Musterfunktionen (s. Beispiel 3.7)

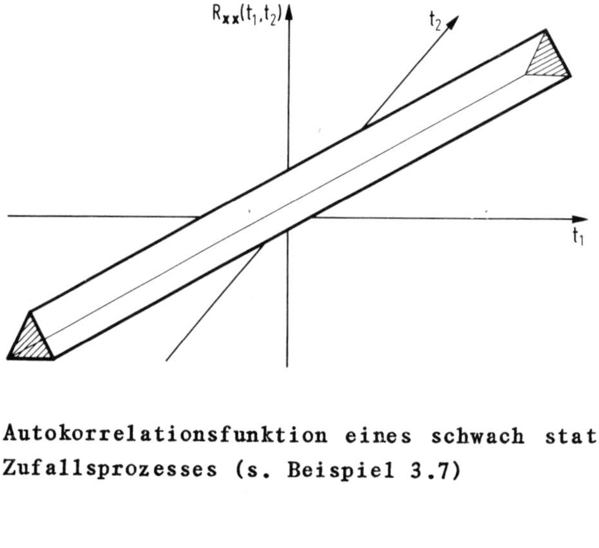

Bild 3.6: Autokorrelationsfunktion eines schwach stationären binären Zufallsprozesses (s. Beispiel 3.7)

3.5 Ergodizität

Bild 3.2 zeigt die verschiedenen Möglichkeiten der Mittelwertbildung bei einem Zufallsprozeß. Allgemein sind nur Scharmittelwerte repräsentativ für einen Zufallsprozeß. Ein Zeitmittelwert sagt dagegen nur etwas über die Musterfunktion aus, für die er berechnet wurde. Er kann für jede Musterfunktion verschieden sein. Es gibt jedoch eine Klasse von stationären Zufallsprozessen, bei denen Scharmittelwerte und Zeitmittelwerte vertauscht werden dürfen. Man nennt derartige Prozesse ergodisch:

> Definition 3.19: Ergodizität
>
> Ein stationärer Zufallsprozeß heißt ergodisch, wenn die Zeitmittelwerte einer beliebigen Musterfunktion mit Wahrscheinlichkeit Eins mit den entsprechenden Scharmittelwerten übereinstimmen.

Stationarität ist in jedem Fall Voraussetzung für Ergodizität. Dies geht schon daraus hervor, daß die Mittelwerte instationärer Zufallsprozesse zeitabhängig sind und somit nicht für alle Zeiten mit den zeitunabhängigen Zeitmittelwerten übereinstimmen können. Auch bei Ergodizität unterscheidet man zwischen Zufallsprozessen, die streng ergodisch oder ergodisch im engeren Sinne sind, und Prozessen, die schwach ergodisch oder ergodisch im weiteren Sinne sind. Bei streng ergodischen Zufallsprozessen gilt Def. 3.19 für alle Mittelwerte, bei schwach ergodischen Zufallsprozessen begnügt man sich damit, Austauschbarkeit nur für Mittelwerte erster und zweiter Ordnung zu fordern.

Wir wollen nun untersuchen, unter welchen Voraussetzungen ein Zufallsprozeß ergodisch bezüglich seines linearen Mittelwertes ist: $\mathbf{x}(\eta,t)$ sei ein stationärer Zufallsprozeß. Dann ist

$$m_{\mathbf{x}} = E\{\mathbf{x}(\eta,t)\} \tag{3-11}$$

zeitinvariant. Bildet man den linearen Zeitmittelwert für die einzelnen Musterfunktionen, so erhält man als Resultat eine Zufallsvariable $\tilde{\mathbf{m}}_{\mathbf{x}}(\eta)$:

$$\tilde{\mathbf{m}}_{\mathbf{x}}(\eta) = \lim_{T\to\infty} \frac{1}{2T} \int_{-T}^{+T} \mathbf{x}(\eta,t)\, dt \; . \tag{3-12}$$

Für das Integral in Gl.(3-12) ist es hinreichend, dessen Existenz für alle $\eta \in H$ vorauszusetzen. Für die Zufallsvariable $\tilde{m}_x(\eta)$ kann ein linearer Mittelwert berechnet werden:

$$E\{\tilde{m}_x(\eta)\} = E\{\lim_{T\to\infty} \frac{1}{2T} \int_{-T}^{+T} x(\eta,t)\, dt\} .$$

Vertauscht man die Reihenfolge der Operationen, so folgt daraus:

$$E\{\tilde{m}_x(\eta)\} = \lim_{T\to\infty} \frac{1}{2T} \int_{-T}^{+T} E\{x(\eta,t)\}\, dt .$$

Mit Gl.(3-11) erhält man schließlich:

$$E\{\tilde{m}_x(\eta)\} = m_x . \qquad (3\text{-}13)$$

Dieses Ergebnis besagt, daß der linearen Mittelwert aller linearen Zeitmittelwerte mit dem linearen Scharmittelwert übereinstimmt. Man nennt $\tilde{m}_x(\eta)$ daher einen erwartungstreuen Schätzwert von m_x. Sind zusätzlich alle Zeitmittelwerte mit Wahrscheinlichkeit Eins einander gleich, so ist Ergodizität für den linearen Mittelwert gegeben. Gleichheit mit Wahrscheinlichkeit Eins bedeutet hier, daß die Mittelwerte einer Anzahl von Musterfunktionen von m_x abweichen können, solange die Wahrscheinlichkeit, daß eine dieser Musterfunktionen auftritt, gleich Null ist.

Die Werte einer Zufallsvariablen sind mit Wahrscheinlichkeit Eins einander gleich, wenn die Varianz dieser Zufallsvariablen gleich Null ist. Für die Varianz von $\tilde{m}_x(\eta)$ folgt aus Gl.(3-13):

$$\tilde{\sigma}_x^2 = E\{(\tilde{m}_x(\eta) - m_x)^2\}$$

$$= \lim_{T\to\infty} \frac{1}{4T^2} \int_{-T}^{+T} \int_{-T}^{+T} E\{(x(\eta,u) - m_x)\ (x(\eta,v) - m_x)\}\, du\, dv .$$

Auch hier wurde wieder die Reihenfolge der Operationen vertauscht. Mit Def. 3.13 erhält man weiter:

$$\tilde{\sigma}_x^2 = \lim_{T\to\infty} \frac{1}{4T^2} \int_{-T}^{+T} \int_{-T}^{+T} C_{xx}(u - v)\, du\, dv .$$

Durch Substitution von $u - v = \tau$ kann eines der Integrale ausgewertet werden, und man erhält endlich:

$$\tilde{\sigma}_x^{\,2} = \lim_{T\to\infty} \frac{1}{2T} \int_{-2T}^{+2T} \left(1 - \frac{|\tau|}{2T}\right) C_{xx}(\tau)\, d\tau \; . \qquad (3\text{-}14)$$

Zur Überprüfung der Ergodizität eines Zufallsprozesses bezüglich seines linearen Mittelwertes müßte somit seine Autovarianzfunktion, d.h. ein Mittelwert zweiter Ordnung, herangezogen werden. Ähnliche Überlegungen lassen sich auch für Mittelwerte höherer Ordnung anstellen. Allgemein gilt, daß zur Prüfung der Ergodizität eines Mittelwertes der Ordnung k die Mittelwerte der Ordnung 2k benötigt werden. Der mathematisch strenge Nachweis der Ergodizität läßt sich daher höchstens in Sonderfällen erbringen. Daher kann in der Regel die Eigenschaft der Ergodizität für einen Zufallsprozeß nur <u>angenommen</u> werden. Diese Annahme bedeutet, daß - mit Wahrscheinlichkeit Eins - aus einer einzelnen Musterfunktion alle statistischen Eigenschaften eines Zufallsprozesses bestimmt werden können. Bei einem ergodischen Prozeß sind somit einzelne Musterfunktionen repräsentativ für den Zufallsprozeß.

Für die Berechnung der Mittelwerte eines ergodischen Zufallsprozesses gelten folgende Regeln:

Linearer Mittelwert:

$$m_x = \lim_{T\to\infty} \frac{1}{2T} \int_{-T}^{+T} x(\eta_0,t)\, dt \qquad (3\text{-}15)$$

n-tes Moment:

$$m_x^{(n)} = \lim_{T\to\infty} \frac{1}{2T} \int_{-T}^{+T} x(\eta_0,t)^n\, dt \qquad (3\text{-}16)$$

n-tes zentrales Moment:

$$\mu_x^{(n)} = \lim_{T\to\infty} \frac{1}{2T} \int_{-T}^{+T} (x(\eta_0,t) - m_x)^n\, dt \qquad (3\text{-}17)$$

Autokorrelationsfunktion:

$$R_{xx}(\tau) = \lim_{T\to\infty} \frac{1}{2T} \int_{-T}^{+T} x(\eta_0,t)\, x(\eta_0,t+\tau)\, dt \qquad (3\text{-}18)$$

Autovarianzfunktion:

$$C_{xx}(\tau) = \lim_{T\to\infty} \frac{1}{2T} \int_{-T}^{+T} (x(\eta_0,t) - m_x)\, (x(\eta_0,t+\tau) - m_x)\, dt \qquad (3\text{-}19)$$

In den Gln.(3-15) bis (3.-19) ist η_0 ein beliebiges Element der Ergebnismenge H, d.h., $\mathbf{x}(\eta_0,t)$ ist eine beliebige Musterfunktion des Zufallsprozesses $\mathbf{x}(\eta,t)$.

Man kann zwei Zufallsprozesse <u>verbunden ergodisch</u> nennen, wenn beide Prozesse ergodisch sind und wenn auch für ihre gemeinsamen Momente die Vertauschbarkeit von Schar- und Zeitmittelwerten gegeben ist. Es gelten dann:

Kreuzkorrelationsfunktion:

$$R_{\mathbf{xy}}(\tau) = \lim_{T\to\infty} \frac{1}{2T} \int_{-T}^{+T} \mathbf{x}(\eta_0,t)\ \mathbf{y}(\eta_0,t+\tau)\ dt \qquad (3\text{-}20)$$

Kreuzvarianzfunktion:

$$C_{\mathbf{xy}}(\tau) = \lim_{T\to\infty} \frac{1}{2T} \int_{-T}^{+T} (\mathbf{x}(\eta_0,t) - m_{\mathbf{x}})\ (\mathbf{y}(\eta_0,t+\tau) - m_{\mathbf{y}})\ dt \qquad (3\text{-}21)$$

Auch hier ist η_0 ein beliebiges Element der Ergebnismenge H.

In den Gln.(3-18) bis (3-21) werden Korrelationsfunktionen bzw. Varianzfunktionen aus einzelnen Musterfunktionen berechnet. Analog hierzu kann man Korrelations- und Varianzfunktionen auch für einzelne <u>Signale</u> definieren. So kann man bei

$$R_{ss}(\tau) = \lim_{T\to\infty} \frac{1}{2T} \int_{-T}^{+T} s(t)\ s(t+\tau)\ dt \qquad (3\text{-}22)$$

von der Autokorrelationsfunktion des Signals s(t) und bei

$$R_{sn}(\tau) = \lim_{T\to\infty} \frac{1}{2T} \int_{-T}^{+T} s(t)\ n(t+\tau)\ dt \qquad (3\text{-}23)$$

von der Kreuzkorrelationsfunktion des Signals s(t) und der Störung n(t) sprechen, vorausgesetzt, daß die Grenzwerte existieren. Dies ist bei Gl. (3-22) dann der Fall, wenn die <u>mittlere Leistung</u> des Signals <u>endlich</u> ist. Zu dieser Klasse von Signalen gehören alle periodischen Signale.

Beispiel 3.8: Autokorrelationsfunktion eines periodischen Signals

Signal:

$s(t) \quad = A \sin(\omega_0 t + \alpha)$

Autokorrelationsfunktion:

$$R_{ss}(\tau) = A^2 \lim_{T \to \infty} \frac{1}{2T} \int_{-T}^{+T} \sin(\omega_0 t + \alpha)\, \sin(\omega_0 (t+\tau) + \alpha)\, dt$$

$$= 0{,}5\, A^2 \cos\omega_0 \tau$$

Für Signale mit endlicher Energie können Korrelationsfunktionen definiert werden, wenn man in den Gln.(3-22) und (3-23) den Faktor 1/2T wegläßt. Anstelle von Gl.(3-22) gilt dann:

$$\bar{R}_{gg}(\tau) = \lim_{T \to \infty} \int_{-T}^{+T} g(t)\, g(t+\tau)\, dt \,. \qquad (3\text{-}24)$$

Man spricht in einem solchen Fall auch von einer Impulskorrelationsfunktion.

Beispiel 3.9: Impulskorrelationsfunktion

Impuls:

$$g(t) = \begin{cases} A \exp(-at) & t \geq 0 \\ 0 & t < 0 \end{cases}$$

Impulskorrelationsfunktion:

$$\bar{R}_{gg}(\tau) = (A^2/\, 2a)\, \exp(-a|\tau|)$$

Die Definition einer Korrelationsfunktion für ein Signal als Zeitmittelwert sollte nicht mit der Definition der Korrelationsfunktion eines Zufallsprozesses als Scharmittelwert verwechselt werden. Es wäre wünschenswert, für beide verschiedene Bezeichnungen einzuführen.

3.6 Korrelation

Unter den im Abschnitt 3.3 definierten Erwartungswerten kommen den Korrelationsfunktionen besondere Bedeutung zu. Auf sie soll daher in diesem Abschnitt noch einmal eingegangen werden.

3.6.1 Autokorrelationsfunktion

Die Autokorrelationsfunktion eines Zufallsprozesses wird in Def. 3.12 angegeben. Sie ist bei einem instationären Zufallsprozeß eine Funktion von zwei Parametern:

$$R_{xx}(t_1, t_2) = E\{x(\eta, t_1)\, x(\eta, t_2)\} \,. \qquad \text{Def. 3.12}$$

Hieraus folgt unmittelbar:

$$R_{xx}(t_1,t_2) = R_{xx}(t_2,t_1) \ . \tag{3-25}$$

Weiter gilt allgemein die folgende Ungleichung:

$$R_{xx}(t_1,t_2)^2 \leq R_{xx}(t_1,t_1)\, R_{xx}(t_2,t_2) \ . \tag{3-26}$$

Einen Beweis hierfür kann man aus folgendem Ansatz herleiten:

$$E\{(ax(\eta,t_1) - x(\eta,t_2))^2\} \geq 0 \tag{3-27}$$

für jedes beliebige reelle a. Wertet man den Erwartungswert aus, so kann man diese Ungleichung wie folgt schreiben:

$$(aR_{xx}(t_1,t_1) - R_{xx}(t_1,t_2))^2 + R_{xx}(t_1,t_1)R_{xx}(t_2,t_2) - R_{xx}(t_1,t_2)^2 \geq 0 \ . \tag{3-28}$$

Diese Ungleichung kann für einen beliebigen reellen Faktor a nur erfüllt sein, wenn die Ungleichung (3-26) erfüllt ist.

Schließlich ist die Autokorrelationsfunktion eine nichtnegativ definite Funktion. Für stationäre Zufallsprozesse bedeutet dies, daß die Fouriertransformierte der Autokorrelationsfunktion eine nichtnegative Funktion von ω ist (s. Abschnitt 3.7.1).

Bei stationären Zufallsprozessen ist die Autokorrelationsfunktion nur noch von $\tau = t_2 - t_1$ abhängig (s. Gl.(3-9)). Aus Gl.(3-25) folgt dann:

$$R_{xx}(\tau) = R_{xx}(-\tau) \ . \tag{3-29}$$

Die Autokorrelationsfunktion eines stationären Zufallsprozesses ist somit eine gerade Funktion. Die Ungleichung (3-26) vereinfacht sich daher zu

$$R_{xx}(0) \geq |R_{xx}(\tau)| \tag{3-30}$$

für jedes $\tau = t_2 - t_1$, t_1 und $t_2 \in T_x$. Dies besagt, daß die Autokorrelationsfunktion eines stationären Zufallsprozesses bei $\tau = 0$ auch dem Betrage nach ihren größten Wert erreicht. Bei der Formulierung der Ungleichung (3-30) wurde noch berücksichtigt, daß

$$R_{xx}(0) = E\{x(\eta,t)^2\} \geq 0 \ , \tag{3-31}$$

d.h. daß $R_{xx}(\tau)$ für $\tau = 0$ nichtnegativ ist. Beschreibt der Zufallsprozeß eine Feldgröße [3.1], d.h. beispielsweise einen Strom, eine Spannung, einen Druck, eine Geschwindigkeit oder eine Kraft, so ist $R_{xx}(0)$ proportional einer mittleren Leistung.

Strebt τ gegen Unendlich, so kann die Autokorrelationsfunktion nur dann einen Grenzwert haben, wenn der Zufallsprozeß keine periodischen Anteile enthält. Ist dies erfüllt, so sind $\mathbf{x}(\eta,t)$ und $\mathbf{x}(\eta,t+\tau)$ für τ gegen Unendlich unkorreliert und es gilt für den Grenzwert:

$$\lim_{\tau \to \infty} R_{xx}(\tau) = E\{\mathbf{x}(\eta,t)\}\, E\{\mathbf{x}(\eta,t+\tau)\} = m_x^2 \quad . \tag{3-32}$$

Die Autokorrelationsfunktion eines stationären Zufallsprozesses, der frei von periodischen Anteilen ist, strebt somit mit wachsendem τ gegen das Quadrat seines linearen Mittelwertes.

Sind dagegen die Musterfunktionen eines stationären Zufallsprozesses periodisch mit der Periodendauer T_0, d.h., ist

$$\mathbf{x}(\eta,t+T_0) = \mathbf{x}(\eta,t) \tag{3-33}$$

für alle $t \in T_x$ und (fast) alle $\eta \in H$, so ist seine Autokorrelationsfunktion ebenfalls periodisch mit der Periodendauer T_0:

$$R_{xx}(\tau+T_0) = R_{xx}(\tau) \quad . \tag{3-34}$$

Beispiel 3.10: Autokorrelationsfunktion eines periodischen Zufallsprozesses

Zufallsprozeß:

$$\mathbf{x}(\eta,t) = A \sin(\omega_0 t + \boldsymbol{\alpha}(\eta)) \quad \text{mit } -\infty \leq t \leq +\infty \text{ und}$$

$$f_{\boldsymbol{\alpha}}(\alpha) = \begin{cases} 1/2\pi & 0 \leq \alpha \leq 2\pi \\ 0 & \text{sonst} \end{cases}$$

Autokorrelationsfunktion:

$$\begin{aligned} R_{xx}(t_1,t_2) &= A^2\, E\{\sin(\omega_0 t_1 + \boldsymbol{\alpha}(\eta))\, \sin(\omega_0 t_2 + \boldsymbol{\alpha}(\eta))\} \\ &= 0{,}5\, A^2 \cos\omega_0 (t_2 - t_1) \end{aligned}$$

Der Zufallsprozeß ist schwach stationär. Mit $\tau = t_2 - t_1$ erhält man:

$$R_{xx}(\tau) = 0{,}5\, A^2 \cos\omega_0 \tau \quad .$$

Beispiel 3.10 zeigt eine weitere wesentliche Eigenschaft der Autokorrelationsfunktion: Die Information über die Phasenlage der einzelnen Musterfunktionen geht bei der Bildung des Erwartungswertes verloren.

Bei <u>instationären</u> Zufallsprozessen kann es ausreichend sein, anstelle der von zwei Parametern abhängigen Autokorrelationsfunktion die nur noch von einem Parameter abhängige <u>mittlere</u> <u>Autokorrelationsfunktion</u> zu betrachten. Man erhält diese durch Integration der Autokorrelationsfunktion über den Parameter t, nachdem man in Def. 3.12 $t_1 = t$ und $t_2 = t + \tau$ substituiert hat:

$$\bar{R}_{xx}(\tau) = \lim_{T \to \infty} \frac{1}{2T} \int_{-T}^{+T} R_{xx}(t, t+\tau) \, dt \; . \tag{3-35}$$

Voraussetzung ist auch hier, daß der Grenzwert existiert und nicht für alle τ verschwindet. Bei stationären Zufallsprozessen sind Autokorrelationsfunktion und mittlere Autokorrelationsfunktion gleich.

Beispiel 3.11: Mittlere Autokorrelationsfunktion

Ein Datensignal kann durch folgenden Zufallsprozeß beschrieben werden:

$$x(\eta, t) = T \sum_{i=-\infty}^{+\infty} a(\eta, iT) \; g(t - iT) \; .$$

Hierbei sei $a(\eta, iT)$ ein zeitdiskreter stationärer Zufallsprozeß mit

$$m_a = 0 \quad \text{und}$$

$$R_{aa}(iT) = \begin{cases} 1 & i = 0 \\ 0 & \text{sonst} \end{cases} \; .$$

g(t) sei ein Impuls mit beispielsweise

$$g(t) = \begin{cases} 1/T & 0 \leq t < T \\ 0 & \text{sonst} \end{cases} \; ,$$

(vergl. auch Beispiel 3.6).

Dann erhält man für die Autokorrelationsfunktion:

$$\begin{aligned} R_{xx}(t, t+\tau) &= E\{x(\eta, t) \; x(\eta, t+\tau)\} \\ &= T^2 \sum_{i=-\infty}^{+\infty} \sum_{k=-\infty}^{+\infty} E\{a(\eta, iT) \; a(\eta, kT)\} \; g(t - iT) \; g(t + \tau - kT) \\ &= T^2 \sum_{i=-\infty}^{+\infty} g(t - iT) \; g(t + \tau - iT) \; . \end{aligned}$$

$R_{xx}(t,t+\tau)$ ist periodisch in t mit der Periodendauer T. Für die mittlere Autokorrelationsfunktion gilt dann:

$$\bar{R}_{xx}(\tau) = \lim_{T_1 \to \infty} \frac{1}{2T_1} \int_{-T_1}^{+T_1} T^2 \sum_{i=-\infty}^{+\infty} g(t-iT)\, g(t+\tau-iT)\, dt$$

$$= \begin{cases} 1 - |\tau|/T & |\tau| < T \\ 0 & |\tau| \geq T \end{cases}$$

(vergl. Beispiel 3.7).

3.6.2 Kreuzkorrelationsfunktion

Def. 3.14 gibt die Kreuzkorrelationsfunktion zweier Zufallsprozesse an:

$$R_{xy}(t_1,t_2) = E\{x(\eta,t_1)\; y(\eta,t_2)\} \; . \qquad \text{Def. 3.14}$$

Hieraus folgt unmittelbar:

$$R_{xy}(t_1,t_2) = R_{yx}(t_2,t_1) \; . \qquad (3\text{-}36)$$

Sind die beiden Prozesse <u>verbunden</u> <u>stationär</u>, so erhält man aus Gl.(3-10):

$$R_{xy}(\tau) = R_{yx}(-\tau) \; . \qquad (3\text{-}37)$$

Mit ähnlichen Überlegungen wie bei der Autokorrelationsfunktion (s. die Ungleichungen (3-26) bis (3-28)) kann man auch eine Schranke für die Kreuzkorrelationsfunktion herleiten:

$$R_{xy}(t_1,t_2)^2 \leq R_{xx}(t_1,t_1)\; R_{yy}(t_2,t_2) \; . \qquad (3\text{-}38)$$

Zu einer anderen Schranke gelangt man durch folgenden Ansatz:

$$E\{(x(\eta,t_1) \pm y(\eta,t_2))^2\} \geq 0 \; . \qquad (3\text{-}39)$$

Hieraus folgt nach Auswertung des Erwartungswertes:

$$R_{xx}(t_1,t_1) \pm 2\, R_{xy}(t_1,t_2) + R_{yy}(t_2,t_2) \geq 0 \qquad (3\text{-}40)$$

und schließlich

$$|R_{xy}(t_1,t_2)| \leq 0{,}5\; (R_{xx}(t_1,t_1) + R_{yy}(t_2,t_2)) \; . \qquad (3\text{-}41)$$

Sind $x(\eta,t)$ und $y(\eta,t)$ verbunden stationäre Zufallsprozesse, so vereinfachen sich die Ungleichungen (3-38) und (3-41) zu

$$R_{xy}(\tau)^2 \leq R_{xx}(0)\, R_{yy}(0) \qquad (3\text{-}42)$$

und

$$|R_{xy}(\tau)| \leq 0{,}5\, (R_{xx}(0) + R_{yy}(0))\ . \qquad (3\text{-}43)$$

3.6.3 Messung von Korrelationsfunktionen

Bei der Messung von Korrelationsfunktionen tritt neben der Frage der Meßgenauigkeit ein Problem auf, das typisch für die experimentelle Bestimmung statistischer Kenngrößen ist: Diese als Scharmittelwert definierten Größen lassen sich - abgesehen von wenigen konstruierbaren Beispielen - nur als Zeitmittelwerte messen, wobei für diese Messung in der Regel nur eine einzelne Musterfunktion verfügbar ist (oder einige wenige Musterfunktionen verfügbar sind). Streng genommen können daher nur Mittelwerte ergodischer Zufallsprozesse (s. Def. 3.19) gemessen werden, denn nur für diese sind - mit Wahrscheinlichkeit Eins - die Zeitmittelwerte einer beliebigen Musterfunktion gleich den entsprechenden Scharmittelwerten. Ist ein Zufallsprozeß stationär aber nicht ergodisch, so können die Zeitmittelwerte einer Musterfunktion noch immer als Meßwerte der entsprechenden Scharmittelwerte benutzt werden, solange sichergestellt ist, daß es einzelne Musterfunktionen gibt, die repräsentativ für den Zufallsprozeß sind und daß eine dieser Funktionen für die Messung verwendet werden kann.

Bei instationären Zufallsprozessen kann bereits der lineare Mittelwert zeitabhängig sein, die Korrelationsfunktion kann von zwei Zeiten abhängen. Mittelwerte können daher für derartige Zufallsprozesse nur noch in Sonderfällen meßtechnisch bestimmt werden. Einer dieser Sonderfälle ist ein periodisch oder zyklisch stationärer Zufallsprozeß. Prozesse, die zu dieser Klasse gehören, ändern ihre statistischen Eigenschaften periodisch mit der Zeit. Derartige Prozesse werden für die Modellierung von Datensignalen oft angewandt (s. Beispiel 3.11). Sind die Periodendauer T der Änderung und ein geeigneter Referenzzeitpunkt für die Synchronisation eines Abtasters bekannt, so entstehen durch Abtastung im Abstand T und Verschiebung des Abtastzeitpunktes gegenüber der Referenzzeit stationäre, zeitdiskrete Zufallsprozesse, deren Mittelwerte, wie oben erläutert, gemessen werden können. Bei instationären Zufallsprozessen, deren statistische Eigenschaften sich (bezogen auf die Änderungen der Amplituden der Musterfunktionen) nur sehr langsam ändern, lassen sich schließlich Mittelwerte durch

Zeitmittelung über Abschnitte einer Musterfunktion näherungsweise bestimmen.

Für die weiteren Überlegungen beschränken wir uns auf (verbunden) ergodische Zufallsprozesse, deren Autokorrelationsfunktionen nach Gl.(3-18) und deren Kreuzkorrelationsfunktionen nach Gl.(3-20) berechnet werden können. Sollen aus diesen Gleichungen Meßvorschriften gewonnen werden, so sind drei Punkte zu beachten:

a) Soll nicht der gesamte zur Messung herangezogene Ausschnitt einer Musterfunktion vor der Messung aufgezeichnet werden, so lassen sich nur negative Werte der Verschiebung τ realisieren. Dies schränkt die Meßmöglichkeiten jedoch nicht ein, da Autokorrelationsfunktionen gerade Funktionen sind (s. Gl.(3-29)) und Kreuzkorrelationsfunktionen für positive Argumente durch Vertauschen der Prozesse bestimmt werden können (s. Gl.(3-37)).

b) Die Integration beginnt bei $t = 0$. Dividiert man aber das Integral anstelle von 2T durch T, so bedeutet der Integrationsanfang bei $t = 0$ keinen systematischen Fehler, da die Korrelationsfunktionen ergodischer Zufallsprozesse invariant gegenüber Verschiebungen der Zeitachse sind.

c) Der Grenzwert muß entfallen, die Integration muß nach endlicher Zeit abgebrochen werden. Hierdurch entsteht ein Fehler: die Meßwerte der Korrelationsfunktionen sind zufällige Größen, die außer von der Verschiebung τ auch von der Integrationsdauer T und von η abhängen.

Unter Beachtung dieser Gesichtspunkte erhält man aus den Gln.(3-18) und (3-20) als Ergebnis einer Messung:

$$\tilde{R}_{\mathbf{xx}}(\eta,\tau,T) = \frac{1}{T}\int_0^T \mathbf{x}(\eta,t)\ \mathbf{x}(\eta,t+\tau)\ dt\ , \tag{3-44}$$

$$\tilde{R}_{\mathbf{xy}}(\eta,\tau,T) = \frac{1}{T}\int_0^T \mathbf{x}(\eta,t)\ \mathbf{y}(\eta,t+\tau)\ dt\ . \tag{3-45}$$

Bildet man für beide Größen den Erwartungswert und setzt voraus, daß sowohl $\mathbf{x}(\eta,t)$ als auch $\mathbf{x}(\eta,t+\tau)$ bzw. $\mathbf{y}(\eta,t+\tau)$ über die gesamte Integrationsdauer verfügbar sind, so erhält man nach Vertauschen der Reihenfolge von Erwartungswert und Integration:

$$E\{\tilde{R}_{\mathbf{xx}}(\eta,\tau,T)\} = R_{\mathbf{xx}}(\tau)\ , \tag{3-46}$$

$$E\{\tilde{R}_{\mathbf{xy}}(\eta,\tau,T)\} = R_{\mathbf{xy}}(\tau)\ . \tag{3-47}$$

Eine Messung nach Gl.(3-44) bzw. Gl.(3-45) ist daher erwartungstreu. Sind dagegen $\mathbf{x}(\eta,t)$ und $\mathbf{y}(\eta,t)$ nur in dem Intervall [0, T] bekannt, so ist eine Integration nur bis $T-\tau$ möglich. Behält man trotzdem den Faktor 1/T in den Gln.(3-44) und (3-45) bei, so sind $\tilde{\mathbf{R}}_{\mathbf{xx}}(\eta,\tau,T)$ und $\tilde{\mathbf{R}}_{\mathbf{xy}}(\eta,\tau,T)$ nicht erwartungstreu. Eine Aussage über die Konvergenz der Meßwerte kann man aus der Varianz der Meßwerte ableiten. Hierzu sind Momente bis zur vierten Ordnung auszuwerten (s. beispielsweise [3.2] oder [3.3]).

Beispiel 3.12: Meßfehler einer Autokorrelationsfunktion

$\mathbf{x}(\eta,t)$ sei der periodische Zufallsprozeß aus Beispiel 3.10. Seine Autokorrelationsfunktion ist

$$R_{\mathbf{xx}}(\tau) = 0{,}5\; A^2 \cos\omega_0\tau \;.$$

Nach Gl.(3-44) werde ein Meßwert für $R_{\mathbf{xx}}(\tau)$ bestimmt:

$$\begin{aligned}\tilde{\mathbf{R}}_{\mathbf{xx}}(\eta,\tau,T) &= \frac{A^2}{T}\int_0^T \sin(\omega_0 t + \boldsymbol{\alpha}(\eta))\,\sin(\omega_0(t+\tau) + \boldsymbol{\alpha}(\eta))\,dt \\ &= 0{,}5\;A^2\cos\omega_0\tau \\ &\quad - \frac{A^2}{2\omega_0 T}\cos(\omega_0(T+\tau) + 2\boldsymbol{\alpha}(\eta))\,\sin\omega_0 T \;.\end{aligned}$$

Der zweite Summand in diesem Ergebnis ist der Fehler, der durch die endliche Integrationszeit T entsteht. Er strebt mit 1/T gegen Null.

Bild 3.7 zeigt das Blockschaltbild eines Korrelators, d.h. eines Gerätes zur Messung von Korrelationsfunktionen. Gemäß den Gln.(3-44) und (3-45) enthält dieses Gerät drei Funktionseinheiten: eine Verzögerung, einen Multiplikator und einen Integrator. Bei modernen Geräten werden diese Funktionen digital realisiert. Hierzu werden alle Eingangssignale abgetastet und analog-digital gewandelt. Für die Verzögerung kann dann ein digitales Schieberegister verwendet werden, die Integration wird durch eine Summe angenähert. Die Verzögerung τ kann dann allerdings nur noch Werte τ_i annehmen, die ganzzahlige Vielfache der Abtastzeit sind. Zur Abkürzung der Zeit, die notwendig ist, um eine Korrelationsfunktion für eine vorgegebene Anzahl von Werten τ_i zu bestimmen, wird die Korrelationsfunktion meist für alle diese Werte parallel ermittelt.

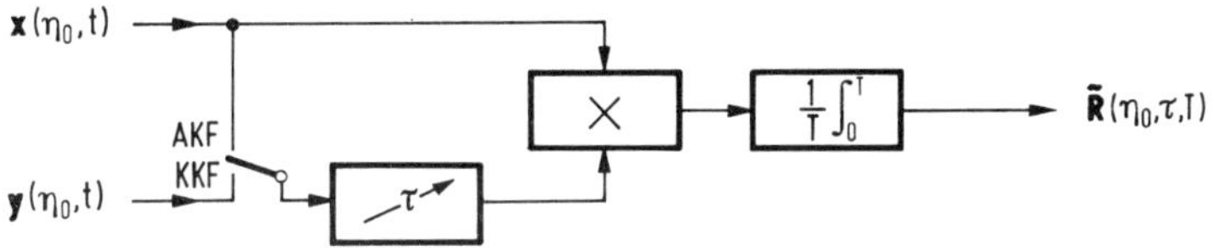

Bild 3.7: Blockschaltbild eines Korrelators

3.6.4 Anwendungen

Die Eigenschaften der Auto- und der Kreuzkorrelationsfunktion können für die Lösung zahlreicher Meßprobleme ausgenutzt werden. Einige Beispiele hierfür sollen in diesem Abschnitt diskutiert werden.

Die Mehrzahl der bekannten Korrelationsverfahren basiert auf einer oder mehreren der folgenden Eigenschaften:

1.) Die Autokorrelationsfunktion periodischer Vorgänge ist selbst periodisch (s. Gln.(3-33) und (3-34)).
2.) Die Autokorrelationsfunktion erreicht ihr Maximum bei $\tau = 0$ (s. Gl.(3-30)).
3.) Die Autokorrelationsfunktion mittelwertfreier, aperiodischer Vorgänge strebt mit wachsendem τ gegen Null (s. Gl.(3-32)).
4.) Die Kreuzkorrelationsfunktion orthogonaler Vorgänge verschwindet für alle τ (s. Def. 3.17).

Beispiel 3.13: Auffinden eines periodischen Prozesses

Es sei

$$\mathbf{y}(\eta,t) = \mathbf{x}(\eta,t) + \mathbf{n}(\eta,t).$$

$\mathbf{x}(\eta,t)$ sei periodisch, $\mathbf{n}(\eta,t)$ sei eine aperiodische, mittelwertfreie Störung. $\mathbf{x}(\eta,t)$ und $\mathbf{n}(\eta,t)$ seien orthogonal. Dann gilt:

$$R_{\mathbf{yy}}(\tau) = R_{\mathbf{xx}}(\tau) + R_{\mathbf{nn}}(\tau) .$$

Für hinreichend großes τ verschwindet $R_{\mathbf{nn}}(\tau)$ und man erhält:

$$\lim_{\tau \to \infty} R_{\mathbf{yy}}(\tau) = R_{\mathbf{xx}}(\tau) .$$

Durch Messung von $R_{\mathbf{yy}}(\tau)$ kann somit auch bei starker Störung die Existenz eines periodischen Anteils in $\mathbf{y}(\eta,t)$ nachgewiesen werden. Außerdem kann dessen Periodendauer ermittelt werden (s. Beispiel 3.10).

Beispiel 3.14: Bestimmung der Phasenlage eines periodischen Signals (Korrelation mit einem Modellsignal)

Es sei

$$\mathbf{y}(\eta,t) = s(t) + \mathbf{n}(\eta,t) \ .$$

s(t) sei ein periodisches Signal:

$$s(t) = A \sin(\omega_0 t + \alpha_0) \ .$$

$\mathbf{n}(\eta,t)$ sei eine aperiodische, mittelwertfreie Störung. Schließlich sei m(t) ein periodisches Modellsignal mit derselben Periodendauer wie s(t):

$$m(t) = \cos\omega_0 t \ .$$

Mit einem Korrelator kann eine Näherung für folgende Funktion bestimmt werden:

$$R_{\mathbf{ym}}(\tau) = \lim_{T\to\infty} \frac{1}{2T} \int_{-T}^{+T} \mathbf{y}(\eta_0,t)\, m(t+\tau)\, dt$$

$$= \lim_{T\to\infty} \frac{1}{2T} \int_{-T}^{+T} A \sin(\omega_0 t + \alpha_0) \cos\omega_0(t+\tau)\, dt$$

$$+ \lim_{T\to\infty} \frac{1}{2T} \int_{-T}^{+T} \mathbf{n}(\eta_0,t) \cos\omega_0(t+\tau)\, dt \ .$$

Hierbei ist $\mathbf{y}(\eta_0,t)$ eine beliebige Musterfunktion des Zufallsprozesses $\mathbf{y}(\eta,t)$. Der zweite Summand von $R_{\mathbf{ym}}(\tau)$ verschwindet, wenn die Störung keine periodischen Anteile mit der Kreisfrequenz ω_0 enthält, und es folgt:

$$R_{\mathbf{ym}}(\tau) = -\ 0{,}5\ A \sin(\omega_0\tau - \alpha_0) \ .$$

Hieraus kann α_0, d.h. die Phase von s(t), bestimmt werden.

Beispiel 3.15: Geschwindigkeitsmessung

$\mathbf{x}(\eta,t)$ und $\mathbf{y}(\eta,t)$ seien die Ausgänge zweier Meßsonden, die im Abstand d voneinander über einem Band mit unregelmäßiger Oberfläche angebracht sind (Bild 3.8). Das Band bewege sich mit der konstanten Geschwindigkeit v. Die Sonden erzeugen Signale, die von der Bandoberfläche beeinflußt (moduliert) werden. Es gilt:

$$\mathbf{y}(\eta,t) = \mathbf{x}(\eta,t-t_0) \quad \text{mit } t_0 = d\ /\ v \ .$$

Für die Kreuzkorrelationsfunktion erhält man dann:

$$R_{\mathbf{xy}}(\tau) = R_{\mathbf{xx}}(\tau-t_0) \ .$$

$R_{xy}(\tau)$ hat somit sein Maximum bei $\tau = t_0$. Aus seiner Lage und der Distanz d der Sonden kann die Geschwindigkeit v des Bandes bestimmt werden.

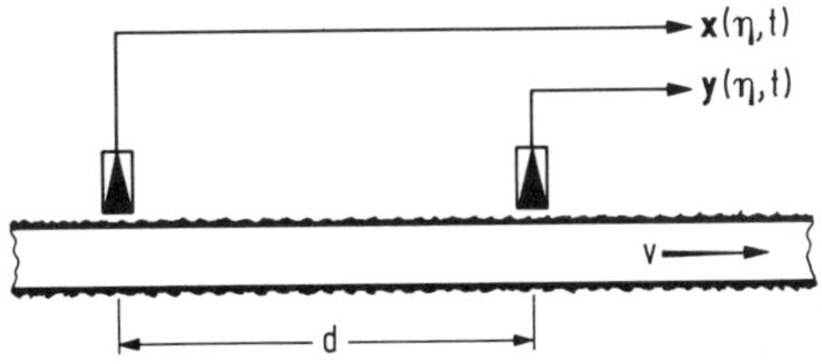

Bild 3.8: Geschwindigkeitsmessung durch Korrelation (s. Beispiel 3.15)

Zahlreiche weitere Beispiele für die Anwendung von Korrelationsverfahren finden sich in [3.4] und [3.5]. Die Anwendung der Kreuzkorrelation zur Identifizierung linearer Systeme wird im Abschnitt 4.3.6 diskutiert.

3.7 Leistungsdichtespektrum

Das Leistungsdichtespektrum (oder die spektrale Leistungsdichte) beschreibt Eigenschaften eines Zufallsprozesses im Frequenzbereich. Der Gebrauch des Begriffes Leistung ist hierbei nicht an Feldgrößen [3.1] gebunden.

3.7.1 Autoleistungsdichtespektrum

Die Autokorrelationsfunktion eines mindestens schwach stationären Zufallsprozesses ist eine Funktion eines Parameters. Sie kann – gegebenenfalls unter Zulassung von δ-Distributionen – fouriertransformiert werden:

Definition 3.20: Autoleistungsdichtespektrum

Das Autoleistungsdichtespektrum eines zeitkontinuierlichen, mindestens schwach stationären Zufallsprozesses ist die Fouriertransformierte der Autokorrelationsfunktion:

$$S_{xx}(\omega) = \int_{-\infty}^{+\infty} R_{xx}(\tau)\, e^{-j\omega\tau}\, d\tau$$

Dieser hier als Definition eingeführte Zusammenhang wird in der Literatur als Transformation von Wiener und Khintchine bezeichnet. Nach den Regeln der Fouriertransformation erhält man als Umkehrung von Def. 3.20:

$$R_{xx}(\tau) = \frac{1}{2\pi} \int_{-\infty}^{+\infty} S_{xx}(\omega)\, e^{j\omega\tau}\, d\omega \quad . \tag{3-48}$$

Autokorrelationsfunktion und Autoleistungsdichtespektrum sind daher gleichwertig hinsichtlich ihrer Aussage über die statistischen Eigenschaften eines Zufallsprozesses. Ist der lineare Mittelwert des Zufallsprozesses $x(\eta,t)$ verschieden von Null oder/und enthält $x(\eta,t)$ periodische Komponenten, so enthält das Autoleistungsdichtespektrum $S_{xx}(\omega)$ δ-Distributionen bei $\omega = 0$ oder/und bei den entsprechenden (positiven und negativen) Kreisfrequenzen (s. Beispiel 3.17).

$S_{xx}(\omega)$ hat folgende weitere Eigenschaften:

1.) $S_{xx}(\omega)$ ist eine gerade Funktion:

$$S_{xx}(\omega) = S_{xx}(-\omega) \ , \tag{3-49}$$

2.) $S_{xx}(\omega)$ ist reell:

$$S_{xx}(\omega) = S_{xx}(\omega)^{*} \ . \tag{3-50}$$

Beide Eigenschaften folgen aus der Tatsache, daß die Autokorrelationsfunktion eines reellen Zufallsprozesses selbst reell und gerade ist.

3.) $S_{xx}(\omega)$ ist nichtnegativ:

$$S_{xx}(\omega) \geq 0 \quad \text{für alle } \omega \ . \tag{3-51}$$

Diese Eigenschaft wird im Abschnitt 4.3.4 bewiesen. Sie bedeutet, daß die Autokorrelationsfunktion eine nichtnegativ definite Funktion ist.

Integriert man das Autoleistungsdichtespektrum über alle Frequenzen, so erhält man:

$$\frac{1}{2\pi} \int_{-\infty}^{+\infty} S_{xx}(\omega)\, d\omega = R_{xx}(0) \quad . \tag{3-52}$$

Beschreibt der Zufallsprozeß $x(\eta,t)$ eine Feldgröße, so ist das Integral des Autoleistungsdichtespektrums über alle Frequenzen proportional der <u>mittleren Leistung</u> des Prozesses (s. Abschnitt 3.6.1). Wir werden später zeigen (s. Abschnitt 4.3.5), daß

$$\frac{1}{\pi}\int_{\omega_1}^{\omega_2} S_{xx}(\omega)\, d\omega \;,\; 0 \leq \omega_1 < \omega_2 \;,$$

proportional zur mittleren Leistung des Zufallsprozesses im Intervall $[|\omega_1|, |\omega_2|]$ ist. Übrigens betrachten wir hier immer das <u>zweiseitige</u> Leistungsdichtespektrum. Die mittlere Leistung verteilt sich daher auf positive und negative Frequenzen. Das <u>einseitige</u> Leistungsdichtespektrum ist dagegen gleich Null für negative Frequenzen und gleich $2\, S_{xx}(\omega)$ für positive Frequenzen.

Nach Def. 3.20 sind für die Bestimmung des Autoleistungsdichtespektrums die Operationen Erwartungswert und Fouriertransformation - in dieser Reihenfolge - erforderlich. Die von Wiener [3.6] und Khintchine [3.7] entwickelte <u>verallgemeinerte harmonische Analyse</u> zeigt, wenn bestimmte Voraussetzungen erfüllt sind, einen Weg zur Berechnung des Leistungsdichtespektrums, bei dem diese mathematischen Operationen in umgekehrter Reihenfolge auszuführen sind. Dieser Weg soll hier kurz skizziert werden. Einzelheiten finden sich beispielsweise in [3.8].

Es sei $x(\eta,t)$ ein mindestens schwach stationärer Zufallsprozeß mit endlicher mitterer Leistung. $x_T(\eta,t)$ sei ein endlich langer Ausschnitt aus diesem Prozeß:

$$x_T(\eta,t) = \begin{cases} x(\eta,t) & |t| \leq T \\ 0 & \text{sonst} \end{cases} . \qquad (3\text{-}53)$$

Für die Musterfunktionen dieses Zufallsprozesses können die Fourierspektren bestimmt werden:

$$X_T(\eta,\omega) = \int_{-\infty}^{+\infty} x_T(\eta,t)\, e^{-j\omega t}\, dt$$

$$= \int_{-T}^{+T} x(\eta,t)\, e^{-j\omega t}\, dt \;. \qquad (3\text{-}54)$$

Der Grenzwert von $X_T(\eta,\omega)$ für T gegen unendlich existiert im allgemeinen nicht. Dagegen kann der Grenzwert des Erwartungswertes des durch 2T dividierten Quadrates des Betrages von $x_T(\eta,\omega)$ existieren.

Dieser ist gleich dem Autoleistungsdichtespektrum $S_{\mathbf{xx}}(\omega)$:

$$\lim_{T\to\infty} \frac{1}{2T} E\{|\mathbf{X}_T(\eta,\omega)|^2\}$$

$$= \lim_{T\to\infty} \frac{1}{2T} E\{\int_{-T}^{+T}\int_{-T}^{+T} \mathbf{x}(\eta,u)\ \mathbf{x}(\eta,v)\ e^{-j\omega u}\ e^{j\omega v}\ dv\ du\}$$

$$= \lim_{T\to\infty} \frac{1}{2T} \int_{-T}^{+T}\int_{-T}^{+T} R_{\mathbf{xx}}(u-v)\ e^{-j\omega(u-v)}\ dv\ du$$

$$= \lim_{T\to\infty} \int_{-2T}^{+2T} (1 - |\tau|/2T)\ R_{\mathbf{xx}}(\tau)\ e^{-j\omega\tau}\ d\tau$$

$$= S_{\mathbf{xx}}(\omega) \quad . \tag{3-55}$$

Das letzte Gleichheitszeichen gilt nur unter der Voraussetzung, daß

$$\lim_{T\to\infty} \int_{-2T}^{+2T} (|\tau|/2T)\ R_{\mathbf{xx}}(\tau)\ e^{-j\omega\tau}\ d\tau = 0 \tag{3-56}$$

ist. Bei den Umformungen in Gl.(3-55) wurden die Reihenfolge von Erwartungswert und Integration vertauscht und $u - v = \tau$ substituiert. Dieser zweite Weg zur Bestimmung eines Leistungsdichtespektrums ist die Grundlage für Verfahren zur <u>numerischen</u> Berechnung eines Schätzwertes des Autoleistungsdichtespektrums eines Zufallsprozesses $\mathbf{x}(\eta,t)$ aus seinen Abtastwerten. Bei Verwendung der Schnellen Fouriertransformation erfordert er eine kleinere Anzahl von Multiplikationen als Verfahren, die zunächst eine Näherung für die Autokorrelationsfunktion berechnen und diese dann fouriertransformieren [3.9].

Bei <u>zeitdiskreten</u>, mindestens schwach stationären Zufallsprozessen existiert die Autokorrelationsfunktion $R_{\mathbf{xx}}(\tau)$ nur für diskrete Werte τ_i des Argumentes. Def. 3.20 muß daher für diesen Fall modifiziert werden. Man definiert das Autoleistungsdichtespektrum zeitdiskreter Zufallsprozesse als Fourier<u>summe</u>, die als Sonderfall der z-Transformation mit $z = \exp(j\omega T)$ angesehen werden kann. Existiert die Autokorrelationsfunktion $R_{\mathbf{xx}}(\tau)$ für $\tau=iT$, $i \in \mathbb{Z}$, so gilt:

$$S_{\mathbf{xx}}(\omega) = T \sum_{i=-\infty}^{+\infty} R_{\mathbf{xx}}(iT)\ e^{-j\omega iT} \quad . \tag{3-57}$$

Der Faktor T vor der Summe ist willkürlich. Er stellt sicher, daß die Leistungsdichtespektren zeitkontinuierlicher und zeitdiskreter Zufallsprozesse dieselbe Dimension haben. Das nach Gl.(3-57) bestimmte

Leistungsdichtespektrum ist periodisch mit der Periode

$$\omega_0 = 2\pi / T \quad . \tag{3-58}$$

Für die Rücktransformation gelten - wieder als Sonderfall des komplexen Umkehrintegrals der z-Transformation - die Regeln zur Berechnung der Koeffizienten einer Fourierreihe:

$$R_{xx}(iT) = \frac{1}{2\pi} \int_{-\omega_0/2}^{+\omega_0/2} S_{xx}(\omega)\, e^{j\omega iT}\, d\omega \quad . \tag{3-59}$$

Ist ein Zufallsprozeß instationär, so ist seine Autokorrelationsfunktion eine Funktion von zwei Parametern (s. Def. 3.12). Für derartige Prozesse kann mit Hilfe der zweidimensionalen Fouriertransformation ein Leistungsdichtespektrum berechnet werden [3.10], das eine Funktion von zwei Kreisfrequenzen ω_1 und ω_2 ist. Existiert schließlich für einen instationären Zufallsprozeß eine mittlere Autokorrelationsfunktion (s. Gl.(3-35)), so kann hieraus durch Fouriertransformation ein mittleres Leistungsdichtespektrum bestimmt werden.

Beispiel 3.16: Kontinuierliches Autoleistungsdichtespektrum

Es sei

$$R_{xx}(\tau) = \begin{cases} 1 - |\tau|/T & |\tau| < T \\ 0 & |\tau| \geq T \end{cases} ,$$

(s. Beispiel 3.7). Für das Autoleistungsdichtespektrum gilt dann:

$$S_{xx}(\omega) = T \left(\frac{\sin(\omega T/2)}{\omega T/2} \right)^2 \quad .$$

Beispiel 3.17: Diskretes Autoleistungsdichtespektrum

Es sei

$$R_{xx}(\tau) = 0{,}5\, A^2 \cos\omega_0\tau \quad ,$$

(s. Beispiel 3.10). Für das Autoleistungsdichtespektrum gilt dann:

$$S_{xx}(\omega) = \frac{\pi}{2} A^2 \left(\delta(\omega-\omega_0) + \delta(\omega+\omega_0)\right) \quad .$$

Beispiel 3.18: Autoleistungsdichtespektrum eines zeitdiskreten stationären Zufallsprozesses

Es sei $x(\eta,t)$ ein stationärer zeitkontinuierlicher Zufallsprozeß mit der Autokorrelationsfunktion $R_{xx}(\tau)$ und dem Autoleistungsdichtespektrum $S_{xx}(\omega)$. $\mathbf{x}(\eta,t)$ werde zu den Zeiten iT, $i \in \mathbb{Z}$, abgetastet:

$$\mathbf{y}(\eta,iT) = \mathbf{x}(\eta,iT) \; .$$

Dann sind:

$$R_{yy}(iT) = R_{xx}(iT) \; ,$$

$$S_{yy}(\omega) = \sum_{i=-\infty}^{+\infty} S_{xx}(\omega+i\omega_0) \qquad \text{mit } \omega_0 T = 2\pi \; .$$

Eine Sonderstellung unter den stationären Zufallsprozessen nehmen Prozesse mit konstantem Autoleistungsdichtespektrum ein:

$$S_{xx}(\omega) = S_0 \; . \tag{3-60}$$

Man nennt sie weißes Rauschen. Derartige Prozesse sind physikalisch nicht realisierbar, da ihre mittlere Leistung, d.h. das Integral über das Autoleistungsdichtespektrum, unendlich groß ist. Trotzdem ist weißes Rauschen ein geeignetes Modell für viele physikalische Vorgänge, insbesondere für Störungen, da der Frequenzbereich, der bei einer Untersuchung interessiert, immer begrenzt ist. Für das Ergebnis der Untersuchung ist es daher ohne Bedeutung, wie ein Leistungsdichtespektrum außerhalb des interessierenden Bereiches fortgesetzt wird. Für die Autokorrelationsfunktion eines weißen Geräusches mit dem Autoleistungsdichtespektrum S_0 erhält man:

$$R_{xx}(\tau) = S_0 \, \delta(\tau) \; . \tag{3-61}$$

Dies besagt, daß benachbarte Amplituden des Zufallsprozesses bereits bei unendlich kleinem zeitlichen Abstand orthogonal sind:

$$E\{\mathbf{x}(\eta,t)\, \mathbf{x}(\eta,t+\tau)\} = 0 \tag{3-62}$$

für alle $\tau \neq 0$. Einen stationären zeitdiskreten Prozeß nennt man weiß, wenn folgende Bedingung erfüllt ist:

$$R_{xx}(kT) = E\{\mathbf{x}(\eta,iT)\, \mathbf{x}(\eta,(i+k)T)\} = \begin{cases} S_0/T & k = 0 \\ 0 & k \neq 0 \end{cases} \; . \tag{3-63}$$

Mit Gl.(3-57) erhält man für das Autoleistungsdichtespektrum wieder:

$$S_{xx}(\omega) = S_0 \; . \tag{3-64}$$

Bei zeitdiskretem weißem Rauschen ist (s. Gl.(3-63)) die mittlere Leistung endlich. Im Gegensatz zum zeitkontinuierlichen Fall ist zeitdiskretes weißes Rauschen physikalisch realisierbar.

3.7.2 Kreuzleistungsdichtespektrum

Sind zwei Zufallsprozesse verbunden stationär, so kann man ihre Kreuzkorrelationsfunktion der Fouriertransformation unterwerfen:

> Definition 3.21: Kreuzleistungsdichtespektrum
>
> Das Kreuzleistungsdichtespektrum zweier zeitkontinuierlicher verbunden stationärer Zufallsprozesse ist die Fouriertransformierte der Kreuzkorrelationsfunktion:
>
> $$S_{\mathbf{xy}}(\omega) = \int_{-\infty}^{+\infty} R_{\mathbf{xy}}(\tau)\, e^{-j\omega\tau}\, d\tau$$

Für die Rücktransformation gilt analog zu Gl.(3-48):

$$R_{\mathbf{xy}}(\tau) = \frac{1}{2\pi} \int_{-\infty}^{+\infty} S_{\mathbf{xy}}(\omega)\, e^{j\omega\tau}\, d\omega \quad . \tag{3-65}$$

Im Gegensatz zum Autoleistungsdichtespektrum ist das Kreuzleistungsdichtespektrum zweier reeller Zufallsprozesse im allgemeinen eine komplexe Funktion. Aus Gl.(3-37) und der Tatsache, daß $R_{\mathbf{xy}}(\tau)$ reell ist, erhält man für $S_{\mathbf{xy}}(\omega)$ folgende Eigenschaften:

1.) $$S_{\mathbf{xy}}(\omega) = S_{\mathbf{yx}}(-\omega) \quad , \tag{3-66}$$

2.) $$S_{\mathbf{xy}}(\omega) = S_{\mathbf{xy}}(-\omega)^{*} \quad . \tag{3-67}$$

Bei nicht verbunden stationären und bei zeitdiskreten Zufallsprozessen können Kreuzleistungsdichtespektren analog den entsprechenden Autoleistungsdichtespektren (s. Abschnitt 3.7.1) bestimmt werden.

Beispiel 3.19: Kreuzleistungsdichtespektrum

Es sei $\mathbf{z}(\eta,t) = \mathbf{x}(\eta,t) + \mathbf{y}(\eta,t)$.

$\mathbf{x}(\eta,t)$ und $\mathbf{y}(\eta,t)$ seien zeitkontinuierliche, verbunden stationäre Zufallsprozesse.

Dann erhält man:

$$R_{zz}(\tau) = R_{xx}(\tau) + R_{xy}(\tau) + R_{yx}(\tau) + R_{yy}(\tau) \quad ,$$

$$S_{zz}(\omega) = S_{xx}(\omega) + S_{xy}(\omega) + S_{yx}(\omega) + S_{yy}(\omega) \quad .$$

Mit den Gln.(3-66) und (3-67) folgt daraus:

$$S_{zz}(\omega) = S_{xx}(\omega) + 2\,\mathrm{Re}\{S_{xy}(\omega)\} + S_{yy}(\omega) \quad .$$

Sind schließlich $\mathbf{x}(\eta,t)$ und $\mathbf{y}(\eta,t)$ orthogonal zueinander, so verschwinden die Kreuzkorrelationsfunktionen und die Kreuzleistungsdichtespektren:

$$R_{zz}(\tau) = R_{xx}(\tau) + R_{yy}(\tau) \quad ,$$

$$S_{zz}(\omega) = S_{xx}(\omega) + S_{yy}(\omega) \quad .$$

3.8 Spezielle Zufallsprozesse

In diesem Abschnitt sollen einige Klassen von Zufallsprozessen mit speziellen Eigenschaften diskutiert werden. Wir beschränken uns dabei ausschließlich auf stationäre Zufallsprozesse.

3.8.1 Bandbegrenzte Zufallsprozesse

Die Definition eines bandbegrenzten Zufallsprozesses stützt sich auf das Autoleistungsdichtespektrum (s. Def. 3.20), da dieses auch dann Aussagen über die Frequenzeigenschaften eines stationären Zufallsprozesses ermöglicht, wenn die Fourierspektren einzelner Musterfunktionen nicht existieren. Man nennt einen Zufallsprozeß tiefpaßbegrenzt, wenn sein Autoleistungsdichtespektrum oberhalb einer Grenzfrequenz ω_g verschwindet:

$$S_{xx}(\omega) = 0 \quad \text{für alle } |\omega| > \omega_g \quad , \quad \omega_g > 0 \quad . \tag{3-68}$$

Da Autokorrelationsfunktion und Autoleistungsdichtespektrum Fouriertransformierte sind, folgt aus Gl.(3-68), daß auf die Autokorrelationsfunktion eines bandbegrenzten Zufallsprozesses das Abtastgesetz [3.11] angewendet werden kann. Dieses besagt, daß sich $R_{xx}(\tau)$ durch Abtastwerte im Abstand $T = \pi/\omega_g$ darstellen läßt:

$$R_{xx}(\tau) = \sum_{i=-\infty}^{+\infty} R_{xx}(iT)\,\frac{\sin\omega_g(\tau-iT)}{\omega_g(\tau-iT)} \quad . \tag{3-69}$$

Aus Gl.(3-68) folgt ferner, daß auch die Fouriertransformierte von $R_{xx}(\tau-u)$ tiefpaßbegrenzt ist. Daher gilt auch:

$$R_{xx}(\tau-u) = \sum_{i=-\infty}^{+\infty} R_{xx}(iT-u) \frac{\sin\omega_g(\tau-iT)}{\omega_g(\tau-iT)} . \tag{3-70}$$

Es soll nun ein Zufallsprozeß $\tilde{x}(\eta,t)$ aus den Abtastwerten von $x(\eta,t)$ konstruiert werden:

$$\tilde{x}(\eta,t) = \sum_{i=-\infty}^{+\infty} x(\eta,iT) \frac{\sin\omega_g(t-iT)}{\omega_g(t-iT)} \tag{3-71}$$

mit $\omega_g T = \pi$. Für das zweite Moment der Differenz zwischen $x(\eta,t)$ und $\tilde{x}(\eta,t)$ erhält man:

$$E\{(x(\eta,t) - \tilde{x}(\eta,t))^2\} =$$

$$E\{(x(\eta,t) - \tilde{x}(\eta,t))\, x(\eta,t)\} - \sum_{i=-\infty}^{+\infty} E\{(x(\eta,t) - \tilde{x}(\eta,t))\, x(\eta,iT)\} \frac{\sin\omega_g(t-iT)}{\omega_g(t-iT)} = 0 , \tag{3-72}$$

denn aus Gl.(3-70) folgt:

$$E\{(x(\eta,t) - \tilde{x}(\eta,t))\, x(\eta,u)\}$$

$$= R_{xx}(t-u) - \sum_{i=-\infty}^{+\infty} R_{xx}(iT-u) \frac{\sin\omega_g(t-iT)}{\omega_g(t-iT)} = 0 \tag{3-73}$$

für alle u. Dieses Ergebnis bedeutet, daß ein tiefpaßbegrenzter Zufallsprozeß im quadratischen Mittel aus seinen Abtastwerten rekonstruiert werden kann. Der Zusatz "im quadratischen Mittel" ist für praktische Anwendungen ohne Bedeutung. Er besagt, daß es eine Anzahl von Musterfunktionen geben kann, die nicht aus Abtastwerten rekonstruierbar sind, daß diese aber nur mit Wahrscheinlichkeit Null auftreten.

Einen Sonderfall bildet ein tiefpaßbegrenzter Zufallsprozeß, dessen Autoleistungsdichtespektrum innerhalb der Grenzfrequenzen konstant ist:

$$S_{xx}(\omega) = \begin{cases} S_0 & |\omega| \le \omega_g \\ 0 & \text{sonst} \end{cases} . \tag{3-74}$$

In diesem Fall ist

$$R_{\mathbf{xx}}(\tau) = \frac{1}{2\pi} \int_{-\omega_g}^{+\omega_g} S_0 \, e^{j\omega\tau} \, d\omega = \frac{S_0}{T} \frac{\sin\omega_g\tau}{\omega_g\tau} \quad , \quad \omega_g T = \pi \quad . \tag{3-75}$$

Daraus folgt schließlich, daß Abtastwerte dieses Zufallsprozesses im Abstand iT, i ≠ 0, orthogonale Zufallsvariablen sind.

Genau wie bei determinierten Signalen bedeutet die Bandbeschränkung für Zufallsprozesse eine Einschränkung der Änderungsgeschwindigkeit der Musterfunktionen. Für den quadratischen Mittelwert dieser Änderungen, die sog. Schwankungsbreite, lassen sich Schranken herleiten. Eine einfache obere Schranke für die Schwankungsbreite eines stationären tiefpaßbegrenzten Zufallsprozesses erhält man aus folgenden Umformungen:

$$E\{(\mathbf{x}(\eta,t+\tau) - \mathbf{x}(\eta,t))^2\} = 2\,(R_{\mathbf{xx}}(0) - R_{\mathbf{xx}}(\tau))$$

$$= \frac{1}{\pi} \int_{-\omega_g}^{+\omega_g} S_{\mathbf{xx}}(\omega)(1 - e^{j\omega\tau})d\omega = \frac{2}{\pi} \int_{-\omega_g}^{+\omega_g} S_{\mathbf{xx}}(\omega)\sin^2(\omega\tau/2)d\omega \quad . \tag{3-76}$$

Mit $\sin^2\alpha \leq \alpha^2$ folgt daraus:

$$E\{(\mathbf{x}(\eta,t+\tau) - \mathbf{x}(\eta,t))^2\} \leq \omega_g^{\,2} \, \tau^2 \, R_{\mathbf{xx}}(0) \quad . \tag{3-77}$$

Eine Aussage über die Wahrscheinlichkeit, daß der Betrag der Änderung zwischen $\mathbf{x}(\eta,t)$ und $\mathbf{x}(\eta,t+\tau)$ eine Schranke ε überschreitet, erhält man aus Gl.(3-77) und der Ungleichung von Tschebyscheff. Zur Herleitung dieser Ungleichung, die ebenfalls nur eine sehr grobe Abschätzung darstellt, setzen wir

$$\mathbf{y}(\eta,t) = \mathbf{x}(\eta,t+\tau) - \mathbf{x}(\eta,t) \quad . \tag{3-78}$$

Dann sind

$$E\{\mathbf{y}(\eta,t)\} = 0 \tag{3-79}$$

und $$\sigma_{\mathbf{y}}^{\,2} = E\{\mathbf{y}(\eta,t)^2\} = \int_{-\infty}^{+\infty} y^2 \, f_{\mathbf{y}}(y) \, dy$$

$$\geq \varepsilon^2 \int_{|y|\geq\varepsilon} f_{\mathbf{y}}(y) \, dy = \varepsilon^2 \, P(\{\eta \mid |\mathbf{y}(\eta,t)| \geq \varepsilon\}) \quad . \tag{3-80}$$

Setzt man Gl.(3-77) in Gl.(3-80) ein, so folgt endlich:

$$P(\{\eta \mid |\mathbf{x}(\eta,t+\tau) - \mathbf{x}(\eta,t)| \geq \varepsilon\}) \leq \omega_g^2 \, \tau^2 \, R_{\mathbf{xx}}(0) \, / \, \varepsilon^2 \quad . \qquad (3\text{-}81)$$

Genauere Abschätzungen finden sich beispielsweise in [3.10].

Für die Autokorrelationsfunktion eines stationären tiefpaßbeschränkten Zufallsprozesses kann für den Bereich $|\omega_g \tau| \leq \pi$ eine <u>untere Schranke</u> angegeben werden:

$$R_{\mathbf{xx}}(\tau) = \frac{1}{2\pi} \int_{-\omega_g}^{+\omega_g} S_{\mathbf{xx}}(\omega) \, e^{j\omega\tau} \, d\omega = \frac{1}{\pi} \int_{0}^{+\omega_g} S_{\mathbf{xx}}(\omega) \cos\omega\tau \, d\omega \; . \qquad (3\text{-}82)$$

Nun gilt aber für $0 \leq \omega\tau \leq \omega_g\tau \leq \pi$:

$$\cos\omega\tau \geq \cos\omega_g\tau \quad . \qquad (3\text{-}83)$$

Damit folgt aus Gl.(3-82):

$$R_{\mathbf{xx}}(\tau) \geq \cos\omega_g\tau \, \frac{1}{\pi} \int_{0}^{+\omega_g} S_{\mathbf{xx}}(\omega) \, d\omega = \cos\omega_g\tau \, R_{\mathbf{xx}}(0) \qquad (3\text{-}84)$$

für $|\omega_g\tau| \leq \pi$ (s. Bild 3.9). Gleichzeitig gilt auch die Ungleichung (3-30), die keinerlei Bandbegrenzung voraussetzt. Sie besagt, daß für alle τ $R_{\mathbf{xx}}(\tau)$ größer oder gleich $-R_{\mathbf{xx}}(0)$ sein muß. Für $|\omega_g\tau| = \pi$ stimmen beide Ungleichungen überein. Eine Bandbegrenzung bedeutet somit nur für $|\tau| \leq \pi / \omega_g$ eine Beschränkung des Wertebereiches der Autokorrelationsfunktion. Diese Aussage steht im Einklang mit dem Abtastgesetz [3.11].

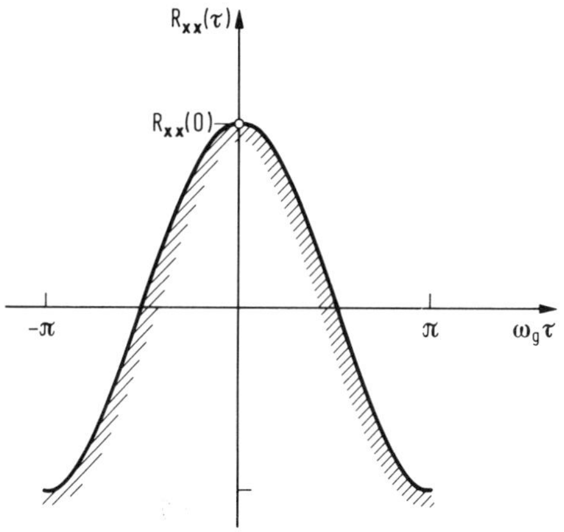

Bild 3.9: Untere Schranke für die Autokorrelationsfunktion eines stationären tiefpaßbegrenzten Zufallsprozesses

3.8.2 ARMA-Prozesse

Für die Analyse von Meßreihen oder die Identifizierung der Parameter eines eine Meßreihe erzeugenden Prozesses benötigt man Modelle für Zufallsprozesse, die einerseits genügend anpassungsfähig sind, die sich andererseits aber auch mit einfachen Mitteln analysieren lassen. Eine in diesem Zusammenhang oft verwendete Klasse von Zufallsprozessen sind die sog. AutoRegressiven Moving Average- Prozesse. Hierunter versteht man die Zusammenfassung von AutoRegressiven und von Moving Average- Prozessen. Wir diskutieren beide Prozeßtypen getrennt und beschränken uns auf stationäre zeitdiskrete Zufallsprozesse. Für beide Prozeßtypen nimmt man an, daß sie durch stationäres, zeitdiskretes weißes Rauschen (s. Gl.(3-63)) $\mathbf{w}(\eta,iT)$ angeregt werden.

Ein Zufallsprozeß $\mathbf{x}(\eta,iT)$ gehört zur Klasse der Moving Average-Prozesse der Ordnung q, wenn er folgender Gleichung genügt:

$$\mathbf{x}(\eta,iT) = \sum_{k=0}^{q} a_k \, \mathbf{w}(\eta,(i-k)T) \quad , \tag{3-85}$$

mit $a_0 = 1$ (als willkürlicher Normierung) und $a_q \neq 0$. Prozesse dieser Art lassen sich durch ein Transversalfilter, das durch weißes Rauschen angeregt wird, erzeugen (s. Bild 3.10). Für den linearen Mittelwert und die Autokorrelationsfunktion von $\mathbf{x}(\eta,iT)$ gelten:

$$m_{\mathbf{x}} = E\{\mathbf{x}(\eta,iT)\} = 0 \quad , \tag{3-86}$$

$$\begin{aligned} R_{\mathbf{xx}}(kT) &= E\{\mathbf{x}(\eta,iT)\,\mathbf{x}(\eta,(i+k)T)\} \\ &= \sum_{j=0}^{q}\sum_{n=0}^{q} a_j\, a_n\, E\{\mathbf{w}(\eta,(i-j)T)\,\mathbf{w}(\eta,(i+k-n)T)\} \\ &= \begin{cases} \sigma_{\mathbf{w}}^2 \sum\limits_{j=0}^{q-|k|} a_j\, a_{j+|k|} & |k| \leq q \\ 0 & \text{sonst} \end{cases} \quad . \end{aligned} \tag{3-87}$$

Bei einem Moving Average-Prozeß der Ordnung q verschwindet somit die Autokorrelationsfunktion $R_{\mathbf{xx}}(kT)$ für $|k| > q$. Für die Varianz des Zufallsprozesses folgt aus Gl.(3-87):

$$\sigma_{\mathbf{x}}^2 = R_{\mathbf{xx}}(0) = \sigma_{\mathbf{w}}^2 \sum_{j=0}^{q} a_j^2 \quad . \tag{3-88}$$

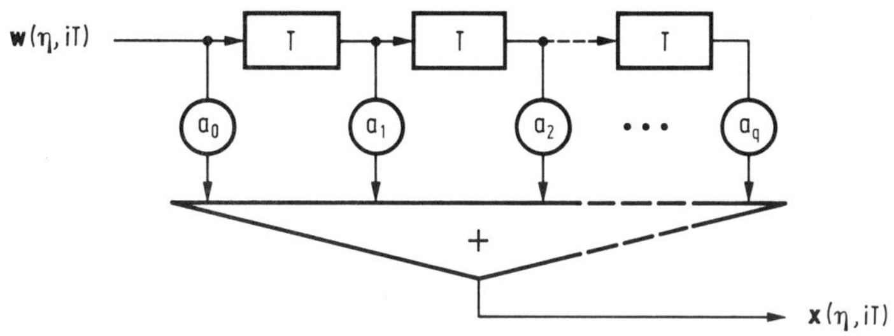

Bild 3.10: Transversalfilter zur Erzeugung eines Moving Average-Prozesses

Beispiel 3.20: Moving Average-Prozeß

Es seien $a_0 = 1$, $a_1 = 0{,}5$, $a_2 = 0{,}25$ und $\sigma_w^2 = 1$.

Dann folgt aus Gl.(3-87) für die Autokorrelationsfunktion des MA-Prozesses:

$$R_{xx}(kT) = \begin{cases} 1{,}3125 & k = 0 \\ 0{,}6250 & |k| = 1 \\ 0{,}2500 & |k| = 2 \\ 0 & \text{sonst} \end{cases} .$$

Unter einem AutoRegressiven Zufallsprozeß versteht man einen Prozeß, der aus weißem Rauschen durch ein rekursives Filter (s. Bild 3.11) erzeugt und durch folgende Gleichung beschrieben werden kann:

$$x(\eta, iT) = \sum_{k=1}^{p} b_k \, x(\eta, (i-k)T) + w(\eta, iT) \tag{3-89}$$

mit $b_p \neq 0$. p ist dabei die Ordnung des Prozesses.

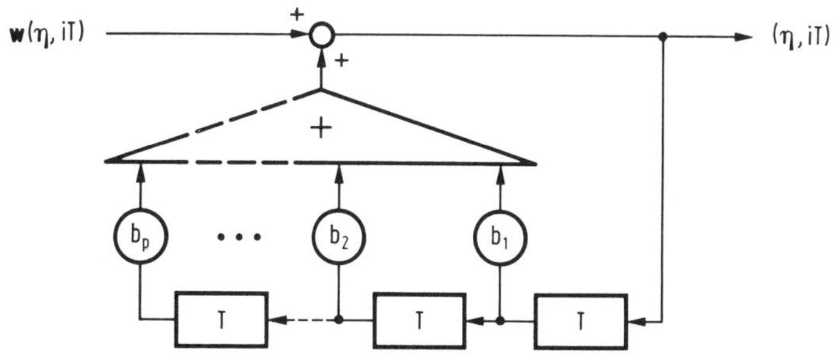

Bild 3.11: Rekursives Filter zur Erzeugung eines AutoRegressiven Prozesses

Linearer Mittelwert und Autokorrelationsfunktion eines AutoRegressiven Prozesses lassen sich allgemein mit den Regeln für die Zusammenhänge zwischen den Mittelwerten bzw. den Autokorrelationsfunktionen des Eingangs- und des Ausgangsprozesses eines linearen zeitdiskreten Systems berechnen (s. Abschnitt 4.3.2 und Abschnitt 4.3.3). Wir beschränken uns an dieser Stelle auf einen AutoRegressiven Zufallsprozeß erster Ordnung mit $|b_1| < 1$:

$$\mathbf{x}(\eta,iT) = b_1\ \mathbf{x}(\eta,(i-1)T) + \mathbf{w}(\eta,iT) \quad . \tag{3-90}$$

Ersetzt man hier $\mathbf{x}(\eta,(i-1)T)$ gemäß Gl.(3-90) durch $\mathbf{x}(\eta,(i-2)T)$, so folgt:

$$\mathbf{x}(\eta,iT) = b_1^{\,2}\ \mathbf{x}(\eta,(i-2)T) + b_1\ \mathbf{w}(\eta,(i-1)T) + \mathbf{w}(\eta,iT) \quad . \tag{3-91}$$

Führt man in dieser Weise fort, so erhält man für $\mathbf{x}(\eta,iT)$ folgende Gleichung:

$$\mathbf{x}(\eta,iT) = \sum_{k=0}^{\infty} b_1^{\,k}\ \mathbf{w}(\eta,(i-k)T) \quad , \quad |b_1| < 1 \quad . \tag{3-92}$$

Hieraus lassen sich der lineare Mittelwert und die Autokorrelationsfunktion berechnen. Bei stationärem $\mathbf{w}(\eta,kT)$ gelten:

$$m_{\mathbf{x}} = E\{\mathbf{x}(\eta,iT)\} = 0 \quad , \tag{3-93}$$

$$\begin{aligned} R_{\mathbf{xx}}(kT) &= \sum_{n=0}^{\infty}\sum_{j=0}^{\infty} b_1^{\,n}\ b_1^{\,j}\ E\{\mathbf{w}(\eta,(i-n)T)\ \mathbf{w}(\eta,(i+k-j)T)\} \\ &= \sigma_{\mathbf{w}}^2\ b_1^{\,|k|} \sum_{n=0}^{\infty} b_1^{\,2n} \\ &= \sigma_{\mathbf{w}}^2\ b_1^{\,|k|} / \ (1 - b_1^{\,2}) \qquad \text{für } |b_1| < 1 \quad . \end{aligned} \tag{3-94}$$

Die Autokorrelationsfunktion existiert nur, wenn das Prozeßmodell - d.h. das rekursive Filter - stabil ist. Im Gegensatz zum MA- Prozeß erreicht die Autokorrelationsfunktion eines AutoRegressiven Zufallsprozesses endlicher Ordnung nicht bereits für endliche Werte von k den Wert Null.

Einen ARMA-Prozeß der Ordnung (p,q) erhält man durch die Zusammenfassung der Prozesse in den Gln.(3-85) und (3-89):

$$\mathbf{x}(\eta,kT) = \sum_{i=1}^{p} b_i\ \mathbf{x}(\eta,(k-i)T) + \sum_{n=0}^{q} a_n\ \mathbf{w}(\eta,(k-n)T) \tag{3-95}$$

mit $a_0 = 1$ (als willkürlicher Normierung), $a_q \neq 0$ und $b_p \neq 0$.

Weitere Überlegungen zu ARMA-Prozessen finden sich beispielsweise in [3.12].

3.8.3 Komplexe Zufallsprozesse

Die Vorteile des Rechnens mit komplexen Größen können auch für Zufallsprozesse ausgenutzt werden, wenn man als komplexen Zufallsprozeß eine Funktion

$$\mathbf{z}(\eta,t) = \mathbf{x}(\eta,t) + j\ \mathbf{y}(\eta,t) \tag{3-96}$$

definiert. Hierbei sind $\mathbf{x}(\eta,t)$ und $\mathbf{y}(\eta,t)$ reelle Zufallsprozesse. Im folgenden sollen die Regeln für den Mittelwert, die Autokorrelationsfunktion und das Autoleistungsdichtespektrum eines komplexen Zufallsprozesses zusammengestellt werden:

Linearer Mittelwert:

$$m_{\mathbf{z}}(t) = E\{\mathbf{z}(\eta,t)\} = m_{\mathbf{x}}(t) + j\ m_{\mathbf{y}}(t) \quad . \tag{3-97}$$

Autokorrelationsfunktion:

$$\begin{aligned} R_{\mathbf{zz}}(t_1,t_2) &= E\{\mathbf{z}(\eta,t_1)\ \mathbf{z}(\eta,t_2)^*\} \\ &= R_{\mathbf{xx}}(t_1,t_2) + R_{\mathbf{yy}}(t_1,t_2) \\ &\quad + j\ (R_{\mathbf{yx}}(t_1,t_2) - R_{\mathbf{xy}}(t_1,t_2)) \quad . \end{aligned} \tag{3-98}$$

Hierbei ist zu beachten, daß der Erwartungswert für das Produkt aus $\mathbf{z}(\eta,t_1)$ und dem konjugiert komplexen Prozeß $\mathbf{z}(\eta,t_2)^*$ zu bilden ist. $R_{\mathbf{zz}}(t,t)$ ist daher der Erwartungswert aus dem Quadrat des Betrages von $\mathbf{z}(\eta,t)$. Sind $\mathbf{x}(\eta,t)$ und $\mathbf{y}(\eta,t)$ verbunden stationär, so vereinfacht sich Gl.(3-98) zu:

$$\begin{aligned} R_{\mathbf{zz}}(\tau) &= E\{\mathbf{z}(\eta,t)\ \mathbf{z}(\eta,t+\tau)^*\} \\ &= R_{\mathbf{zz}}(\tau) + R_{\mathbf{yy}}(\tau) + j\ (R_{\mathbf{yx}}(\tau) - R_{\mathbf{xy}}(\tau)) \quad . \end{aligned} \tag{3-99}$$

Autoleistungsdichtespektrum stationärer komplexer Zufallsprozesse:

$$\begin{aligned} S_{\mathbf{zz}}(\omega) &= \int_{-\infty}^{+\infty} R_{\mathbf{zz}}(\tau)\ e^{-j\omega\tau}\ d\tau \\ &= S_{\mathbf{xx}}(\omega) + S_{\mathbf{yy}}(\omega) + j\ (S_{\mathbf{yx}}(\omega) - S_{\mathbf{xy}}(\omega)) \quad . \end{aligned} \tag{3-100}$$

Mit $S_{yx}(\omega) = S_{xy}(\omega)^*$ (s. Gln.(3-66) und (3-67)) folgt daraus:

$$S_{zz}(\omega) \quad = S_{xx}(\omega) + S_{yy}(\omega) + 2\,\mathrm{Re}\{S_{xy}(\omega)\} \quad . \qquad (3\text{-}101)$$

Das Autoleistungsdichtespektrum eines komplexen Zufallsprozesses ist daher eine <u>reelle</u> Funktion.

Ähnlich wie in diesen Beispielen können auch die übrigen Gesetze für reelle Zufallsprozesse auf komplexe Zufallsprozesse übertragen werden.

3.8.4 Markovketten

Eine Klasse von Zufallsprozessen mit besonders übersichtlicher Struktur sind die sog. <u>Markovprozesse</u>. Wir beschränken uns hier auf den einfachsten Typ dieser Prozesse: auf <u>Markovketten</u> <u>erster</u> <u>Ordnung</u>. Für ihre Definition und die weiteren Überlegungen sei folgende Abkürzung vereinbart:

$$\{\eta \mid \mathbf{x}(\eta, t_i) = x_j\} = \{\mathbf{x}_i = j\} \quad ,$$

mit $t_i \in T_{\mathbf{x}}$ und $x_j \in X_{\mathbf{x}}$. Hierbei sind $T_{\mathbf{x}}$ die Menge der Definitionszeitpunkte und $X_{\mathbf{x}}$ die Menge der Amplituden, die der Prozeß zu den Definitionszeitpunkten annehmen kann.

Definition 3.22: Markovkette erster Ordunung:

Eine Markovkette erster Ordnung ist ein zeit- und wertdiskreter Zufallsprozeß mit folgender Eigenschaft:

$$P(\{\mathbf{x}_i = k\} \mid \{\mathbf{x}_{i-1} = j\} \cap \{\mathbf{x}_{i-2} = h\} \cap \ldots .)$$

$$= P(\{\mathbf{x}_i = k\} \mid \{\mathbf{x}_{i-1} = j\})$$

Diese Definition besagt, daß die Wahrscheinlichkeit, daß der Zufallsprozeß $\mathbf{x}(\eta, t)$ zum Zeitpunkt $t_i \in T_{\mathbf{x}}$ einen Wert $x_k \in X_{\mathbf{x}}$ annimmt, nur von seinem Wert zum Zeitpunkt t_{i-1} - d.h. zum unmittelbar vorhergegangenen Definitionszeitpunkt - beeinflußt wird. Allgemein spricht man von einer <u>Markovkette</u> <u>der</u> <u>Ordnung</u> <u>n</u>, wenn dieser Zusammenhang auf n vorhergehende Zeitpunkte beschränkt ist. Bei einer Markovkette der Ordnung Null sind $\mathbf{x}(\eta, t_i)$ und $\mathbf{x}(\eta, t_j)$ für alle $i \neq j$ statistisch unabhängig.

Nimmt eine Markovkette zu einem Zeitpunkt $t_i \in T_{\mathbf{x}}$ einen Wert $x_k \in X_{\mathbf{x}}$ an, d.h. $\mathbf{x}(\eta, t_i) = x_k$, so sagt man auch, daß sich der Zufallsprozeß im Zustand k befindet. Enthält X_x m Elemente, so gibt es m Wahrscheinlichkeiten

$$P(\{x_i = j\}) = P_j(i) \quad ,$$

die zu einem Vektor der Zustandswahrscheinlichkeiten zusammengefaßt werden können:

$$\underline{P}(i) = (P_1(i), P_2(i), \ldots , P_m(i))^T \quad . \tag{3-102}$$

Der Vektor $\underline{P}(i+1)$ der Zustandswahrscheinlichkeiten für den folgenden Definitionszeitpunkt t_{i+1} hängt von $\underline{P}(i)$ und - gemäß Def. 3.22 - m^2 bedingten Wahrscheinlichkeiten

$$P(\{x_{i+1} = k\} \mid \{x_i = j\}) = P_{jk}(i)$$

ab, die man (Zustands-) Übergangswahrscheinlichkeiten nennt. Man faßt diese in der (Zustands-) Übergangsmatrix $\underline{Q}(i)$ zusammen:

$$\underline{Q}(i) = (P_{jk}(i)) \quad . \tag{3-103}$$

Entsprechend den Gesetzen der Wahrscheinlichkeitsrechnung (s. Abschnitt 2.1.3) gilt für die Elemente dieser Matrix:

$$P_{jk}(i) \geq 0 \quad , \tag{3-104}$$

$$\sum_{k=1}^{m} P_{jk}(i) = 1 \quad . \tag{3-105}$$

Eine Matrix mit diesen Eigenschaften nennt man eine stochastische Matrix.

Die mit der Übergangsmatrix ausgedrückten Eigenschaften einer Markovkette lassen sich in einem (Zustands-) Übergangsgraphen darstellen. Dieser ist ein gerichteter Graph, dessen Knoten die Zustände der Kette darstellen. Die Kanten des Graphen kennzeichnen die von Null verschiedenen Übergangswahrscheinlichkeiten, deren Zahlenwerte als Gewichte der Kanten eingetragen werden (s. Beispiel 3.21).

Beispiel 3.21: Zustandsübergangsgraph

$$\text{Übergangsmatrix } \underline{Q}(i) = \begin{bmatrix} 0 & 0{,}5 & 0{,}5 \\ 0{,}2 & 0{,}8 & 0 \\ 0 & 0{,}6 & 0{,}4 \end{bmatrix}$$

Bild 3.12 zeigt den zugehörigen Zustandsübergangsgraphen.

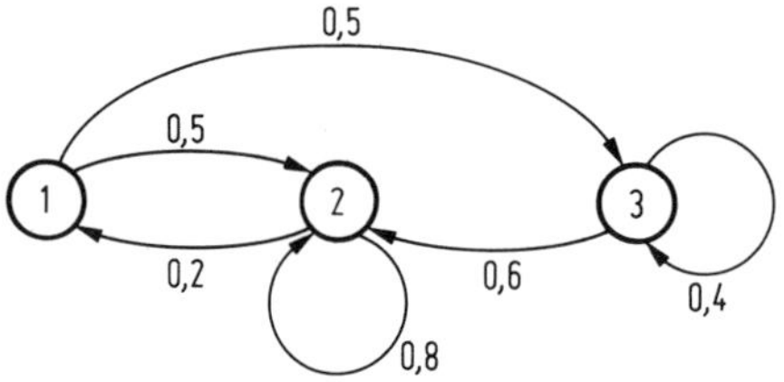

Bild 3.12: Zustandsübergangsgraph einer Markovkette erster Ordnung (s. Beispiel 3.21)

Die Wahrscheinlichkeit, daß die Markovkette zum Zeitpunkt t_{i+1} den Zustand k – d.h. den Wert x_k – einnimmt, setzt sich additiv zusammen aus den Wahrscheinlichkeiten der Zustände 1 bis m zur Zeit t_i, multipliziert mit den jeweiligen Übergangswahrscheinlichkeiten $P_{jk}(i)$:

$$P_k(i+1) = \sum_{j=1}^{m} P_j(i)\, P_{jk}(i) \quad . \qquad (3\text{-}106)$$

Für den Vektor der Zustandswahrscheinlichkeiten folgt dann aus den Gln.(3-102) und (3-103):

$$\underline{P}(i+1) = \underline{Q}(i)^T\, \underline{P}(i) \quad . \qquad (3\text{-}107)$$

Ersetzt man in dieser Gleichung $\underline{P}(i)$ durch $\underline{P}(i-1)$ usw., so erhält man:

$$\underline{P}(i+1) = \underline{Q}(i)^T\, \underline{Q}(i-1)^T \ldots\ \underline{Q}(0)^T\, \underline{P}(0) \quad . \qquad (3\text{-}108)$$

Bei <u>homogenen</u> oder <u>stationären</u> Markovketten sind die Übergangswahrscheinlichkeiten zeitunabhängig:

$$\underline{Q}(i) = \underline{Q} \quad . \qquad (3\text{-}109)$$

Gl.(3-108) vereinfacht sich dann zu:

$$\underline{P}(i+1) = (\underline{Q}^{i+1})^T\, \underline{P}(0) \quad . \qquad (3\text{-}110)$$

Hierbei ist $\underline{Q}^{i+1}$ die Übergangsmatrix der Markovkette für i+1 Schritte. $\underline{P}(0)$ ist der Vektor der <u>Anfangswahrscheinlichkeiten</u> der Zustände. Erreicht $\underline{P}(i)$ nach unendlich vielen Schritten einen stationären Endwert $\underline{P}$, der unabhängig von den Anfangswahrscheinlichkeiten ist,

$$\lim_{i \to \infty} \underline{P}(i) = \underline{P} \quad , \qquad (3\text{-}111)$$

so nennt man die Markovkette regulär. Bevor wir Voraussetzungen für die Regularität einer Markovkette formulieren können, müssen wir die Zustände der Kette klassifizieren. Wir beschränken uns hierbei auf homogene Markovketten.

Eine Art der Klassifizierung richtet sich nach der Wahrscheinlichkeit, mit der die Markovkette von einem Zustand j innerhalb unendlich vieler Schritte einen Zustand k erreicht. Bezeichnet man mit $p_{jk}(n)$ die Wahrscheinlichkeit des ersten Übergangs vom Zustand j in den Zustand k nach n Schritten, so erhält man für die Wahrscheinlichkeit, daß die Kette ausgehend vom Zustand j irgendwann den Zustand k erreicht:

$$p_{jk} = \sum_{n=1}^{\infty} p_{jk}(n) \quad . \tag{3-112}$$

Die Größe p_{jk} nennt man für $k \neq j$ die Prozeßübergangswahrscheinlichkeit und für $k = j$ die Prozeßrückkehrwahrscheinlichkeit. Entsprechend den Werten von p_{jj}, $j = 1, \ldots, m$, lassen sich die Zustände einer Markovkette in zwei Klassen einteilen:

1.) Bei $p_{jj} < 1$ wird ein Zustand j möglicherweise niemals wieder erreicht. Man nennt derartige Zustände transient.

2.) Bei $p_{jj} = 1$ wird ein Zustand sicher - d.h. mit Wahrscheinlichkeit Eins - wieder erreicht. Man nennt ihn rekurrent.

Bei rekurrenten Zuständen ist die Anzahl der Schritte (bzw. die Zeit) zwischen zwei Durchgängen durch einen Zustand j, die Rückkehrzeit, eine diskrete Zufallsvariable $\mathbf{n}_{jj}(\eta)$ mit den Wahrscheinlichkeiten

$$P(\{\eta \mid \mathbf{n}_{jj}(\eta) = n\}) = p_{jj}(n) \quad .$$

Die mittlere Anzahl von Schritten, die für einen Übergang von einem Zustand j in einen Zustand k benötigt wird, kann wie folgt bestimmt werden:

$$m_{jk} = \begin{cases} \sum_{n=1}^{\infty} n \, p_{jk}(n) & p_{jk} = 1 \\ \infty & p_{jk} < 1 \end{cases} \quad . \tag{3-113}$$

Bei $p_{jk} = 1$ kann diese Größe rekursiv berechnet werden:

$$m_{jk} = P_{jk} + \sum_{i \neq k} P_{ik} \, (m_{ji} + 1) \quad . \tag{3-114}$$

Dieser Gleichung liegt die Überlegung zugrunde, daß die Markovkette im Mittel nach m_{ji} Schritten vom Zustand j in den Zustand i übergeht und im folgenden Schritt mit der Übergangswahrscheinlichkeit P_{ik} vom Zustand i den Zustand k erreicht.

Abhängig von der Größe von m_{jj} unterscheidet man zwei Typen von rekurrenten Zuständen:

1.) Bei <u>null</u> <u>rekurrenten</u> Zuständen ist die mittlere Schrittzahl für die Rückkehr in diesen Zustand unendlich groß. Dies ist jedoch nur bei Markovketten mit unendlich großer Anzahl von Zuständen möglich.

2.) Bei <u>positiv</u> <u>rekurrenten</u> Zuständen ist die mittlere Schrittzahl für die Rückkehr endlich.

Positiv rekurrente Zustände können <u>aperiodisch</u> oder <u>periodisch</u> sein. Bei periodischen Zuständen ist eine Rückkehr nur nach ik Schritten, i, $k \in \mathbb{N}$, $k > 1$, möglich. Einen positiv rekurrenten, aperiodischen Zustand nennt man <u>ergodisch</u>.

Ein weiteres wesentliches Kriterium für die Eigenschaften einer Markovkette ist die <u>Erreichbarkeit</u> der einzelnen Zustände untereinander. Ein Zustand k ist von einem Zustand j aus erreichbar, wenn es eine endliche ganze Zahl n gibt derart, daß das Element $P_{jk}^{(n)}$ der n-ten Potenz der Zustandsübergangsmatrix $\underline{Q}$ größer als Null ist. In diesem Fall gibt es im Zustandsübergangsgraphen einen n Kanten durchlaufenden Pfad von j nach k. Ist sowohl k von j als auch j von k aus erreichbar, so sagt man, daß beide Zustände <u>kommunizieren</u>. Kommunizieren alle möglichen Zustandspaare einer Markovkette miteinander, so nennt man diese Kette <u>irreduzibel</u>. In einer derartigen Markovkette gehören <u>alle</u> Zustände derselben Klasse an, d.h., alle Zustände sind entweder transient oder nullrekurrent oder positiv rekurrent und entweder periodisch oder aperiodisch.

Beispiel 3.22: Periodische Markovkette

Zustandsübergangsmatrix $\underline{Q}$:

$$\underline{Q} = \begin{bmatrix} 0 & 0,5 & 0,5 & 0 & 0 \\ 0 & 0 & 0 & 0,5 & 0,5 \\ 0 & 0 & 0 & 0,5 & 0,5 \\ 1 & 0 & 0 & 0 & 0 \\ 1 & 0 & 0 & 0 & 0 \end{bmatrix}$$

Diese Markovkette ist periodisch mit der Periode 3 (s. Bild 3.13).

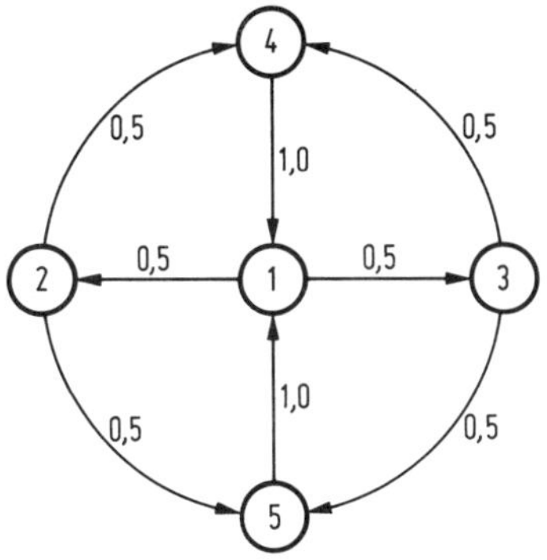

Bild 3.13: Zustandsübergangsgraph einer periodischen Markovkette (s. Beispiel 3.22)

Ist eine Markovkette irreduzibel und ergodisch, so existiert ein zeitunabhängiger eindeutiger Vektor $\underline{P}$ der Zustandswahrscheinlichkeiten. Für die Elemente P_i dieses Vektors gilt:

$$P_i = 1 / m_{ii} \qquad i = 1, \ldots , m \ . \tag{3-115}$$

Für den Vektor $\underline{P}$ der stationären Zustandswahrscheinlichkeiten muß somit gelten:

$$\underline{P} = \underline{Q}^T \underline{P} \ . \tag{3-116}$$

Als Nebenbedingung für die Lösung dieses Gleichungssystems ist zu berücksichtigen, daß die Summe der Wahrscheinlichkeiten der Zustände gleich Eins ist:

$$\sum_{i=1}^{m} P_i = 1 \ . \tag{3-117}$$

Definiert man

$$\underline{I} = (1, 1, .. , 1)^T \ , \tag{3-118}$$

$$\underline{U} = \begin{bmatrix} 1 & 1 & .. & 1 \\ . & . & .. & . \\ 1 & 1 & .. & 1 \end{bmatrix} \ , \tag{3-119}$$

so kann die Nebenbedingung Gl.(3-117) wie folgt formuliert werden:

$$\underline{U}\,\underline{P} = \underline{I} \ . \tag{3-120}$$

Die Gln.(3-116) und (3-120) kann man zusammenfassen und - falls die inverse Matrix existiert - nach $\underline{P}$ auflösen:

$$\underline{P} = (\underline{Q}^T + \underline{U} - \underline{E})^{-1}\ \underline{I} \quad . \tag{3-121}$$

$\underline{E}$ bezeichnet hierbei die Einheitsmatrix.

Beispiel 3.23: Stationäre Zustandswahrscheinlichkeiten

Zustandsübergangsmatrix $\underline{Q}$:

$$\underline{Q} = \frac{1}{4}\begin{bmatrix} 1 & 3 \\ 2 & 2 \end{bmatrix} .$$

Aus Gl.(3-121) erhält man als stationäre Zustandswahrscheinlichkeiten:

$$\underline{P} = \frac{1}{5}\begin{bmatrix} 2 \\ 3 \end{bmatrix} .$$

Für die mittlere Anzahl von Schritten bis zur Rückkehr in den Ausgangszustand folgt aus Gl.(3-115):

$$m_{ii} = \begin{cases} 5/2 & i = 1 \\ 5/3 & i = 2 \end{cases} .$$

Markovketten werden zur Analyse zahlreicher technischer und nichttechnischer Vorgänge benutzt. Beispiele sind u.a. Nachrichtenquellen [3.13] und Bediensysteme [3.14].

Beispiel 3.24: Bediensystem

Ein Bediensystem habe zwei Warteplätze. Die Bedienung eines wartenden Kunden beginne immer zu Zeiten kT. a sei die Wahrscheinlichkeit, daß ein Kunde zwischen iT und (i+1)T eintrifft, b die Wahrscheinlichkeit, daß ein Kunde bedient ist und das System verläßt. In jedem Intervall [iT, (i+1)T)] komme und gehe höchstens ein Kunde. Sind alle Warteplätze besetzt, so werden weitere Kunden abgewiesen.
Die Anzahl der wartenden Kunden kann als Markovkette modelliert werden. Es gibt drei Zustände: 0, 1 und 2.
Bild 3.14 zeigt den Zustandsübergangsgraphen. Für die Übergangsmatrix erhält man:

$$\underline{Q} = \begin{bmatrix} (1-a) & a & 0 \\ b(1-a) & ab+(1-a)(1-b) & a(1-b) \\ 0 & b & (1-b) \end{bmatrix} .$$

Es seien a = 1/4, b = 1/2.

Dann ist:

$$\underline{Q} = \frac{1}{8}\begin{bmatrix} 6 & 2 & 0 \\ 3 & 4 & 1 \\ 0 & 4 & 4 \end{bmatrix} .$$

Aus Gl.(3-121) erhält man dann für die stationären Zustandswahrscheinlichkeiten:

$$\underline{P} = \frac{1}{11}\begin{bmatrix} 6 \\ 4 \\ 1 \end{bmatrix} .$$

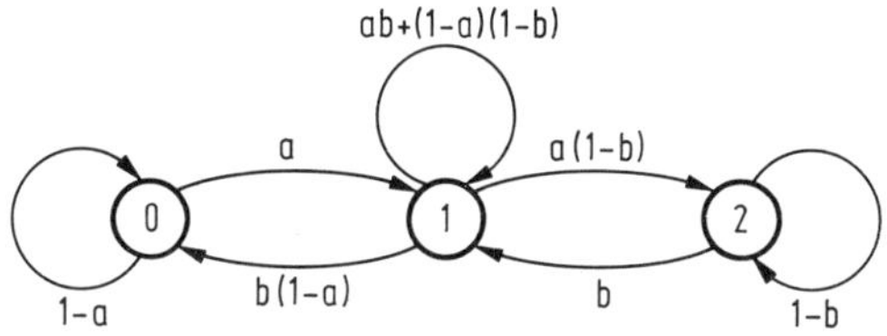

Bild 3.14: Zustandsübergangsgraph eines Bediensystems (s. Beispiel 3.24)

Auch Zufallsprozesse, die gegenüber Def. 3.1 allgemeiner definiert sind, können die Eigenschaften einer Markovkette haben. Beispiele für die Anwendung allgemeinerer Prozeßmodelle sind die Analyse von Texten [3.15], [3.16] und Kompositionen [3.17]. Im ersten Fall entsprechen den Zuständen der Markovkette Buchstaben, Satzzeichen oder Zwischenräume, im zweiten Fall Noten und Pausen. Bei Kenntnis der Übergangswahrscheinlichkeiten (etwa bis zur dritten Ordnung) kann man versuchen, Texte einem bestimmten Autor zuzuordnen oder Musikstücke nach den Gesetzen einer Epoche zu komponieren.

3.8.5 Gaußprozesse

Diese Diskussion einiger Eigenschaften eines Gaußprozesses (oder Normalprozesses) schließt an Abschnitt 2.8.2 (Gaußdichte) an.

> **Definition 3.23: Gaußprozeß**
> Ein Zufallsprozeß heißt Gaußprozeß, wenn seine endlichdimensionalen Wahrscheinlichkeitsverteilungsfunktionen gaußsche Wahrscheinlichkeitsverteilungsfunktionen sind.

Setzt man die Existenz von Wahrscheinlichkeitsdichten voraus, so besagt Def. 3.23 für einen Zufallsprozeß $\mathbf{x}(\eta,t)$, daß für beliebige Zeiten $t_i \in T_{\mathbf{x}}$ die Zufallsvariablen $\mathbf{x}(\eta,t_i)$ gaußsche Wahrscheinlichkeitsdichten (s. Gl.(2-46)) haben und daß für beliebige t_i und $t_j \in T_{\mathbf{x}}$ die Zufallsvariablen $\mathbf{x}(\eta,t_i)$ und $\mathbf{x}(\eta,t_j)$ gemeinsame gaußsche Wahrscheinlichkeitsdichten (s. Gl.(2-56)) aufweisen. Zwei Zufallsprozesse $\mathbf{x}(\eta,t)$ und $\mathbf{y}(\eta,t)$ sind verbundene Gaußprozesse, wenn beide Gaußprozesse sind und wenn ihre gemeinsamen Wahrscheinlichkeitsverteilungsfunktionen gaußsche Verteilungen sind.

Ein Gaußprozeß hat eine Reihe von Eigenschaften, die seine Analyse wesentlich vereinfachen. Aus der Tatsache, daß alle Momente einer Zufallsvariablen mit Gaußdichte aus dem ersten und zweiten Moment berechnet werden können (s. Gl.(2-48)), folgt für Gaußprozesse, daß alle Verteilungen mit Hilfe des linearen Mittelwertes und der Autokorrelationsfunktion vollständig bestimmt werden können. Hieraus folgt weiter, daß (allgemein nur beim Gaußprozeß) aus schwacher Stationarität auch strenge Stationarität folgt. Eine dritte wichtige Eigenschaft ist das Verhalten eines Gaußprozesses beim Durchgang durch ein lineares System: Der Ausgangsprozeß ist wieder ein Gaußprozeß (s. Abschnitt 4.3.1). Der Gaußprozeß spielt daher bei der Analyse linearer Systeme eine ähnliche Rolle wie sinusförmige Signale. Man kann diese Eigenschaft für die Definition des Gaußprozesses benutzen [3.18]. Schließlich kann man noch zeigen, daß für jeden Prozeß mit endlicher mittlerer Leistung, d.h. mit endlichem quadratischem Mittelwert, ein Gaußprozeß mit gleichem linearem Mittelwert und gleicher Autokorrelationsfunktion angegeben werden kann.

Ein Gaußprozeß ist - ähnlich wie eine gaußsche Zufallsvariable - immer dann ein wirklichkeitsnahes Modell für einen Vorgang, wenn sich dieser aus sehr vielen unabhängigen Anteilen additiv zusammensetzt. Ein Beispiel hierfür ist das Wärmerauschen elektrischer Bauelemente. Dieses kann als weißes gaußsches Rauschen, d.h. als Gaußprozeß mit konstantem Autoleistungsdichtespektrum, modelliert werden. Sind R die Größe eines ohmschen Widerstandes, T die absolute Temperatur und

$$k = 1.381\ 10^{-23}\ \mathrm{J\ K}^{-1}$$

die Boltzmannkonstante, so gilt für das Autoleistungsdichtespektrum der Rauschspannung des Widerstandes:

$$S_{\mathbf{nn}}(\omega) = 2\,k\,T\,R \quad . \tag{3-122}$$

Ein Beispiel für einen instationären Gaußprozeß ist die Brownsche Bewegung oder der sog. Wiener-Lévy-Prozeß [3.10]. Dieser Zufallsprozeß

$b(\eta,t)$ kann als Integral über stationäres weißes Rauschen $n(\eta,t)$ dargestellt werden, wobei der Integralbegriff in diesem Zusammenhang eigentlich einer besonderen Erklärung bedarf:

$$b(\eta,t) = \begin{cases} 0 & t \leq 0 \\ \int_0^t n(\eta,u)\,du & t > 0 \end{cases} . \tag{3-123}$$

Hat $n(\eta,t)$ das konstante Autoleistungsdichtespektrum $S_{nn}(\omega) = S_0$, so folgt aus Gl.(3-123) für die Brownsche Bewegung:

$$m_b(t) = 0 \qquad \text{für alle } t \;, \tag{3-124}$$

$$R_{bb}(t_1,t_2) = \begin{cases} 0 & t_1 \text{ oder } t_2 \leq 0 \\ S_0 t_1 & 0 \leq t_1 \leq t_2 \\ S_0 t_2 & 0 \leq t_2 \leq t_1 \end{cases} . \tag{3-125}$$

Der so definierte Zufallsprozeß ist ein Prozeß mit stationären, statistisch unabhängigen Zuwächsen. Dies folgt aus der Annahme, daß $n(\eta,t)$ stationäres weißes Rauschen ist.

3.8.6 Poissonprozesse

Auch die Diskussion dieser Zufallsprozesse wurde durch den Abschnitt 2.8.4 Poissonverteilung vorbereitet. Ein Poissonprozeß dient häufig als Modell für Folgen von Ereignissen, die zu zufälligen Zeitpunkten eintreten. Beispiele für derartige Ereignisse sind der Ausfall von Bauelementen oder Geräten, das Eintreffen von Kunden vor einem Schalter und der Beginn von Telefongesprächen in einer Fernsprechvermittlung. Auch das sog. <u>Schrotrauschen</u> läßt sich als Poissonprozeß modellieren.

Ein Poissonprozeß zählt die Anzahl der Ereignisse in einer Zeitspanne t. Man nennt derartige Zufallsprozesse auch <u>Zählprozesse</u>.

Definition 3.24: Poissonprozeß

Ein Zufallsprozeß $x(\eta,t)$ heißt Poissonprozeß, wenn er folgende Eigenschaften hat:

1.) $x(\eta,t) = 0$ für alle $t \leq 0$,
2.) $x(\eta,t)$ ist für jedes $t > 0$ eine Zufallsvariable mit Poissonverteilung (s.Gl.(2-69)).

Aus den Eigenschaften einer Zufallsvariablen mit Poissonverteilung (s. Abschnitt 2.8.4) folgt, daß ein Poissonprozeß ein Zufallsprozeß mit statistisch unabhängigen, stationären Zuwächsen ist. Seine Musterfunktionen sind Treppenfunktionen (s. Bild 3.15). Die Höhe der Stufen ist – mit Wahrscheinlichkeit Eins – gleich Eins.

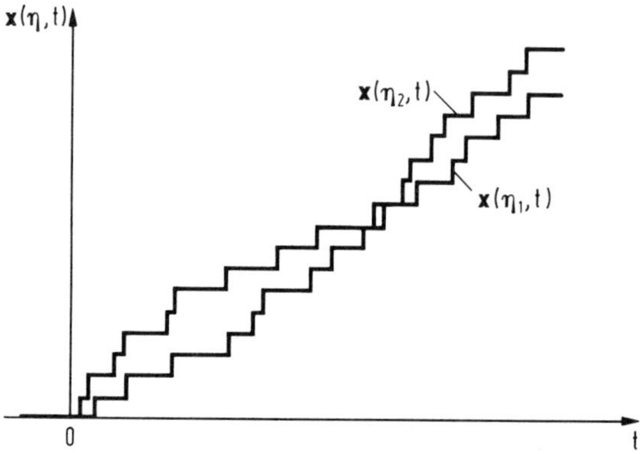

Bild 3.15: Ausschnitt aus den Musterfunktionen eines Poissonprozesses

Die Wahrscheinlichkeiten eines Poissonprozesses $\mathbf{x}(\eta,t)$ erhält man aus Gl.(2-68), wenn man für die mittlere Anzahl von Ereignissen in der Zeitspanne t den Wert λt einsetzt:

$$P_{\mathbf{x}}(n,t) = P(\{\eta \mid \mathbf{x}(\eta,t) = n\}) = \begin{cases} 0 & t \leq 0 \\ ((\lambda t)^n/\, n!)\, \exp(-\lambda t) & t > 0 \end{cases} . \tag{3-126}$$

Für den linearen Mittelwert erhält man dann:

$$m_{\mathbf{x}}(t) = \begin{cases} 0 & t \leq 0 \\ \lambda t & t > 0 \end{cases} . \tag{3-127}$$

Für den quadratischen Mittelwert gilt:

$$m_{\mathbf{x}}(t)^{(2)} = E\{\mathbf{x}(\eta,t)^2\} = \begin{cases} 0 \\ \sum_{n=0}^{\infty} n^2\, ((\lambda t)^n/\, n!)\, \exp(-\lambda t) \end{cases}$$

$$= \begin{cases} 0 & t \leq 0 \\ \lambda t\, (1 + \lambda t) & t > 0 \end{cases} . \tag{3-128}$$

Zur Autokorrelationsfunktion $R_{\mathbf{xx}}(t_1,t_2)$ gelangt man, wenn man für $0 \leq t_1 < t_2$ das Intervall $[0, t_2]$ in die zwei sich nicht überdeckenden Teilintervalle $[0, t_1)$ und $[t_1, t_2]$ zerlegt. Dann gilt:

$$\begin{aligned} R_{\mathbf{xx}}(t_1,t_2) &= E\{\mathbf{x}(\eta,t_1)\ \mathbf{x}(\eta,t_2)\} \\ &= E\{\mathbf{x}(\eta,t_1)\ (\mathbf{x}(\eta,t_2) - \mathbf{x}(\eta,t_1)) + \mathbf{x}(\eta,t_1)^2\}\ . \end{aligned} \tag{3-129}$$

Die Ereignisse in beiden Teilintervallen sind voraussetzungsgemäß unabhängig voneinander, und man erhält daher:

$$\begin{aligned} R_{\mathbf{xx}}(t_1,t_2) &= E\{\mathbf{x}(\eta,t_1)\}\ E\{\mathbf{x}(\eta,t_2) - \mathbf{x}(\eta,t_1)\} + E\{\mathbf{x}(\eta,t_1)^2\} \\ &= \lambda t_1\ (1 + \lambda t_2) \end{aligned} \tag{3-130}$$

für $t_2 > t_1$. $R_{\mathbf{xx}}(t_1,t_2)$ erhält man hieraus für $t_1 > t_2$ durch Vertauschen von t_1 und t_2.

Auch die Zeiten zwischen zwei aufeinanderfolgenden Ereignissen lassen sich als Zufallsprozeß modellieren. Für die Bestimmung der Wahrscheinlichkeitsdichtefunktion bezeichnen wir die Zeitspannen zwischen dem n-ten und dem (n+1)-ten Ereignis mit $\mathbf{t}(\eta,n)$. Dann gilt für die Wahrscheinlichkeitsverteilung:

$$\begin{aligned} F_{\mathbf{t}}(t) &= P(\{\eta \,|\, \mathbf{t}(\eta,n) \leq t\}) = 1 - P(\{\eta \,|\, \mathbf{t}(\eta,n) > t\}) \\ &= 1 - P(\{\eta \,|\, \mathbf{x}(\eta,t) = 0\}) \\ &= \begin{cases} 0 & t < 0 \\ 1 - \exp(-\lambda t) & t \geq 0 \end{cases} \end{aligned} \tag{3-131}$$

(s. Gl.(2-66)). Für die Wahrscheinlichkeitsdichte folgt daraus:

$$f_{\mathbf{t}}(t) = \begin{cases} 0 & t < 0 \\ \lambda \exp(-\lambda t) & t \geq 0 \end{cases}\ . \tag{3-132}$$

Damit erhält man schließlich für die mittlere Zeit zwischen zwei Ereignissen:

$$m_{\mathbf{t}} = 1 / \lambda\ . \tag{3-133}$$

Der Parameter λ entspricht somit bei Poissonprozessen der mittleren Anzahl der Ereignisse je Zeiteinheit, λt ist die mittlere Anzahl der Ereignisse in der Zeitspanne t. $F_{\mathbf{t}}(t)$ nennt man eine <u>Exponentialverteilung</u>, $f_{\mathbf{t}}(t)$ eine <u>Exponentialdichte</u>.

Gl.(3-131) besagt, daß die Zeitspanne zwischen zwei Ereignissen durch einen stationären, negativ exponential verteilten Zufallsprozeß beschrieben wird. Wir wollen nun annehmen, daß seit dem letzten Ereignis bereits die Zeit t vergangen ist, und die bedingte Wahrscheinlichkeit dafür berechnen, daß bis zum nächsten Ereignis noch die Zeitspanne τ vergehen wird. Mit Gl.(2-3) erhalten wir:

$$P(\{\eta|\mathbf{t}(\eta,n) \leq t+\tau\} \mid \{\eta|\mathbf{t}(\eta,n) > t\})$$

$$= P(\{\eta|\mathbf{t}(\eta,n) \leq t+\tau\} \cap \{\eta|\mathbf{t}(\eta,n) > t\}) \;/\; P(\{\eta|\mathbf{t}(\eta,n) > t\})$$

$$= (P(\{\eta|\mathbf{t}(\eta,n) > t\}) - P(\{\eta|\mathbf{t}(\eta,n) > t+\tau\})) \;/\; P(\{\eta|\mathbf{t}(\eta,n) > t\})$$

$$= (e^{-\lambda t} - e^{-\lambda(t+\tau)}) \;/\; e^{-\lambda t}$$

$$= 1 - e^{-\lambda\tau} \quad . \tag{3-134}$$

Dieses Ergebnis zeigt, daß die Zeitspanne bis zum nächsten Ereignis unabhängig davon ist, welche Zeit bereits seit dem letzten Ereignis vergangen ist. Man nennt diese Eigenschaft die Gedächtnisfreiheit eines Poissonprozesses.

Abschließend wollen wir noch die Wahrscheinlichkeit einer Summe aus zwei statistisch unabhängigen Poissonprozessen $\mathbf{u}(\eta,t)$ und $\mathbf{v}(\eta,t)$ mit den Parametern $\lambda_{\mathbf{u}}$ und $\lambda_{\mathbf{v}}$ berechnen. Es gilt für

$$\mathbf{x}(\eta,t) = \mathbf{u}(\eta,t) + \mathbf{v}(\eta,t) \quad : \tag{3-135}$$

$$P_{\mathbf{x}}(k,t) = \sum_{i=0}^{k} \frac{(\lambda_{\mathbf{u}} t)^{i} \, (\lambda_{\mathbf{v}} t)^{k-i}}{i! \, (k-i)!} \, e^{-(\lambda_{\mathbf{u}} + \lambda_{\mathbf{v}})t}$$

$$= \frac{(\lambda_{\mathbf{u}} t + \lambda_{\mathbf{v}} t)^{k}}{k!} \, e^{-(\lambda_{\mathbf{u}} + \lambda_{\mathbf{v}})t} \tag{3-136}$$

für $t > 0$. Vergleicht man dieses Ergebnis mit Gl.(3-126), so erkennt man, daß $\mathbf{x}(\eta,t)$ wieder ein Poissonprozeß mit dem Parameter $\lambda_{\mathbf{u}} + \lambda_{\mathbf{v}}$ ist.

Weitere Überlegungen zum Poissonprozeß finden sich beispielsweise in [3.12] und [3.14].

Beispiel 3.25: Bediensystem (M/M/1)

Die Ankunft von Kunden in einem Bediensystem werde durch einen stationären zeitdiskreten Poissonprozeß mit dem Parameter $\lambda_{\mathbf{a}}$ beschrieben. (Die Abkürzung M/M/1 ist die vereinbarte Kurzbezeichnung dieses Bediensystems [3.14]. Sie bedeutet: Ankunft der Kunden gemäß einem Poissonprozeß / Bedienung gemäß einem Poissonprozeß / 1 Bedienstation.) Die Zeit, die für die Bedienung eines Kunden benötigt wird, sei ebenfalls ein stationärer zeitdiskreter Poissonprozeß mit dem Parameter λ_b. Ankunftszeit und Bediendauer seien statistisch unabhängig. $\mathbf{n}(\eta,t)$ sei die Anzahl der zum Zeitpunkt t wartenden Kunden. Setzt man voraus, daß hierfür ein stationärer Zustand existiert, so erhält man folgende Gleichgewichtsbedingungen:

$$(\lambda_a + \lambda_b)\, P_{\mathbf{n}}(n) = \lambda_a\, P_{\mathbf{n}}(n-1) + \lambda_b\, P_{\mathbf{n}}(n+1) \qquad \text{für } n \geq 1 ,$$

und
$$\lambda_a\, P_{\mathbf{n}}(0) = \lambda_b\, P_{\mathbf{n}}(1) .$$

Dieses Gleichungssystem kann unter der Nebenbedingung

$$\sum_{n=0}^{\infty} P_{\mathbf{n}}(n) = 1$$

rekursiv aufgelöst werden. Man erhält für $n \geq 0$:

$$P_{\mathbf{n}}(n) = (1-\rho)\, \rho^n$$

mit der Verkehrsintensität $\rho = \lambda_a / \lambda_b$. Das Ergebnis zeigt, daß Voraussetzung für die Existenz einer stationären Lösung die Bedingung

$$\rho < 1$$

ist. Für die mittlere Anzahl wartender Kunden erhält man:

$$m_{\mathbf{n}} = E\{\mathbf{n}(\eta,t)\} = \sum_{n=0}^{\infty} n\, P_{\mathbf{n}}(n) = \rho / (1-\rho)$$

(s. Bild 3.16). Für ρ gegen Eins wächst somit die mittlere Anzahl wartender Kunden über alle Grenzen.

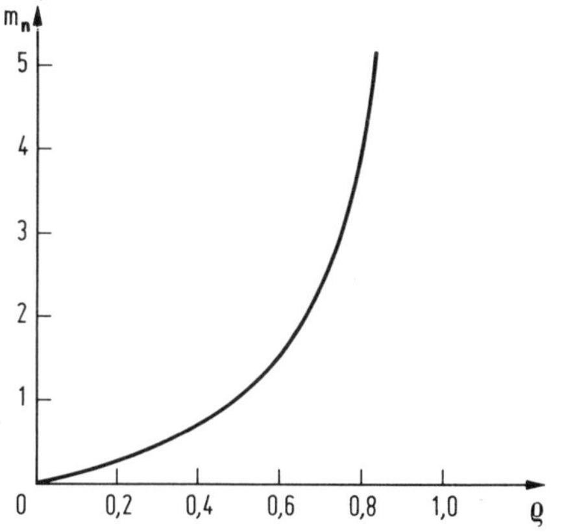

Bild 3.16: Mittlere Anzahl von wartenden Kunden in einem M/M/1-System als Funktion der Verkehrsintensität (s. Beispiel 3.25)

3.9 Schrifttum

[3. 1] DIN 5493: Logarithmierte Größenverhältnisse (Pegel, Maße). Beuth-Verlag, Berlin, 1972.

[3. 2] Bartlett, M. S.: On the theoretical specification and sampling properties of autocorrelated time-series. Supplement to the J. of the Roy. Stat. Soc., 8 (1946), 27-41.

[3. 3] Lanning, J. H., and R. H. Battin: Random Processes in Automatic Control. McGraw-Hill, New York, 1956.

[3. 4] Korrelationsmethoden in der Meßtechnik. VDI/VDE-Gesellschaft Meß- und Regelungstechnik, Aussprachetag am 16./17. Februar 1976, Frankfurt am Main.

[3. 5] Wehrmann, W. u.a.: Korrelationstechnik, ein neuer Zweig der Betriebsmeßtechnik. Lexika-Verlag, Grafenau (Württ.), 1977.

[3. 6] Wiener, N.: Generalized harmonic analysis. Acta Math. 55 (1930), 117-258.

[3. 7] Khintchine, A.: Korrelationstheorie der stationären stochastischen Prozesse. Math. Ann. 109 (1934), 604-615.

[3. 8] Middleton, D.: An Introduction to Statistical Communication Theory. McGraw-Hill, New York, 1960.

[3. 9] Jenkins, G. M. and D. G. Watts: Spectral Analysis and its Applications. Holden-Day, San Francisco, 1968.

[3.10] Papoulis, A.: Probability, Random Variables, and Stochastic Processes. McGraw-Hill, New York, 1965.

[3.11] Papoulis, A.: The Fourier Integral and its Applications. McGraw-Hill, New York, 1962.

[3.12] Fahrmeir, L., H. Kaufmann und F. Ost: Stochastische Prozesse. Carl Hanser Verlag, München, 1981.

[3.13] Meyer-Eppler, W.: Grundlagen und Anwendungen der Informationstheorie. Springer-Verlag, Berlin, 1969.

[3.14] Kobayashi, H.: Modeling and Analysis. An Introduction to System Performance Evaluation Methodology. Addison-Wesley, Reading (Mass.), 1978.

[3.15] Küpfmüller, K.: Die Entropie der deutschen Sprache. FTZ 7 (1954), 265-272.

[3.16] Fucks, W.: Mathematische Analyse von Sprachelementen, Sprachstil und Sprachen. Arbeitsgem. für Forsch. des Landes Nordrhein-Westf., H. 34a, Westdeutscher Verlag, Köln, 1955.

[3.17] Kupper, H.: GEASCOP - Ein Kompositionsprogramm. Nova Acta Leopoldina, 37 (1972), 629-714.

[3.18] Gallager, R .G.: Information Theory and Reliable Communication. John Wiley, New York, 1968.

4. Systeme bei stochastischer Anregung

Die für ein System zugelassenen Eingangssignale weisen in der Regel sehr verschiedene Zeitverläufe auf. Sie lassen sich daher nur durch bestimmte gemeinsame Eigenschaften - wie mittlere Leistung, Grenzfrequenzen oder Amplitudendichten - charakterisieren. Mit dem Zufallsprozeß verfügt man über ein geeignetes mathematisches Modell für die Beschreibung der Schar der möglichen Eingangs- und Ausgangssignale eines Systems. In diesem Kapitel sollen Zusammenhänge zwischen den Eigenschaften von Zufallsprozessen am Eingang und am Ausgang von Systemen hergeleitet werden. Zwei Klassen von Systemen werden betrachtet: gedächtnisfreie Systeme und lineare dynamische Systeme. Für beide wird Zeitinvarianz vorausgesetzt. Abschließend wird in diesem Kapitel gezeigt, wie für gewisse einfache nichtlineare Systeme lineare Ersatzsysteme bestimmt werden können.

4.1 Einige Begriffe aus der Systemtheorie

Einleitend sollen einige elementare Begriffe der Systemtheorie tabellarisch angegeben werden. Einzelheiten finden sich u.a. in [4.1], [4.2] oder [4.3]. In jedem Fall beschränken wir uns auf Systeme mit <u>einem</u> Eingang und <u>einem</u> Ausgang (Bild 4.1). Eine Verallgemeinerung auf Systeme mit mehreren Eingängen und/oder Ausgängen ist jedoch leicht möglich.

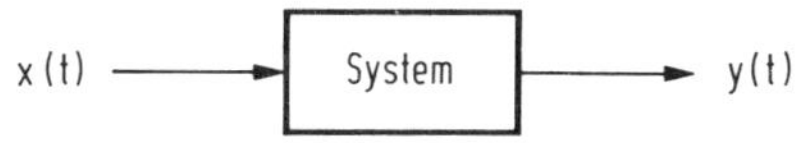

Bild 4.1: System mit einem Eingang und einem Ausgang

<u>System</u>:

Unter einem System versteht man in der Systemtheorie immer ein System<u>modell</u>, d.h. eine <u>Vorschrift</u>, die einem Eingangssignal ein Ausgangssignal zuordnet. Bei einem (zeit-) kontinuierlichen System sind Eingangs- und Ausgangssignal (zeit-) kontinuierliche Signale, d.h., der Parameter t der Signale x(t) und y(t) durchläuft einen Wertebereich kontinuierlich. Bei einem (zeit-) diskreten System sind Eingangs- und Ausgangssignale (zeit-) diskrete Signale. Im einfachsten Fall (auf den wir uns im folgenden beschränken werden) ist $t = iT$, $i \in \mathbb{Z}$, und man kann abkürzend auch x(i) bzw. y(i) schreiben.

Zeitinvarianz:
Ein System ist zeitinvariant, wenn es dem Verschiebungsprinzip genügt: Aus

$$y(t) = g(x(t)) \tag{4-1}$$

folgt für beliebige t_0:

$$y(t+t_0) = g(x(t+t_0)) \quad . \tag{4-2}$$

Dies bedeutet, daß sich die Eigenschaften des Systems mit der Zeit nicht verändern und daß daher die Form des Ausgangssignals eines zeitinvarianten Systems unabhängig ist von dem Zeitpunkt, zu dem das Eingangssignal angelegt wird.

Linearität:
Ein System heißt linear, wenn es das Überlagerungsprinzip und das Verstärkungsprinzip erfüllt. Das Überlagerungsprinzip besagt, daß

$$g(x_1(t)) + g(x_2(t)) = g(x_1(t) + x_2(t)) \tag{4-3}$$

ist. Das Verstärkungsprinzip fordert, daß

$$g(cx(t)) = c\, g(x(t)) \tag{4-4}$$

für eine beliebige reelle Konstante c gilt. Überlagerungs- und Verstärkunsprinzip zusammen bilden das Linearitätsprinzip.

Stabilität:
Man nennt ein System stabil, wenn zu jedem zugelassenen beschränkten Eingangssignal ein beschränktes Ausgangssignal gehört. In Formeln ausgedrückt bedeutet dies, daß für jedes zugelassene x(t) aus

$$|x(t)| \leq M < \infty \quad \text{für alle } t \tag{4-5}$$

$$|y(t)| \leq kM < \infty \quad \text{für alle } t \tag{4-6}$$

folgt. Ein idealer Integrator, für den ein Eingang mit von Null verschiedenem Mittelwert zugelassen ist, ist somit kein stabiles System.

Kausalität:
Ein System ist kausal, wenn für beliebiges t sein Ausgangssignal y(t) unabhängig ist von seinem Eingangssignal $x(\tau)$ für alle $\tau > t$. Dies besagt, daß bei einem kausalen System aus

$$x_1(t) = x_2(t) \quad \text{für alle } t \leq t_1 \tag{4-7}$$

$$y_1(t) = y_2(t) \quad \text{für alle } t \leq t_1 \tag{4-8}$$

folgt. Ist der Parameter t die (Echt-) Zeit, so sind physikalische Systeme immer kausal. Trotzdem kann es beispielsweise für die Bestimmung von Grenzwerten sinnvoll sein, mit nichtkausalen Systemmodellen zu arbeiten, da der Verzicht auf Kausalität in der Regel eine wesentliche Vereinfachung des Modells bedeutet.

Gedächtnisfreiheit:
Man nennt ein System gedächtnisfrei, wenn für beliebige Zeitpunkte t_0 sein Ausgangssignal $y(t_0)$ von keinem anderen Wert des Eingangssignals x(t) als von dessen Momentanwert $x(t_0)$ abhängt.

Dynamisches System:
Im Gegensatz zu einem gedächtnisfreien System ist bei einem dynamischen System das Ausgangssignal $y(t_0)$ auch von Werten x(t), $t \neq t_0$, des Eingangssignals abhängig. Ein gedächtnisfreies System kann als Grenzfall eines dynamischen Systems angesehen werden. Bei einem kausalen System beschränkt sich die Abhängigkeit von x(t) auf den Bereich $t \leq t_0$.

Der Zusammenhang zwischen Eingangs- und Ausgangssignal wird bei einem zeitkontinuierlichen, linearen, zeitinvarianten, dynamischen System durch ein Faltungsintegral beschrieben:

$$y(t) = \int_{-\infty}^{+\infty} g(u)\, x(t-u)\, du \quad . \tag{4-9.1}$$

Diese auch Faltungsprodukt genannte Operation ist kommutativ. Durch Variablensubstitution erhält man auch:

$$y(t) = \int_{-\infty}^{+\infty} x(u)\, g(t-u)\, du \quad . \tag{4-10.1}$$

$g(t)$ ist die Gewichtsfunktion des Systems. Ist das System kausal, so gilt:

$$g(t) = 0 \quad \text{für alle } t < 0 \quad . \tag{4-11.1}$$

Aus den Gln.(4-9.1) und (4-10.1) folgen dann:

$$y(t) = \int_{0}^{+\infty} g(u)\, x(t-u)\, du \quad , \tag{4-12.1}$$

$$y(t) = \int_{-\infty}^{t} x(u)\, g(t-u)\, du. \tag{4-13.1}$$

Aus der Stabilitätsbedingung (Gl.(4-6)) folgt für die Gewichtsfunktion:

$$\int_{-\infty}^{+\infty} |g(t)|\, dt \leq k < \infty \quad . \tag{4-14.1}$$

Bei einem zeitdiskreten, linearen, zeitinvarianten, dynamischen System wird der Zusammenhang zwischen Eingang und Ausgang durch eine Faltungssumme beschrieben:

$$y(iT) = T \sum_{k=-\infty}^{+\infty} g(kT)\, x((i-k)T) \tag{4-9.2}$$

oder
$$y(iT) = T \sum_{k=-\infty}^{+\infty} x(kT)\, g((i-k)T) \quad . \tag{4-10.2}$$

$g(iT)$ kann als Gewichtsfolge des Systems bezeichnet werden. Durch den (willkürlich) hinzugenommenen Faktor T haben die entsprechenden Größen in den Gleichungen für zeitkontinuierliche und zeitdiskrete Systeme gleiche Dimensionen. Bei kausalen diskreten Systemen gilt

$$g(iT) = 0 \quad \text{für } i < 0 \quad , \tag{4-11.2}$$

und die Gln.(4-9.2) und (4-10.2) lauten dann:

$$y(iT) = T \sum_{k=0}^{+\infty} g(kT)\, x((i-k)T) \quad , \tag{4-12.2}$$

$$y(iT) = T \sum_{k=-\infty}^{i} x(kT)\, g((i-k)T) \quad . \tag{4-13.2}$$

Die Bedingung für Stabilität lautet schließlich:

$$T \sum_{n=-\infty}^{+\infty} |g(nT)| \leq k < \infty \quad . \tag{4-14.2}$$

Die Gewichtsfunktion g(t) eines zeitkontinuierlichen Systems kann als Antwort auf eine Anregung mit einem (Diracschen) Deltaimpuls interpretiert werden. Aus Gl.(4-9.1) erhält man (s. Gl.(2-10)):

$$g(t) = \int_{-\infty}^{+\infty} g(u)\, \delta(t-u)\, du \quad . \tag{4-15.1}$$

Analog hierzu erhält man die Gewichtsfolge eines zeitdiskreten Systems als Ausgangssignal, wenn man dieses System mit einer - durch T dividierten - (Kroneckerschen) Deltafolge

$$\delta(iT) = \begin{cases} 1/T & i = 0 \\ 0 & i \neq 0 \end{cases}$$

anregt:

$$g(iT) = T \sum_{k=-\infty}^{+\infty} g(kT)\, \delta((i-k)T) \quad . \tag{4-15.2}$$

Als Übertragungsfunktion L(s) eines zeitinvarianten zeitkontinuierlichen Systems bezeichnet man die - bei nichtkausalen Systemen zweiseitige - Laplacetransformierte der Gewichtsfunktion g(t):

$$L(s) = \int_{-\infty}^{+\infty} g(t)\, e^{-st}\, dt \quad . \tag{4-16.1}$$

Existiert diese Funktion für $s = j\omega$, d.h. auf der imaginären Achse der komplexen s-Ebene, so ist

$$L(j\omega) = \int_{-\infty}^{+\infty} g(t)\, e^{-j\omega t}\, dt \tag{4-17.1}$$

der Frequenzgang des Systems. Bezeichnet man schließlich mit $G(\omega)$ die Fouriertransformierte der Gewichtsfunktion g(t),

$$G(\omega) = \int_{-\infty}^{+\infty} g(t)\, e^{-j\omega t}\, dt \quad , \tag{4-18.1}$$

so gilt:

$$G(\omega) = L(j\omega) \quad . \tag{4-19.1}$$

Es wird somit hier zwischen dem Frequenzgang $L(j\omega)$ und der Fouriertransformierten $G(\omega)$ der Gewichtsfunktion unterschieden. Diese Unterscheidung kann entfallen, wenn die Fouriertransformierte als $G(j\omega)$ eingeführt wird.

Auch für Gl.(4-18.1) muß die Existenz des Integrals vorausgesetzt werden. Bei zeitdiskreten Systemen tritt an die Stelle der Laplacetransformation die z-Transformation und an die Stelle der Fouriertransformation eine Fouriersumme. Als z-Übertragungsfunktion eines diskreten Systems bezeichnen wir

$$Z(z) = T \sum_{i=-\infty}^{+\infty} g(iT)\, z^{-i} \quad . \tag{4-16.2}$$

Existiert Z(z) für $z = e^{j\omega T}$, d.h. auf dem Einheitskreis der komplexen z-Ebene, so ist

$$Z(e^{j\omega T}) = T \sum_{i=-\infty}^{+\infty} g(iT)\, e^{-j\omega iT} \tag{4-17.2}$$

der z-Frequenzgang des Systems. Zwischen dieser Funktion und der Fouriersumme

$$G(\omega) = T \sum_{i=-\infty}^{+\infty} g(iT)\, e^{-j\omega iT} \tag{4-18.2}$$

gilt analog zu Gl.(4-19.1):

$$G(\omega) = Z(e^{j\omega T}) \quad . \tag{4-19.2}$$

Wir nehmen somit auch bei der z-Übertragungsfunktion einen Faktor T hinzu, um Gleichheit der Dimensionen der sich bei kontinuierlichen und diskreten Systemen entsprechenden Größen zu erreichen. Wo dies nicht gewünscht wird, kann der Faktor T bei der z-Übertragungsfunktion und der Fouriersumme entfallen.

Eine Beschreibung linearer zeitdiskreter Systeme durch eine Zustandsdifferenzengleichung findet sich im Abschnitt 5.4.1.

4.2 Zeitinvariante gedächtnisfreie Systeme

Es sollen nun einige Zusammenhänge zwischen den Eigenschaften der Zufallsprozesse am Eingang und am Ausgang zeitinvarianter gedächtnisfreier Systeme hergeleitet werden. Zu dieser Klasse von Systemen gehören beispielsweise Bauelemente mit nichtlinearen Kennlinien wie Gleichrichter, Quadrierer oder Zweipunktschalter. Sie werden beschrieben durch eine (zeitunabhängige) Funktion

$$y = g(x) \quad . \tag{4-20}$$

Diese Kennlinie g(x) ist nicht zu verwechseln mit der Gewichtsfunktion g(t) eines linearen dynamischen Systems (s. Gl.(4-9.1)). Bei der Diskussion der Abbildung der Eigenschaften des Zufallsprozesses $\mathbf{x}(\eta,t)$ am Eingang auf den Zufallsprozeß $\mathbf{y}(\eta,t)$ am Ausgang durch ein derartiges System müssen nur Abbildungen zwischen <u>zwei</u> <u>Zufallsvariablen</u> $\mathbf{x}(\eta,t)$ und $\mathbf{y}(\eta,t)$, t beliebig aber fest, betrachtet werden.

4.2.1 Wahrscheinlichkeitsverteilungsfunktion

Zur Bestimmung des Zusammenhangs zwischen den Wahrscheinlichkeitsverteilungsfunktionen (s. Def. 3.2) $F_{\mathbf{x}}(x,t)$ und $F_{\mathbf{y}}(y,t)$ der Zufallsprozesse $\mathbf{x}(\eta,t)$ und $\mathbf{y}(\eta,t)$ am Eingang bzw. Ausgang eines zeitinvarianten gedächtnisfreien Systems mit der Kennlinie y = g(x) geht man von einem Intervall I(y) aus, das wie folgt definiert ist:

$$I(y) = \{x \mid g(x) \leq y\} \quad . \tag{4-21}$$

I(y) enthält somit alle Werte von x, die durch das System auf Werte kleiner oder gleich y abgebildet werden. Die Gestalt dieses Intervalls - ob es beispielsweise zusammenhängt oder aus mehreren getrennten Teilintervallen besteht - hängt von der Kennlinie y = g(x) ab. Für das Ereignis $\{\eta \mid \mathbf{y}(\eta,t) \leq y\}$ gilt:

$$\{\eta \mid \mathbf{y}(\eta,t) \leq y\} = \{\eta \mid g(\mathbf{x}(\eta,t)) \leq y\} = \{\eta \mid \mathbf{x}(\eta,t) \in I(y)\} \quad . \tag{4-22}$$

Damit kann die Wahrscheinlichkeitsverteilung des Ausgangsprozesses als Funktion der Wahrscheinlichkeitsverteilung des Eingangsprozesses und der Kennlinie des Systems angegeben werden:

$$F_{\mathbf{y}}(y,t) = P(\{\eta \mid \mathbf{y}(\eta,t) \leq y\})$$

oder

$$\boxed{F_{\mathbf{y}}(y,t) = P(\{\eta \mid \mathbf{x}(\eta,t) \in I(y)\}) \quad .} \tag{4-23}$$

Beispiel 4.1: Wahrscheinlichkeitsverteilung am Ausgang eines Verstärkers

Es sei y = ax + b die Kennlinie eines Verstärkers mit verschobenem Nullpunkt. Der Verstärkungsfaktor a sei zunächst positiv: a > 0.

Dann sind:

$$I(y) = \{x | ax + b \leq y\} = \{x | x \leq (y - b)/a\} \quad ,$$

$$F_{\mathbf{y}}(y,t) = P(\{\eta | \mathbf{x}(\eta,t) \leq (y - b)/a\}) = F_{\mathbf{x}}((y - b)/a,t) \quad .$$

Bei negativem Verstärkungsfaktor, $a < 0$, erhält man dagegen:

$$I(y) = \{x | ax + b \leq y\} = \{x | x \geq (y - b)/a\} \quad ,$$

$$\begin{aligned} F_{\mathbf{y}}(y,t) &= P(\{\eta | \mathbf{x}(\eta,t) \geq (y - b)/a\}) \\ &= 1 - P(\{\eta | \mathbf{x}(\eta,t) < (y - b)/a\}) \\ &= 1 - F_{\mathbf{x}}((y - b)/a,t) + P_{\mathbf{x}}((y - b)/a,t) \quad . \end{aligned}$$

Die Wahrscheinlichkeit $P_{\mathbf{x}}((y - b)/a,t)$ ist nur dann von Null verschieden, wenn $F_{\mathbf{x}}(x,t)$ bei $x = (y - b)/a$ einen Sprung enthält.

Beispiel 4.2: Wahrscheinlichkeitsverteilung am Ausgang eines Zweiweggleichrichters

Es sei $y = |x|$.

Dann sind:

$$I(y) = \begin{cases} \Phi & y < 0 \\ \{x | -y \leq x \leq y\} & y \geq 0 \end{cases} \quad ,$$

$$\begin{aligned} F_{\mathbf{y}}(y,t) &= \begin{cases} 0 & y < 0 \\ P(\{\eta | -y \leq \mathbf{x}(\eta,t) \leq y\}) & y \geq 0 \end{cases} \\ &= \begin{cases} 0 & y < 0 \\ F_{\mathbf{x}}(y,t) - P(\{\eta | \mathbf{x}(\eta,t) < -y\}) & y \geq 0 \end{cases} \\ &= \begin{cases} 0 & y < 0 \\ F_{\mathbf{x}}(y,t) - F_{\mathbf{x}}(-y,t) + P_{\mathbf{x}}(-y,t) & y \geq 0 \end{cases} \quad . \end{aligned}$$

Beispiel 4.3: Wahrscheinlichkeitsverteilung am Ausgang eines Begrenzers

Es sei:

$$y = \begin{cases} -1 & x \leq -1 \\ x & -1 < x < 1 \\ 1 & x \geq 1 \end{cases} \quad .$$

Dann sind:

$$I(y) = \begin{cases} \Phi & y < -1 \\ \{x | x \leq y\} & -1 \leq y < 1 \\ \{x | x \leq \infty\} & y \geq 1 \end{cases} \quad ,$$

$$F_{\mathbf{y}}(y,t) = \begin{cases} 0 & y < -1 \\ F_{\mathbf{x}}(y,t) & -1 \leq y < 1 \\ 1 & y \geq 1 \end{cases} \quad .$$

4.2.2 Wahrscheinlichkeitsdichtefunktion

Die Wahrscheinlichkeitsdichte $f_{\mathbf{y}}(y,t)$ eines Zufallsprozesses kann als (verallgemeinerte) Ableitung aus der Wahrscheinlichkeitsverteilung $F_{\mathbf{y}}(y,t)$ bestimmt werden (s. Def. 3.3). Oft ist es jedoch einfacher, $f_{\mathbf{y}}(y,t)$ direkt aus $f_{\mathbf{x}}(x,t)$ und der Systemkennlinie $y = g(x)$ zu berechnen. Die folgenden Überlegungen gehen davon aus, daß $f_{\mathbf{x}}(x,t)$ frei von Distributionen ist. Ursprünglich in $f_{\mathbf{x}}(x,t)$ enthaltene Distributionen können abgespalten und über die Kennlinie unmittelbar auf $f_{\mathbf{y}}(y,t)$ abgebildet werden: Aus einem Anteil $a_i\delta(x - x_i)$ in $f_{\mathbf{x}}(x,t)$ wird ein Anteil $a_i\delta(y - g(x_i))$ in $f_{\mathbf{y}}(y,t)$.

Für die Umrechnung der Wahrscheinlichkeitsdichte $f_{\mathbf{x}}(x,t)$ setzt man voraus, daß die Kennlinie $y = g(x)$ für $y = y_0$ und für $y = y_0 + \Delta y_0$, $\Delta y_0 > 0$, jeweils n einfache Lösungen aufweist:

$$y_0 = g(x_{0i}) \qquad i = 1, \dots , n \; , \tag{4-24}$$

$$y_0 + \Delta y_0 = g(x_{0i} + \Delta x_{0i}) \qquad i = 1, \dots , n \; , \tag{4-25}$$

(Bild 4.2). (Doppellösungen lassen sich durch Grenzübergänge berücksichtigen). Damit können folgende Ereignisse definiert werden:

$$A_{\mathbf{y}}(y_0,t) = \{\eta | y_0 < \mathbf{y}(\eta,t) \leq y_0 + \Delta y_0\}, \tag{4-26}$$

$$A_{\mathbf{x}}(x_{0i},t) = \begin{cases} \{\eta | x_{0i} < \mathbf{x}(\eta,t) \leq x_{0i} + \Delta x_{0i}\} & \Delta x_{0i} > 0 \\ \{\eta | x_{0i} + \Delta x_{0i} \leq \mathbf{x}(\eta,t) < x_{0i}\} & \Delta x_{0i} < 0 \end{cases} . \tag{4-27}$$

Für hinreichend kleines Δy_0 sind die Ereignisse $A_{\mathbf{x}}(x_{0i},t)$ disjunkt, und es gilt daher für deren Wahrscheinlichkeiten:

$$P(A_{\mathbf{y}}(y_0,t)) = P(\bigcup_{i=1}^{n} A_{\mathbf{x}}(x_{0i},t)) = \sum_{i=1}^{n} P(A_{\mathbf{x}}(x_{0i},t)) \quad . \tag{4-28}$$

Ferner gilt näherungsweise:

$$P(A_{\mathbf{y}}(y_0,t)) \approx f_{\mathbf{y}}(y_0,t) \; |\Delta y_0| \quad , \tag{4-29}$$

$$P(A_{\mathbf{x}}(x_{0i},t)) \approx f_{\mathbf{x}}(x_{0i},t) \; |\Delta x_{0i}| \quad . \tag{4-30}$$

Gl.(4-28) lautet dann:

$$f_{\mathbf{y}}(y_0,t) \; |\Delta y_0| \approx \sum_{i=1}^{n} f_{\mathbf{x}}(x_{0i},t) \; |\Delta x_{0i}| \quad . \tag{4-31}$$

Ist y=g(x) schließlich differenzierbar, so geht Gl.(4-31) für $\Delta y_0 \to 0$ über in

$$f_{\mathbf{y}}(y_0,t)\ |dy_0| = \sum_{i=1}^{n} f_{\mathbf{x}}(x_{0i},t)\ |dx_{0i}| \quad . \tag{4-32}$$

Mit $$g'(x_{0i}) = \left.\frac{dy}{dx}\right|_{x=x_{0i}} \tag{4-33}$$

folgt endlich:

$$f_{\mathbf{y}}(y_0,t) = \sum_{i=1}^{n} f_{\mathbf{x}}(x_{0i},t)\ /\ |g'(x_{0i})| \quad . \tag{4-34}$$

Bild 4.2 erläutert diesen Zusammenhang. Das Auftreten der Beträge der Ableitung der Kennlinie läßt sich anschaulich damit erklären, daß Gleichheit zwischen Wahrscheinlichkeiten, d.h. zwischen Flächen unter den Wahrscheinlichkeitsdichtefunktionen, bestehen muß. Bei vorausgesetztem $\Delta y_0 > 0$ hängt es aber von der Steigung der Kennlinie ab, ob die zugehörigen Δx_{0i} positiv oder negativ sind.

Beispiel 4.4: Wahrscheinlichkeitsdichte am Ausgang eines Verstärkers

Es sei y = ax + b die Kennlinie eines Verstärkers mit verschobenem Nullpunkt (s. Beispiel 4.1). Dann hat y = g(x) für jedes y genau eine Lösung x,

$$x = (y - b)/a \quad ,$$

und es folgen:

$$g'(x) = a\ , \quad f_{\mathbf{y}}(y,t) = f_{\mathbf{x}}((y-b)/a)/|a| \quad .$$

Im Gegensatz zur Wahrscheinlichkeitsverteilungsfunktion (s. Beispiel 4.1) muß bei diesem Ergebnis nicht zwischen $a < 0$ und $a > 0$ unterschieden werden.

Beispiel 4.5: Wahrscheinlichkeitsdichte am Ausgang eines Quadrierers

Es sei $y = x^2$. Dann hat y = g(x) <u>keine</u> (reelle) Lösung für $y < 0$ und <u>zwei</u> Lösungen für jedes $y > 0$:

$$x_1 = \sqrt{y}\ , \quad x_2 = -\sqrt{y}\ ,$$

wobei in diesem Beispiel mit $\sqrt{y}$ immer die <u>positive</u> Wurzel von y gemeint ist.

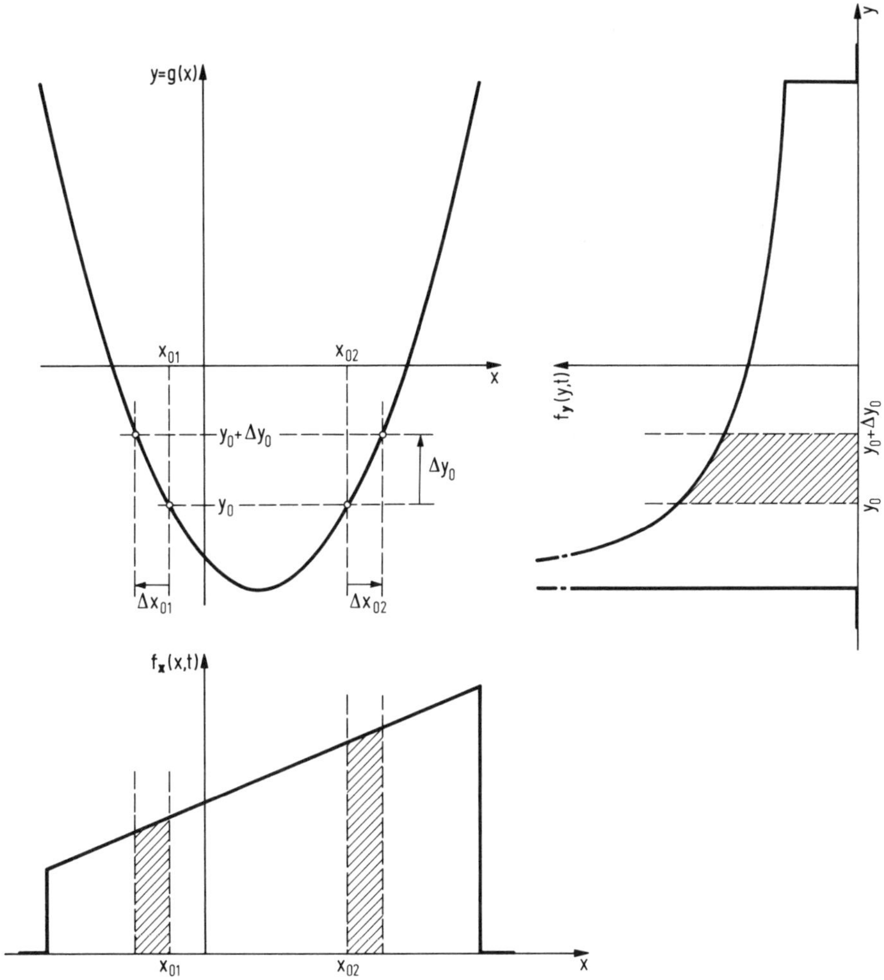

Bild 4.2: Zur Bestimmung der Wahrscheinlichkeitsdichte $f_{\mathbf{y}}(y,t)$ aus $f_{\mathbf{x}}(x,t)$ und $y = g(x)$

Mit $g'(x) = 2x$ erhält man somit:

$$f_{\mathbf{y}}(y,t) = \begin{cases} 0 & y < 0 \\ [f_{\mathbf{x}}(\sqrt{y},t) + f_{\mathbf{x}}(-\sqrt{y},t)] \,/\, (2\sqrt{y}) & y > 0 \end{cases} .$$

Bei $y = 0$ verschwindet die Ableitung $g'(x)$ und es hängt von $f_{\mathbf{x}}(x,t)$ ab, ob für $f_{\mathbf{y}}(y,t)$ ein Grenzwert existiert. Ist beispielsweise

$$f_{\mathbf{x}}(x,t) = \begin{cases} 0{,}5 & -1 \le x \le 1 \\ 0 & \text{sonst} \end{cases} ,$$

so wird

$$f_{\mathbf{y}}(y,t) = \begin{cases} 0{,}5\; y^{-1/2} & 0 \le y \le 1 \\ 0 & \text{sonst} \end{cases} .$$

$f_y(0,t)$ wächst somit über alle Grenzen. $f_y(y,t)$ enthält jedoch bei $y = 0$ keine δ-Distribution, die zu einer Sprungstelle in $F_y(y,t)$ bei $y = 0$ führen würde. Man erhält vielmehr für die zugehörige Wahrscheinlichkeitsverteilung:

$$F_y(y,t) = \begin{cases} 0 & y < 0 \\ \sqrt{y} & 0 \le y \le 1 \\ 1 & y > 1 \end{cases} .$$

Diese Funktion ist somit überall stetig.

Ist $x(\eta,t)$ ein mittelwertfreier stationärer Gaußprozeß mit

$$f_x(x,t) = \frac{1}{\sqrt{2\pi}\,\sigma_x} e^{-x^2/2\sigma_x^2}$$

(s. Gl.(2-46)), so erhält man für die Wahrscheinlichkeitsdichte des Quadriererausgangs:

$$f_y(y,t) = \begin{cases} 0 & y < 0 \\ \dfrac{1}{\sqrt{2\pi y}\,\sigma_x} e^{-y/2\sigma_x^2} & y \ge 0 \end{cases} .$$

4.2.3 Linearer Mittelwert und Autokorrelationsfunktion

Definition 2.11 enthält bereits (ohne Beweis) den Erwartungswert der Funktion einer Zufallsvariablen. Da bei zeitinvarianten gedächtnisfreien Systemen der Zusammenhang zwischen dem Eingang- und dem Ausgangsprozeß einem Zusammenhang zwischen zwei Zufallsvariablen entspricht, läßt sich Def. 2.11 unmittelbar für die Bestimmung des linearen Mittelwertes und der Autokorrelationsfunktion des Ausgangsprozesses $y(\eta,t)$ anwenden. Für den linearen Mittelwert $m_y(t)$ gilt dann:

$$m_y(t) = E\{y(\eta,t)\} = \int_{-\infty}^{+\infty} y\, f_y(y,t)\, dy$$

$$= E\{g(x(\eta,t))\} = \int_{-\infty}^{+\infty} g(x)\, f_x(x,t)\, dx \quad . \qquad (4\text{-}35)$$

Gl.(4-35) kann mit Hilfe des Lebesgueschen Integralbegriffs allgemein bewiesen werden [4.4]. Ist im Sonderfall $y = g(x)$ eine monoton wachsende Funktion, so hat diese für jedes y_0 genau eine Lösung x_0 und es ist $g'(x) = dy/dx > 0$ für alle x. Dann folgt aber aus Gl.(4-32) $f_y(y,t)\, dy = f_x(x,t)\, dx$ und daraus schließlich Gl.(4-35).

Für die Autokorrelationsfunktion $R_{\mathbf{yy}}(t_1,t_2)$ des Ausgangsprozesses eines zeitinvarianten gedächtnisfreien Systems gilt endlich:

$$R_{\mathbf{yy}}(t_1,t_2) = E\{\mathbf{y}(\eta,t_1)\ \mathbf{y}(\eta,t_2)\} = E\{g(\mathbf{x}(\eta,t_1))\ g(\mathbf{x}(\eta,t_2))\}$$

$$= \int_{-\infty}^{+\infty}\int_{-\infty}^{+\infty} g(x_1)\ g(x_2)\ f_{\mathbf{xx}}(x_1,x_2,t_1,t_2)\ dx_1\ dx_2 \ . \quad (4\text{-}36)$$

Beispiel 4.6: Quadrierer mit Gaußprozeß am Eingang

Es seien $\mathbf{x}(\eta,t)$ ein mittelwertfreier stationärer Gaußprozeß und $y = x^2$ die Kennlinie eines gedächtnisfreien zeitinvarianten Systems.

Aus Gl.(4-36) folgt für die Autokorrelationsfunktion $R_{\mathbf{yy}}(\tau)$ des Ausgangsprozesses $\mathbf{y}(\eta,t)$:

$$R_{\mathbf{yy}}(\tau) = E\{\mathbf{y}(\eta,t)\ \mathbf{y}(\eta,t+\tau)\} = E\{\mathbf{x}(\eta,t)^2\ \mathbf{x}(\eta,t+\tau)^2\}$$

$$= \int_{-\infty}^{+\infty}\int_{-\infty}^{+\infty} x_1^2\ x_2^2\ f_{\mathbf{xx}}(x_1,x_2,\tau)\ dx_1\ dx_2 \ .$$

Bei den weiteren Überlegungen halten wir t und τ fest und bestimmen mit Def. 2.14 zunächst den Korrelationskoeffizienten der mittelwertfreien Zufallsvariablen $\mathbf{x}(\eta,t)$ und $\mathbf{x}(\eta,t+\tau)$. Dieser hängt von dem Abstand τ der beiden Zufallsvariablen ab:

$$\rho(\tau) = \frac{E\{\mathbf{x}(\eta,t)\ \mathbf{x}(\eta,t+\tau)\}}{E\{\mathbf{x}(\eta,t)^2\}} = \frac{R_{\mathbf{xx}}(\tau)}{R_{\mathbf{xx}}(0)} \ .$$

Die gemeinsame Wahrscheinlichkeitsdichtefunktion der mittelwertfreien Zufallsvariablen $\mathbf{x}(\eta,t)$ und $\mathbf{x}(\eta,t+\tau)$ folgt dann aus Gl.(2-51):

$$f_{\mathbf{xx}}(x_1,x_2,\tau) = \frac{1}{2\pi\sigma_{\mathbf{x}}^2\sqrt{1-\rho(\tau)^2}}\exp\Big[-\frac{x_1^2-2\rho(\tau)x_1x_2+x_2^2}{2\sigma_{\mathbf{x}}^2(1-\rho(\tau)^2)}\Big]$$

$$= \frac{1}{2\pi\sigma_{\mathbf{x}}^2\sqrt{1-\rho(\tau)^2}}\exp\Big[-\frac{x_1^2}{2\sigma_{\mathbf{x}}^2}-\frac{(x_2-x_1\rho(\tau))^2}{2\sigma_{\mathbf{x}}^2(1-\rho(\tau)^2)}\Big] \ .$$

Mit einer Variablensubstitution

$$u^2 = \frac{(x_2-x_1\rho(\tau))^2}{2\sigma_{\mathbf{x}}^2(1-\rho(\tau)^2)}$$

ist das Doppelintegral lösbar und man erhält für die gesuchte Autokorrelationsfunktion:

$$R_{yy}(\tau) = R_{xx}(0)^2 + 2\,R_{xx}(\tau)^2 \ .$$

Der von τ unabhängige Anteil $R_{xx}(0)^2$ weist auf den Gleichanteil im Ausgangsprozeß des Quadrierers hin. Für

$$\lim_{\tau \to \infty} R_{xx}(\tau) = 0$$

erhält man aus Gl.(3-32):

$$m_y^2 = R_{xx}(0)^2 \quad \text{oder} \quad m_y = R_{xx}(0) = \sigma_x^2 \ .$$

4.2.4 Stationarität

Bei der Frage nach der Stationarität des Ausgangsprozesses $\mathbf{y}(\eta,t)$ eines zeitinvarianten gedächtnisfreien Systems muß zwischen strenger und schwacher Stationarität des Eingangsprozesses $\mathbf{x}(\eta,t)$ unterschieden werden. Ist $\mathbf{x}(\eta,t)$ streng stationär, so ist auch $\mathbf{y}(\eta,t)$ streng stationär. Dies folgt aus der Tatsache, daß bei einem streng stationären Zufallsprozeß alle statistischen Eigenschaften invariant gegenüber Zeitverschiebungen sind und dies bei einer Abbildung durch ein zeitinvariantes System nicht geändert wird. Ist dagegen der Zufallsprozeß am Eingang nur schwach stationär, so ist über die Stationarität des Ausgangsprozesses keine allgemeine Aussage möglich. Es hängt von der Kennlinie $y = g(x)$ ab, ob der Ausgangsprozeß stationär oder instationär ist.

4.3 Zeitinvariante lineare Systeme

In diesem Abschnitt soll nun die Abbildung einiger statistischer Eigenschaften eines Zufallsprozesses durch Systeme behandelt werden, die im Gegensatz zum Abschnitt 4.2 zwar gedächtnisbehaftet sein können, dafür aber linear sein müssen. Typische Beispiele für Systeme, die zu dieser Klasse gehören, sind lineare Filter und lineare Regler.

4.3.1 Wahrscheinlichkeitsdichtefunktion

Zwischen der Abbildung der Wahrscheinlichkeitsdichtefunktion durch ein gedächtnisfreies System und durch ein System mit Gedächtnis besteht ein grundsätzlicher Unterschied: Während bei einem gedächtnisfreien System die Wahrscheinlichkeitsdichtefunktion des Ausgangsprozesses außer von den Systemeigenschaften nur von der Wahrscheinlichkeitsdichte des Eingangsprozesses abhängt, ist die Dichte des Ausgangs eines gedächtnisbehafteten - d.h. eines dynamischen - Systems eine Funktion der Wahrscheinlichkeitsdichte und der Verbundwahrscheinlichkeitsdichten (s. Abschnitt 3.2) beliebig hoher Ordnung des Eingangsprozesses. Dies ist begründet in der Abhängigkeit eines Wertes des Systemausgangs von einer Folge von Werten des Systemeingangs. Im allgemeinen existiert daher kein einfaches praktikables Verfahren für die Berechnung der Wahrscheinlichkeitsdichte des Ausgangsprozesses. Solche Verfahren gibt es nur für Momente, da diese wieder - wegen der Linearität - nur von den Systemeigenschaften und den gleichrangigen Momenten des Eingangsprozesses abhängen. Da bei Kenntnis aller Momente eines Zufallsprozesses auch seine Wahrscheinlichkeitsdichte bestimmt werden kann (s. Abschnitt 2.6.7), läßt sich prinzipiell über diesen Umweg ein Verfahren für die Bestimmung der Dichte des Ausgangsprozesses angeben. Dieser Weg ist praktisch jedoch nur in Sonderfällen gangbar.

Eine Ausnahme bilden Gaußprozesse (s. Abschnitt 3.8.5), deren Momente und deren Wahrscheinlichkeitsdichte durch den Mittelwert und die Varianz vollständig bestimmt sind (s. Abschnitt 2.8.2). Gaußsche Zufallsvariablen weisen zusätzlich die Eigenschaft auf, daß ihre Summe ebenfalls eine gaußsche Zufallsvariable ist (s. Beispiel 2.17). Betrachtet man daher den Ausgangsprozeß eines zeitdiskreten linearen Systems, der als Faltungssumme aus dem Eingangsprozeß und der Gewichtsfolge bestimmt werden kann (s. Gl.(4-10.2)),

$$\mathbf{y}(\eta, iT) = T \sum_{k=-\infty}^{+\infty} g((i-k)T)\ \mathbf{x}(\eta, kT) \quad ,$$

so ist $\mathbf{y}(\eta, iT)$ ein Gaußprozeß, wenn $\mathbf{x}(\eta, iT)$ ein Gaußprozeß ist. Gleiches gilt für Eingang und Ausgang eines zeitkontinuierlichen Systems, bei dem sich die Musterfunktionen des Ausgangsprozesses durch ein Faltungsintegral (s. Gl.(4-10.1)), das als Grenzfall einer Summe aufgefaßt werden kann, aus den Musterfunktionen des Eingangs berechnen lassen. Die Wahrscheinlichkeitsdichte $f_{\mathbf{y}}(y,t)$ ist somit vollständig bekannt, wenn der Mittelwert $m_{\mathbf{y}}(t)$ und die Varianz $\sigma_{\mathbf{y}}(t)^2$ des Ausgangsprozesses aus den Eigenschaften des Systems und denen des Eingangsprozesses bestimmt sind. Regeln zur Berechnung von $m_{\mathbf{y}}(t)$ und $\sigma_{\mathbf{y}}(t)^2$ sind - auch für nicht gaußsche Zufallsprozesse - Gegenstand der folgenden Abschnitte.

4.3.2 Linearer Mittelwert

Für die Musterfunktionen des Zufallsprozesses $\mathbf{y}(\eta,t)$ am Ausgang eines linearen zeitkontinuierlichen Systems mit der Gewichtsfunktion g(t) gilt (s. Gl.(4-9.1)):

$$\mathbf{y}(\eta,t) = \int_{-\infty}^{+\infty} g(u)\, \mathbf{x}(\eta,t-u)\, du \quad . \tag{4-37}$$

Für das Integral ist es hinreichend anzunehmen, daß es für jede Musterfunktion (im einfachsten Fall als Riemann-Integral) existiert. Für den linearen Mittelwert $m_{\mathbf{y}}(t)$ erhält man dann:

$$m_{\mathbf{y}}(t) = E\{\mathbf{y}(\eta,t)\} = E\{\int_{-\infty}^{+\infty} g(u)\, \mathbf{x}(\eta,t-u)\, du\} \quad . \tag{4-38}$$

Vertauscht man Erwartungswert und Integral, so folgt daraus:

$$m_{\mathbf{y}}(t) = \int_{-\infty}^{+\infty} g(u)\, E\{\mathbf{x}(\eta,t-u)\}\, du = \int_{-\infty}^{+\infty} g(u)\, m_{\mathbf{x}}(t-u)\, du \quad . \tag{4-39}$$

Ist schließlich $\mathbf{x}(\eta,t)$ mindestens schwach stationär, so vereinfacht sich dieser Zusammenhang zu

$$m_{\mathbf{y}} = m_{\mathbf{x}} \int_{-\infty}^{+\infty} g(u)\, du \quad . \tag{4-40.1}$$

Für mindestens schwach stationäre zeitdiskrete Systeme gilt analog:

$$m_{\mathbf{y}} = m_{\mathbf{x}}\, T \sum_{k=-\infty}^{+\infty} g(kT) \quad . \tag{4-40.2}$$

Beispiel 4.7: Mittelwert des Ausgangsprozesses eines RC-Gliedes

Für die Gewichtsfunktion eines RC-Gliedes (Bild 4.3) gilt:

$$g(t) = \begin{cases} 0 & t < 0 \\ \frac{1}{RC}\, e^{-t/RC} & t \geq 0 \end{cases} \quad .$$

Somit erhält man für den Mittelwert des Ausgangsprozesses bei stationärem Eingangsprozeß:

$$m_{\mathbf{y}} = m_{\mathbf{x}} \int_{0}^{+\infty} \frac{1}{RC}\, e^{-t/RC}\, dt = m_{\mathbf{x}} \quad .$$

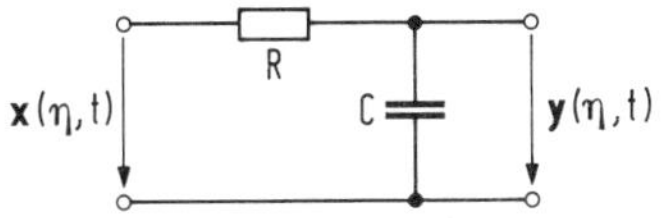

Bild 4.3: RC-Glied

Beispiel 4.8: Mittelwert des Ausgangsprozesses eines RL-Gliedes

Für die Gewichtsfunktion eines RL-Gliedes (Bild 4.4) gilt:

$$g(t) = \begin{cases} 0 & t < 0 \\ \delta(t) - \frac{R}{L} e^{-Rt/L} & t \geq 0 \end{cases} .$$

Somit gilt für den Mittelwert des Ausgangsprozesses bei stationärem Eingangsprozeß:

$$m_{\mathbf{y}} = m_{\mathbf{x}} \int_{0}^{+\infty} (\delta(t) - \frac{R}{L} e^{-Rt/L}) \, dt = 0 \quad .$$

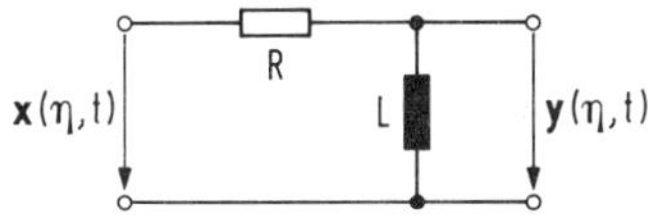

Bild 4.4: RL-Glied

Beispiel 4.9: Mittelwert des Ausgangsprozesses eines zeitdiskreten rekursiven Filters 1. Ordnung

Für die Gewichtsfolge eines rekursiven Filters 1. Ordnung (Bild 4.5) gilt:

$$g(kT) = \begin{cases} 0 & k < 0 \\ a^k/T & k \geq 0 \end{cases}$$

mit $|a| < 1$. Somit erhält man für den Mittelwert des Ausgangsprozesses bei stationärem Eingangsprozeß:

$$m_{\mathbf{y}} = m_{\mathbf{x}} \, T \sum_{k=-\infty}^{+\infty} g(kT) = m_{\mathbf{x}} \, / \, (1 - a) \quad .$$

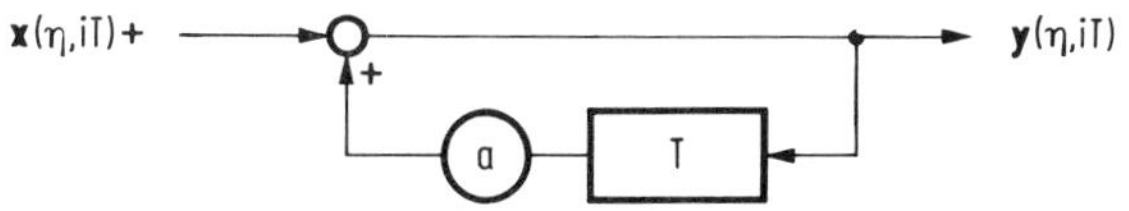

Bild 4.5: Rekursives Filter 1. Ordnung

4.3.3 Korrelationsfunktionen

Durch Anwendung des Faltungsintegrals bzw. der Faltungssumme lassen sich auch die Kreuzkorrelationsfunktionen zwischen dem Eingangs- und dem Ausgangsprozeß und die Autokorrelationsfunktion des Ausgangsprozesses eines zeitinvarianten linearen Systems bestimmen. Wir berechnen zunächst die Kreuzkorrelationsfunktionen $R_{xy}(t_1,t_2)$ und $R_{yx}(t_1,t_2)$. Es gilt:

$$\begin{aligned} R_{xy}(t_1,t_2) &= E\{x(\eta,t_1)\ y(\eta,t_2)\} \\ &= E\{x(\eta,t_1) \int_{-\infty}^{+\infty} g(v)\ x(\eta,t_2-v)\ dv\} \quad . \end{aligned} \tag{4-41}$$

Vertauscht man die Reihenfolge von Integration und Erwartungswert, so erhält man weiter:

$$\begin{aligned} R_{xy}(t_1,t_2) &= \int_{-\infty}^{+\infty} g(v)\ E\{x(\eta,t_1)\ x(\eta,t_2-v)\}\ dv \\ &= \int_{-\infty}^{+\infty} g(v)\ R_{xx}(t_1,t_2-v)\ dv \quad . \end{aligned} \tag{4-42.1}$$

Ist der Eingangsprozeß $x(\eta,t)$ mindestens schwach stationär, so vereinfacht sich mit $t_1 = t$, $t_2 = t + \tau$ und $R_{xy}(t_1,t_2) = R_{xy}(t_2 - t_1) = R_{xy}(\tau)$ dieser Ausdruck zu:

$$R_{xy}(\tau) = \int_{-\infty}^{+\infty} g(v)\ R_{xx}(\tau - v)\ dv \quad . \tag{4-43.1}$$

Dies besagt, daß zwischen $R_{xx}(\tau)$ und $R_{xy}(\tau)$ der gleiche Zusammenhang besteht wie zwischen dem Eingangs- und dem Ausgangssignal des Systems (s. Gl.(4-9.1)): $R_{xy}(\tau)$ erhält man durch Faltung von $R_{xx}(\tau)$ mit der Gewichtsfunktion $g(\tau)$ (Bild 4.6). Diese Eigenschaft kann ausgenutzt werden, um die Gewichtsfunktion eines zeitinvarianten linearen Systems mit statistischen Verfahren zu identifizieren (s. Abschnitt 4.3.5).

In gleicher Weise kann man die Kreuzkorrelationsfunktion $R_{yx}(t_1,t_2)$ bzw. $R_{yx}(\tau)$ herleiten:

$$\begin{aligned} R_{yx}(t_1,t_2) &= E\{y(\eta,t_1)\ x(\eta,t_2)\} \\ &= \int_{-\infty}^{+\infty} g(-u)\ R_{xx}(t_1+u,t_2)\ du \quad , \end{aligned} \tag{4-44.1}$$

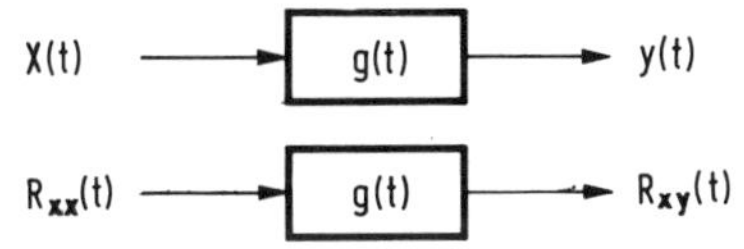

Bild 4.6: Zusammenhang zwischen Eingangs- und Ausgangssignal bzw. Autokorrelationsfunktion des Eingangsprozesses und der Kreuzkorrelationsfunktion zwischen Eingangs- und Ausgangsprozeß eines linearen zeitinvarianten Systems

$$R_{yx}(\tau) = \int_{-\infty}^{+\infty} g(-u)\, R_{xx}(\tau - u)\, du \quad , \qquad (4\text{-}45.1)$$

wobei wir hier aus Gründen der Symmetrie zu Gl.(4-43.1) $-u$ als Variable benutzen. Zu $R_{yx}(\tau)$ kommt man somit durch eine Faltung von $R_{xx}(\tau)$ mit $g(-\tau)$ (Bild 4.7).

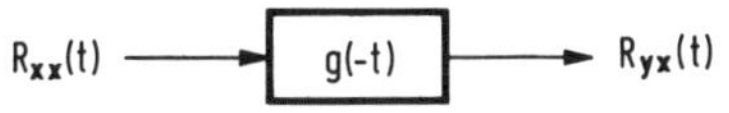

Bild 4.7: Zusammenhang zwischen der Autokorrelationsfunktion des Eingangsprozesses und der Kreuzkorrelationsfunktion zwischen Ausgangs- und Eingangsprozeß eines linearen zeitinvarianten Systems

Für ein <u>zeitdiskretes</u> System lauten diese Zusammenhänge wie folgt:

$$R_{xy}(i_1T, i_2T) = T \sum_{k=-\infty}^{+\infty} g(kT)\, R_{xx}(i_1T, (i_2 - k)T) \quad , \qquad (4\text{-}42.2)$$

$$R_{yx}(i_1T, i_2T) = T \sum_{k=-\infty}^{+\infty} g(-kT)\, R_{xx}((i_1 + k)T, i_2T) \quad . \qquad (4\text{-}44.2)$$

Bei stationärem Eingangsprozeß gelten:

$$R_{xy}(iT) = T \sum_{k=-\infty}^{+\infty} g(kT)\, R_{xx}((i - k)T) \quad , \qquad (4\text{-}43.2)$$

$$R_{yx}(iT) = T \sum_{k=-\infty}^{+\infty} g(-kT)\, R_{xx}((i - k)T) \quad . \qquad (4\text{-}45.2)$$

Die <u>Autokorrelationsfunktion</u> des Ausgangsprozesses erhält man, indem man $R_{xx}(t_1,t_2)$ mit g(t) und anschließend das Ergebnis mit g(-t) faltet:

$$R_{yy}(t_1,t_2) = E\{y(\eta,t_1)\ y(\eta,t_2)\} = \int_{-\infty}^{+\infty} g(-u)\ R_{xy}(t_1+u,t_2)\ du$$

$$= \int_{-\infty}^{+\infty} g(-u) \int_{-\infty}^{+\infty} g(v)\ R_{xx}(t_1+u,t_2-v)\ du\ dv\ . \quad (4\text{-}46.1)$$

Bei stationärem Eingang vereinfacht sich dieser Ausdruck wieder zu:

$$R_{yy}(\tau) = \int_{-\infty}^{+\infty} g(-u) \int_{-\infty}^{+\infty} g(v)\ R_{xx}(\tau - u - v)\ dv\ du\ . \quad (4\text{-}47.1)$$

Bild 4.8 veranschaulicht diesen Zusammenhang. Da lineare Teilsysteme vertauscht werden dürfen, ohne daß sich an dem Zusammenhang zwischen Eingang und Ausgang des Gesamtsystems etwas ändert, ist auch zunächst eine Faltung von $R_{xx}(\tau)$ mit $g(-\tau)$ und anschließend eine Faltung des Ergebnisses mit $g(\tau)$ zulässig. Als Zwischengröße tritt dann anstelle von $R_{xy}(\tau)$ die Funktion $R_{yx}(\tau)$ auf.

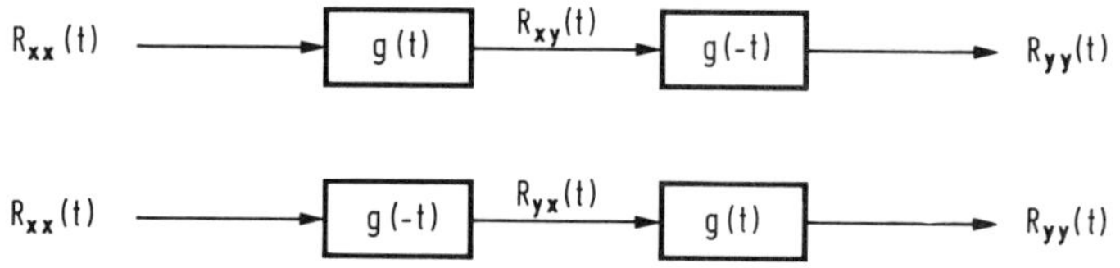

Bild 4.8: Zusammenhang zwischen den Autokorrelationsfunktionen am Eingang und am Ausgang eines linearen zeitinvarianten Systems

Für ein zeitdiskretes System erhält man endlich:

$$R_{yy}(i_1T,i_2T) = T^2 \sum_{j=-\infty}^{+\infty} g(-jT) \sum_{k=-\infty}^{+\infty} g(kT)\ R_{xx}((i_1+j)T,(i_2-k)T)\ , \quad (4\text{-}46.2)$$

$$R_{yy}(iT) = T^2 \sum_{j=-\infty}^{+\infty} g(-jT) \sum_{k=-\infty}^{+\infty} g(kT)\ R_{xx}((i-j-k)T)\ . \quad (4\text{-}47.2)$$

Beispiel 4.10: Korrelationsfunktionen an einem RC-Glied (Bild 4.3)

Es seien:

$$g(t) = \begin{cases} 0 & t < 0 \\ \frac{1}{RC} e^{-t/RC} & t \geq 0 \end{cases} ,$$

$$R_{xx}(\tau) = T\,\delta(\tau) .$$

Dann sind:

$$R_{xy}(\tau) = \begin{cases} 0 & \tau < 0 \\ \frac{T}{RC} e^{-\tau/RC} & \tau \geq 0 \end{cases} ,$$

$$R_{yx}(\tau) = \begin{cases} \frac{T}{RC} e^{\tau/RC} & \tau < 0 \\ 0 & \tau \geq 0 \end{cases} ,$$

$$R_{yy}(\tau) = \frac{T}{2RC} e^{-|\tau|/RC} .$$

Beispiel 4.11: Korrelationsfunktionen an einem zeitdiskreten rekursiven Filter 1. Ordnung (Bild 4.5)

Es seien:

$$g(kT) = \begin{cases} 0 & k < 0 \\ a^k/T & k \geq 0 \end{cases} , \text{ mit } |a| < 1 ,$$

$$R_{xx}(kT) = \begin{cases} 1 & k = 0 \\ 0 & \text{sonst} \end{cases} .$$

Dann sind:

$$R_{xy}(kT) = \begin{cases} 0 & k < 0 \\ a^k & k \geq 0 \end{cases} ,$$

$$R_{yx}(kT) = \begin{cases} a^{-k} & k \leq 0 \\ 0 & k > 0 \end{cases} ,$$

$$R_{yy}(kT) = a^{|k|} / (1 - a^2) .$$

Die Gleichungen für die Autokorrelationsfunktion des Ausgangsprozesses enthalten für $t_1 = t_2 = t$ bzw. $\tau = 0$ als Sonderfälle die Beziehungen für den quadratischen Mittelwert (die mittlere Leistung) des Ausgangsprozesses. Bei stationärem Prozeß erhält man aus Gl.(4-47.1) bzw. Gl.(4-47.2):

$$m_y^{(2)} = \int_{-\infty}^{+\infty} g(-u) \int_{-\infty}^{+\infty} g(v)\, R_{xx}(-u - v)\, dv\, du$$

$$= \int_{-\infty}^{+\infty} g(u) \int_{-\infty}^{+\infty} g(v)\, R_{xx}(u - v)\, dv\, du , \qquad (4\text{-}48.1)$$

$$m_y^{(2)} = T^2 \sum_{i=-\infty}^{+\infty} g(iT) \sum_{k=-\infty}^{+\infty} g(kT)\, R_{xx}((k-i)T) \quad . \qquad (4\text{-}48.2)$$

Die <u>Varianz</u> σ_y^2 kann hieraus mit den Gln.(4-40.1) bzw. (4-40.2) und (2-31) bestimmt werden.

4.3.4 Leistungsdichtespektrum

Die Gleichungen für die Zusammenhänge der Kreuzleistungsdichtespektren $S_{xy}(\omega)$ und $S_{yx}(\omega)$ und des Autoleistungsdichtespektrums $S_{yy}(\omega)$ mit dem Autoleistungsdichtespektrum $S_{xx}(\omega)$ ergeben sich – für einen mindestens <u>schwach</u> <u>stationären</u> Eingangsprozeß $x(\eta,t)$ – durch Fouriertransformation der entsprechenden Gleichungen für die Korrelationsfunktionen. Mit

$$G(\omega) = \int_{-\infty}^{+\infty} g(t)\, e^{-j\omega t}\, dt$$

bei zeitkontinuierlichen Systemen bzw.

$$G(\omega) = T \sum_{i=-\infty}^{+\infty} g(iT)\, e^{-j\omega iT}$$

bei zeitdiskreten Systemen und

$$S_{xx}(\omega) = \int_{-\infty}^{+\infty} R_{xx}(\tau)\, e^{-j\omega\tau}\, d\tau$$

bzw. $$S_{xx}(\omega) = T \sum_{i=-\infty}^{+\infty} R_{xx}(iT)\, e^{-j\omega iT}$$

erhält man für zeitkontinuierliche und zeitdiskrete Systeme gleichlautende Zusammenhänge:

$$S_{xy}(\omega) = G(\omega)\, S_{xx}(\omega) \quad , \qquad (4\text{-}49)$$

$$S_{yx}(\omega) = G(\omega)^*\, S_{xx}(\omega) \quad , \qquad (4\text{-}50)$$

$$S_{yy}(\omega) = G(\omega)\, G(\omega)^*\, S_{xx}(\omega) \quad . \qquad (4\text{-}51)$$

Die Größe $G(\omega)G(\omega)^* = |G(\omega)|^2$ nennt man den Leistungsübertragungsfaktor eines Systems mit der Gewichtsfunktion g(t). Die Gln.(4-49) und (4-50) zeigen, daß die Kreuzleistungsdichtespektren Informationen über die Phase der Fouriertransformierten der Gewichtsfunktion des Systems enthalten. Im Gegensatz dazu hängt das Autoleistungsdichtespektrum des Ausgangsprozesses vom Betrag der Fouriertransformierten der Gewichtsfunktion ab. Ähnliche Aussagen gelten auch für die Korrelationsfunktionen (s. Beispiel 3.10).

Beispiel 4.12: Leistungsdichtespektren an einem RC-Glied (Bild 4.3)

Es seien:

$$g(t) = \begin{cases} 0 & t < 0 \\ \frac{1}{RC} e^{-t/RC} & t \geq 0 \end{cases} ,$$

$$R_{xx}(\tau) = T\,\delta(\tau) .$$

Dann erhält man:

$$G(\omega) = 1 / (1 + j\omega RC) ,$$

$$S_{xx}(\omega) = T ,$$

$$S_{xy}(\omega) = T / (1 + j\omega RC) ,$$

$$S_{yx}(\omega) = T / (1 - j\omega RC) ,$$

$$S_{yy}(\omega) = T / (1 + (\omega RC)^2) .$$

Beispiel 4.13: Leistungsdichtespektren an einem zeitdiskreten Filter 1. Ordnung (Bild 4.5)

Es seien:

$$g(kT) = \begin{cases} 0 & k < 0 \\ a^k/T & k \geq 0 \end{cases} , \text{ mit } |a| < 1 ,$$

$$R_{xx}(kT) = \begin{cases} 0 & k \neq 0 \\ 1 & k = 0 \end{cases} .$$

Dann erhält man:

$$G(\omega) = 1 / (1 - ae^{-j\omega T}) ,$$

$$S_{xx}(\omega) = T ,$$

$$S_{xy}(\omega) = T / (1 - ae^{-j\omega T}) ,$$

$$S_{yx}(\omega) = T / (1 - ae^{j\omega T}) ,$$

$$S_{yy}(\omega) = T / (1 - 2a\cos\omega T + a^2) .$$

Beispiel 4.14: Leistungsdichtespektren in einem Regelkreis

Gegeben sei ein einfacher Regelkreis (Bild 4.9). Die Gewichtsfunktionen von Regler und Regelstrecke seien $f_R(t)$ und $f_S(t)$, die Frequenzgänge $F_R(j\omega)$ und $F_S(j\omega)$ (Bild 4.9a). Als Führungsfrequenzgang $F_W(j\omega)$ und Störungsfrequenzgang $F_Z(j\omega)$ (Bild 4.9b) erhält man [4.5]:

$$F_W(j\omega) = \frac{F_R(j\omega)\, F_S(j\omega)}{1 - F_0(j\omega)} \quad ,$$

$$F_Z(j\omega) = \frac{F_S(j\omega)}{1 - F_0(j\omega)} \quad , \text{ mit } F_0(j\omega) = -\, F_R(j\omega)\, F_S(j\omega) \quad .$$

Damit gelten:

$$S_{uu}(\omega) = |F_W(j\omega)|^2\, S_{ww}(\omega) \quad ,$$

$$S_{uv}(\omega) = F_W(j\omega)^*\, F_Z(j\omega)\, S_{wz}(\omega) \quad ,$$

$$S_{vu}(\omega) = F_W(j\omega)\, F_Z(j\omega)^*\, S_{zw}(\omega) \quad ,$$

$$S_{vv}(\omega) = |F_Z(j\omega)|^2\, S_{zz}(\omega) \quad ,$$

und schließlich

$$S_{xx}(\omega) = \frac{|F_0(j\omega)|^2\, S_{ww}(\omega) - F_0(j\omega)^*\, F_S(j\omega)\, S_{wz}(\omega)}{} \cdot\cdot$$

$$\cdot\cdot \frac{-\, F_0(j\omega)\, F_S(j\omega)^*\, S_{zw}(\omega) + |F_S(j\omega)|^2\, S_{zz}(\omega)}{|1 - F_0(j\omega)|^2} \quad .$$

Sind der Führungsprozeß $w(\eta,t)$ und die Störung $z(\eta,t)$ orthogonal zueinander, so vereinfacht sich dieses Ergebnis zu:

$$S_{xx}(\omega) = \frac{|F_0(j\omega)|^2\, S_{ww}(\omega) + |F_S(j\omega)|^2\, S_{zz}(\omega)}{|1 - F_0(j\omega)|^2} \quad .$$

Ist die Verstärkung des Reglers groß, d.h. $|F_R(j\omega)| \gg 1$, und ist gleichzeitig die Verstärkung der Strecke so, daß $|F_0(j\omega)| \gg 1$ ist, so gilt näherungsweise:

$$S_{xx}(\omega) \approx S_{ww}(\omega) \quad .$$

Mit Gl.(4-51) kann man schließlich auf einfache Weise zeigen, daß das Autoleistungsdichtespektrum $S_{xx}(\omega)$ eines stationären Zufallsprozesses eine nichtnegative Funktion von ω ist (s. Gl.(3-51)). Man geht dabei

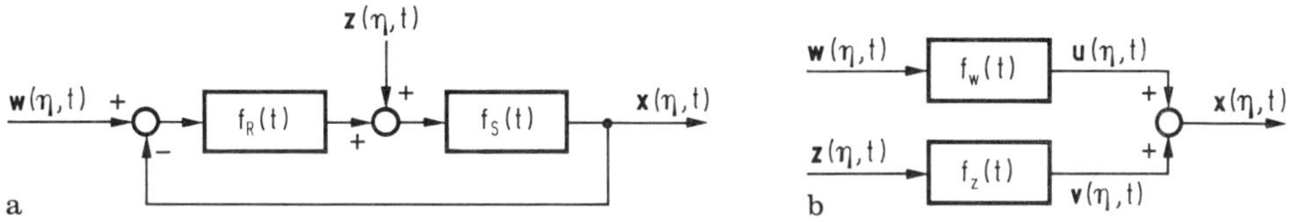

Bild 4.9: a) Regelkreis und b) seine Ersatzschaltung (s. Beispiel 4.14)

von einem linearen zeitinvarianten Filter mit der Gewichtsfunktion g(t) aus, deren Fouriertransformierte folgende Eigenschaft habe:

$$|G(\omega)| = \begin{cases} 1 & \omega_1 \leq \omega \leq \omega_2 \\ 0 & \text{sonst} \end{cases} . \tag{4-52}$$

Für das Leistungsdichtespektrum des Ausgangsprozesses $\mathbf{y}(\eta,t)$ dieses Filters gilt dann:

$$S_{\mathbf{yy}}(\omega) = \begin{cases} S_{\mathbf{xx}}(\omega) & \omega_1 \leq \omega \leq \omega_2 \\ 0 & \text{sonst} \end{cases} . \tag{4-53}$$

Damit erhält man für die mittlere Leistung von $\mathbf{y}(\eta,t)$:

$$R_{\mathbf{yy}}(0) = \int_{-\infty}^{+\infty} S_{\mathbf{yy}}(\omega)\, d\omega = \int_{\omega_1}^{\omega_2} S_{\mathbf{xx}}(\omega)\, d\omega . \tag{4-54}$$

Da wir in diesem Zusammenhang nicht fordern müssen, daß die Gewichtsfunktion g(t) reell ist, kann mit $G(\omega)$ gemäß Gl.(4-52) jeder beliebige Frequenzbereich ausgeblendet werden. Daher ist

$$R_{\mathbf{yy}}(0) = E\{\mathbf{y}(\eta,t)^2\} \geq 0 \tag{4-55}$$

nur dann für beliebige $\omega_1 \leq \omega_2$ erfüllt, wenn $S_{\mathbf{xx}}(\omega) \geq 0$ für alle ω ist.

4.3.5 Stationarität

Der Ausgangsprozeß $\mathbf{y}(\eta,t)$ eines zeitinvarianten linearen Systems weist die gleichen Stationaritätseigenschaften wie der Eingangsprozeß $\mathbf{x}(\eta,t)$ auf. Dies folgt aus der Zeitinvarianz und der Linearität: Die Abbildungseigenschaften des Systems sind unabhängig vom Zeitpunkt, zu dem das System angeregt wird, und die Momente des Ausgangsprozesses hängen jeweils nur von den Momenten derselben Ordnung des Eingangsprozesses ab. Dies bedeutet, daß $\mathbf{y}(\eta,t)$ streng stationär ist, wenn $\mathbf{x}(\eta,t)$ streng stationär ist, und daß $\mathbf{y}(\eta,t)$ schwach stationär ist, wenn $\mathbf{x}(\eta,t)$ schwach stationär ist. Ist schließlich $\mathbf{x}(\eta,t)$ instationär, so ist auch $\mathbf{y}(\eta,t)$ instationär.

Die folgenden Abschnitte beschreiben Anwendungen der Gesetze für den Zusammenhang zwischen den Eigenschaften der Zufallsprozesse am Eingang und am Ausgang eines zeitinvarianten linearen Systems.

4.3.6 Identifizierung linearer Systeme

Der durch Gl.(4-43.1) bzw. Gl.(4-43.2) beschriebene Zusammenhang zwischen der Autokorrelationsfunktion $R_{\mathbf{xx}}(\tau)$ des stationären Eingangsprozesses und der Kreuzkorrelationsfunktion $R_{\mathbf{xy}}(\tau)$ zwischen dem Eingangs- und dem Ausgangsprozeß eines zeitinvarianten linearen Systems läßt sich dafür benutzen, die Gewichtsfunktion $g(t)$ dieses Systems zu identifizieren. Gegenüber einer Identifizierung mit einem Testsignal - vorzugsweise mit einem δ-Impuls - bieten statistische Verfahren den Vorteil der Unterdrückung additiver Störungen.

Wir nehmen an, daß der meßbare Ausgangsprozeß $\mathbf{z}(\eta,t)$ eines zu identifizierenden Systems sich aus dem tatsächlichen Ausgangsprozeß $\mathbf{y}(\eta,t)$ und einer additiven Störung $\mathbf{n}(\eta,t)$ zusammensetzt (Bild 4.10):

$$\mathbf{z}(\eta,t) = \mathbf{y}(\eta,t) + \mathbf{n}(\eta,t) \quad . \tag{4-56}$$

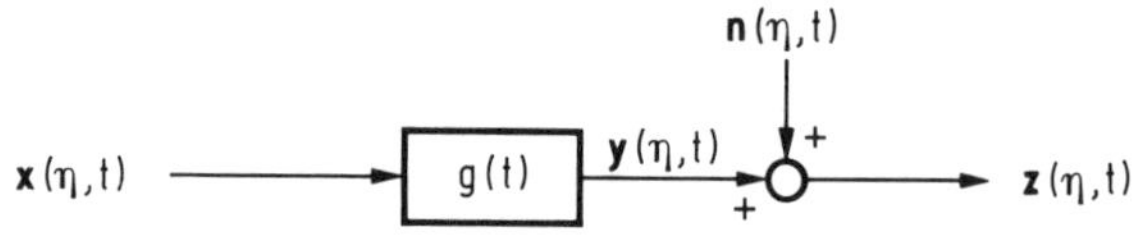

Bild 4.10: Lineares System mit additiv gestörtem Ausgang

$\mathbf{x}(\eta,t)$ und $\mathbf{n}(\eta,t)$ seien stationäre Zufallsprozesse. Dann erhält man für die Kreuzkorrelationsfunktion $R_{\mathbf{xz}}(\tau)$:

$$\begin{aligned} R_{\mathbf{xz}}(\tau) &= E\{\mathbf{x}(\eta,t)\ \mathbf{z}(\eta,t+\tau)\} \\ &= E\{\mathbf{x}(\eta,t)\ (\mathbf{y}(\eta,t+\tau) + \mathbf{n}(\eta,t+\tau))\} \\ &= R_{\mathbf{xy}}(\tau) + R_{\mathbf{xn}}(\tau) \quad . \end{aligned} \tag{4-57}$$

Sind der Eingangsprozeß $\mathbf{x}(\eta,t)$ und die Störung $\mathbf{n}(\eta,t)$ unkorreliert (s. Def. 3.16) , so vereinfacht sich Gl.(4-57) zu

$$R_{\mathbf{xz}}(\tau) = R_{\mathbf{xy}}(\tau) + m_{\mathbf{x}}\ m_{\mathbf{n}} \quad . \tag{4-58}$$

Die Kreuzkorrelationsfunktion wird somit nur noch durch eine additive Konstante gestört. Diese Konstante verschwindet, wenn mindestens einer der beiden Prozesse - der Eingangsprozeß oder die Störung - mittelwertfrei ist. Für m_x und/oder $m_n = 0$ erhält man:

$$R_{xz}(\tau) = R_{xy}(\tau) \quad . \tag{4-59}$$

In diesem Fall, der bei realen Systemen fast immer angenommen werden kann, hat die additive Störung keinen Einfluß auf die Kreuzkorrelationsfunktion $R_{xz}(\tau)$. Allerdings ist zu beachten, daß diese Aussage nur für die theoretisch hergeleitete Kreuzkorrelationsfunktion $R_{xz}(\tau)$, nicht dagegen für eine <u>gemessene</u> Funktion $\tilde{R}_{xz}(\eta,\tau,T)$ gilt. Durch die notwendigerweise endliche Meßzeit (s. Abschnitt 3.6.3) wird $\tilde{R}_{xz}(\eta,\tau,T)$ auch durch die Störung beeinflußt. Dieser Einfluß kann aber durch Vergrößerung der Meßzeit beliebig klein gehalten werden. Die Anwendung statistischer Verfahren bei der Identifizierung linearer zeitinvarianter Systeme bedeutet daher eine Erhöhung des Meßaufwandes und eine Verlängerung der Meßzeit. Sie ermöglicht andererseits jedoch eine Unterdrückung von Störungen.

Die Bestimmung der Gewichtsfunktion g(t) aus den Funktionen $R_{xx}(\tau)$ und $R_{xy}(\tau)$ ist dann besonders einfach, wenn als Eingangsprozeß $x(\eta,t)$ <u>weißes Rauschen</u> mit der Autokorrelationsfunktion

$$R_{xx}(\tau) = T\, R_0\, \delta(\tau)$$

verwendet werden kann. Dann folgt aus Gl.(4-43.1) unmittelbar:

$$R_{xy}(\tau) = \int_{-\infty}^{+\infty} g(u)\, R_{xx}(\tau - u)\, du = T\, R_0\, g(\tau) \quad . \tag{4-60.1}$$

Analog erhält man aus Gl.(4-43.2) für ein zeitdiskretes System mit der Gewichtsfolge g(kT), das durch zeitdiskretes weißes Rauschen mit der Autokorrelationsfunktion

$$R_{xx}(kT) = \begin{cases} R_0 & k = 0 \\ 0 & k \neq 0 \end{cases}$$

angeregt wird:

$$R_{xy}(kT) = T\, R_0\, g(kT) \quad . \tag{4-60.2}$$

Wird das zu identifizierende System beispielsweise durch sein normales Betriebssignal angeregt und muß für dieses ein <u>farbiger</u> Zufallsprozeß angenommen werden, so müssen g(t) bzw. g(kT) aus einem

Faltungsintegral bzw. einer Faltungssumme bestimmt werden. Führt man hierzu auch das Faltungsintegral näherungsweise auf eine Faltungssumme zurück, so bedeutet dies, daß für die Bestimmung von m+1 Werten der Gewichtsfolge ein System von (mindestens) m+1 Gleichungen aufzulösen ist. Mit

$$g(kT) = 0 \quad \text{für } k < 0 \text{ und } k > m$$

erhält man aus Gl.(4-43.2):

$$R_{xy}(iT) = T \sum_{k=0}^{m} g(kT)\, R_{xx}((i-k)T) \quad . \tag{4-61}$$

Die Anzahl der für die Auflösung dieses Gleichungssystems benötigten Meßwerte für die Funktionen $R_{xy}(iT)$ und $R_{xx}(iT)$ läßt sich reduzieren, wenn man die Tatsache ausnutzt, daß die Autokorrelationsfunktion $R_{xx}(iT)$ eine gerade Funktion ist. Vorteilhaft ist es daher, $R_{xy}(iT)$ und $R_{xx}(iT)$ für $0 \leq i \leq m$ zu messen [4.6]. Aus Gl.(4-61) erhält man dann folgendes System von Gleichungen:

$$\begin{aligned}
R_{xy}(0) &= Tg(0)R_{xx}(0) + Tg(T)R_{xx}(-T) + .. + Tg(mT)R_{xx}(-mT)\\
R_{xy}(T) &= Tg(0)R_{xx}(T) + Tg(T)R_{xx}(0) + .. + Tg(mT)R_{xx}((1-m)T)\\
\dots &= \dots\dots + \dots\dots + .. + \dots\dots\\
R_{xy}(mT) &= Tg(0)R_{xx}(mT) + Tg(T)R_{xx}((m-1)T) + .. + Tg(mT)R_{xx}(0)
\end{aligned} \tag{4-62}$$

Faßt man $R_{xy}(iT)$, $i = 0, \dots, m$, in einem Vektor

$$\underline{R}_{xy} = (\, R_{xy}(0),\, R_{xy}(T),\, \dots,\, R_{xy}(mT)\,)^T \tag{4-63}$$

zusammen und bildet mit den Werten $R_{xx}(iT)$, $i = 0, \dots, m$, eine quadratische Matrix

$$\underline{R}_{xx} = \begin{bmatrix} R_{xx}(0) & R_{xx}(-T) & \dots & R_{xx}(-mT)\\ R_{xx}(T) & R_{xx}(0) & \dots & R_{xx}((1-m)T)\\ \dots & \dots & \dots & \dots\\ R_{xx}(mT) & R_{xx}((m-1)T) & \dots & R_{xx}(0) \end{bmatrix} , \tag{4-64}$$

so erhält man für den Vektor

$$\underline{g} = (\, g(0),\, g(T),\, \dots,\, g(mT)\,)^T \tag{4-65}$$

der Gewichtsfolge des zu identifizierenden Systems endlich:

$$\underline{g} = \frac{1}{T} \underline{R}_{xx}^{-1} \underline{R}_{xy} \quad . \qquad (4\text{-}66)$$

Liegen für die Bestimmung von m+1 Werten der Gewichtsfolge g(kT) mehr als m+1 Meßwerte - beispielsweise je m+1+k Meßwerte, $k > 0$ - von $R_{xy}(iT)$ und von $R_{xx}(iT)$ vor, so kann anstelle der Gleichungen (4-62) ein überbestimmtes Gleichungssystem mittels Gaußscher Ausgleichsrechnung aufgelöst werden. Für $\underline{R}_{xx}$ ist dann eine rechteckige Matrix mit m+1 Spalten und m+1+k Zeilen anzunehmen. In Gl.(4-66) tritt folglich die verallgemeinerte Inverse $(\underline{R}_{xx}^T \underline{R}_{xx})^{-1} \underline{R}_{xx}^T$ dieser Matrix auf [4.7].

4.3.7 Formfilter

Gleichung (4-51) stellt einen Zusammenhang zwischen den Autoleistungsdichtespektren der Zufallsprozesse $\mathbf{x}(\eta,t)$ und $\mathbf{y}(\eta,t)$ am Eingang und am Ausgang eines zeitinvarianten linearen Systems her:

$$S_{yy}(\omega) = G(\omega)\, G(\omega)^* \, S_{xx}(\omega) \quad .$$

Hierbei sind $\mathbf{x}(\eta,t)$ und $\mathbf{y}(\eta,t)$ mindestens schwach stationär, und $G(\omega)$ ist die Fouriertransformierte der Gewichtsfunktion g(t) bzw. die Fouriersumme der Gewichtsfolge g(iT) des Systems. Löst man diese Gleichung nach $G(\omega)G(\omega)^*$ auf, so ergibt sie eine Entwurfsvorschrift für das Quadrat des Betrages der Fouriertransformierten der Gewichtsfunktion eines sog. <u>Formfilters</u>. Hierunter versteht man ein Filter, das aus einem Eingangsprozeß mit einem gegebenen Autoleistungsdichtespektrum $S_{xx}(\omega)$ einen Ausgangsprozeß mit einem gewünschten Autoleistungsdichtespektrum $S_{yy}(\omega)$ formt. Eine Aussage darüber, welche Leistungsdichtespektren $S_{yy}(\omega)$ hierbei zugelassen sind, folgt aus dem <u>Paley-Wiener-Kriterium</u> [4.2]. Dieses besagt hier, daß immer dann ein kausales phasenminimales Filter existiert, wenn folgende Ungleichungen erfüllt sind:

$$\int_{-\infty}^{+\infty} \frac{S_{yy}(\omega)}{S_{xx}(\omega)} \, d\omega < \infty \quad , \qquad (4\text{-}67.1)$$

$$\int_{-\infty}^{+\infty} \frac{|\ln(S_{yy}(\omega)/S_{xx}(\omega))|}{1+\omega^2} \, d\omega < \infty \quad . \qquad (4\text{-}68.1)$$

(ω ist in Gl.(4-68.1) eine auf ein beliebiges ω_n normierte Kreisfrequenz.) Bei zeitdiskreten Zufallsprozessen gilt analog:

$$\int_{-\omega_0/2}^{+\omega_0/2} \frac{S_{yy}(\omega)}{S_{xx}(\omega)} \, d\omega < \infty \quad , \tag{4-67.2}$$

$$\int_{-\omega_0/2}^{+\omega_0/2} |\ln(S_{yy}(\omega)/S_{xx}(\omega))| \, d\omega < \infty \quad . \tag{4-68.2}$$

Ist die Integrierbarkeit gegeben und ist die Funktion $S_{yy}(\omega)/S_{xx}(\omega)$ gebrochen rational, so ist die Ungleichung (4-68.1) bzw. (4-68.2) immer erfüllt. Für $G(\omega)G(\omega)^*$ erhält man:

$$G(\omega)\; G(\omega)^* = S_{yy}(\omega) \;/\; S_{xx}(\omega) \quad . \tag{4-69}$$

Ist der Eingangsprozeß $\mathbf{x}(\eta,t)$ weiß mit einem Autoleistungsdichtespektrum

$$S_{xx}(\omega) = S_0 \quad ,$$

so vereinfacht sich Gl.(4-69) zu

$$G(\omega)\; G(\omega)^* = S_{yy}(\omega) \;/S_0 \quad . \tag{4-70}$$

Gl.(4-51) und die daraus abgeleiteten Gln.(4-69) und (4-70) ergeben nur eine Vorschrift für den Betrag der Fouriertransformierten $G(\omega)$, nicht jedoch für deren Phase. Gl.(4-69) und Gl.(4-70) bestimmen daher ein Formfilter nur bis auf einen beliebigen Allpaß, d.h. bis auf ein lineares Filter, dessen Frequenzgang bei allen Frequenzen den Betrag Eins aufweist. Diese Mehrdeutigkeit kann durch eine Nebenbedingung beseitigt werden: Man fordert zusätzlich, daß $G(\omega)$ die Fouriertransformierte der Gewichtsfunktion (-folge) eines kausalen Phasenminimumsystems sei. Ein kontinuierliches System hat diese Eigenschaften, wenn seine Übertragungsfunktion $L(s)$ (s. Gl.(4-16.1)) und auch deren Kehrwert $1/L(s)$ in der rechten s-Halbebene analytische Funktionen sind. Ein diskretes System ist kausal und phasenminimal, wenn seine z-Übertragungsfunktion $Z(z)$ (s. Gl.(4-16.2)) und deren Kehrwert $1/Z(z)$ außerhalb des Einheitskreises analytisch sind. Der Entwurf eines kontinuierlichen kausalen und phasenminimalen Formfilters nach Gl.(4-69) bedeutet daher, daß eine Übertragungsfunktion $L(s)$ derart zu finden ist, daß L(s) und 1/L(s) in der rechten s-Halbebene analytisch sind und daß

$$L(j\omega)\ L(j\omega)^{*} = G(\omega)\ G(\omega)^{*} = S_{yy}(\omega)\ /\ S_{xx}(\omega) \tag{4-71.1}$$

ist. Für den Entwurf eines <u>diskreten</u> kausalen und phasenminimalen Formfilters ist eine z-Übertragungsfunktion Z(z) derart zu bestimmen, daß Z(z) und 1/Z(z) außerhalb des Einheitskreises analytisch sind und daß

$$Z(e^{j\omega T})\ Z(e^{j\omega T})^{*} = G(\omega)\ G(\omega)^{*} = S_{yy}(\omega)\ /\ S_{xx}(\omega) \tag{4-71.2}$$

ist. Im folgenden gehen wir nur noch von weißem Rauschen als Eingangsprozeß aus (s. Gl.(4-70)) und betrachten zunächst <u>zeitkontinuierliche</u> Prozesse. Zusätzlich nehmen wir an, daß $S_{yy}(\omega)$ eine gebrochen rationale Funktion von ω ist. Da jede andere Funktion durch eine gebrochen rationale Funktion angenähert werden kann, bedeutet diese Annahme keine wirkliche Einschränkung. Bildet man die zweiseitige Laplacetransformierte $L_{yy}(s)$ der Autokorrelationsfunktion $R_{yy}(\tau)$, so gilt:

$$L_{yy}(j\omega) = S_{yy}(\omega) \quad .$$

Die Anordnung der Pole und Nullstellen von $L_{yy}(s)$ in der komplexen s-Ebene wird durch die Eigenschaften der Autokorrelationsfunktion (s. Abschnitt 3.6.1) bzw. des Autoleistungsdichtespektrums $S_{yy}(\omega)$ (s. Abschnitt 3.7.1) bestimmt. Da $S_{yy}(\omega)$ gerade und reell ist, liegen alle Singularitäten von $L_{yy}(s)$ symmetrisch zur reellen und zur imaginären Achse. Da $S_{yy}(\omega)$ nichtnegativ ist, können Nullstellen auf der imaginären Achse nur paarweise vorkommen. Pole auf der imaginären Achse sind in der Laplacetransformierten der Autokorrelationsfunktion eines stationären Zufallsprozesses nicht möglich. $L_{yy}(s)$ kann daher für <u>reelle</u> Zufallsprozesse so in zwei Faktoren zerlegt werden,

$$L_{yy}(s) = L(s)\ L(-s) \quad , \tag{4-72.1}$$

daß L(s) alle Singularitäten aus der linken s-Halbebene enthält. L(-s) erhält dadurch alle Pole und Nullstellen der rechten s-Halbebene. Aus jedem Paar von Nullstellen auf der imaginären Achse wird jeweils eine Nullstelle L(s) zugeordnet. L(s) ist damit bis auf eine Konstante bestimmt. Diese kann beispielsweise aus

$$L_{yy}(0) = |L(0)|^{2} = S_{yy}(0)\ /\ S_{0}$$

ermittelt werden. $L(s)$ ist analytisch in der rechten s-Halbebene. Es ist daher die Übertragungsfunktion und $L(j\omega) = G(\omega)$ ist der Frequenzgang eines kausalen Phasenminimumsystems. Auch $1/L(s)$ ist kausal und phasenminimal.

Beispiel 4.15: Zeitkontinuierliches Formfilter

Es sei $\mathbf{x}(\eta,t)$ ein stationärer weißer Zufallsprozeß mit dem Autoleistungsdichtespektrum $S_{\mathbf{xx}}(\omega) = T$. Zu bestimmen sei ein kausales phasenminimales Formfilter derart, daß

$$S_{\mathbf{yy}}(\omega) = T \frac{\omega^2 T^2 + 4}{\omega^4 T^4 + 4}$$

ist. Die zweiseitige Laplacetransformierte $L_{\mathbf{yy}}(s)$ der Autokorrelationsfunktion $R_{\mathbf{yy}}(\tau)$, die für $s = j\omega$ mit $S_{\mathbf{yy}}(\omega)$ übereinstimmt, lautet:

$$L_{\mathbf{yy}}(s) = T \frac{-s^2 T^2 + 4}{s^4 T^4 + 4} \quad .$$

Diese Funktion hat zwei Nullstellen und vier Pole (Bild 4.11):

$$s_{01} = 2 / T \quad , \quad s_{02} = -2 / T \quad ,$$

$$s_{\infty 1} = (1 + j) / T \quad , \quad s_{\infty 2} = (-1 + j) / T \quad ,$$

$$s_{\infty 3} = (1 - j) / T \quad , \quad s_{\infty 4} = (-1 - j) / T \quad .$$

Die Singularitäten s_{02}, $s_{\infty 2}$ und $s_{\infty 4}$ haben negative Realteile, sie liegen in der linken s-Halbebene. Als Übertragungsfunktion des Formfilters erhält man daher:

$$L(s) = K \frac{s - s_{02}}{(s - s_{\infty 2})(s - s_{\infty 4})} = K\,T \frac{sT + 2}{s^2 T^2 + 2sT + 2} \quad .$$

Den Faktor K bestimmt man aus

$$|L(0)|^2 = S_{\mathbf{yy}}(0) / S_{\mathbf{xx}}(0)$$

zu $K = 1 / T$.

Die Gleichung für den Frequenzgang des Formfilters lautet dann:

$$L(j\omega) = G(\omega) = \frac{2 + j\omega T}{2 + 2j\omega T - \omega^2 T^2} \quad .$$

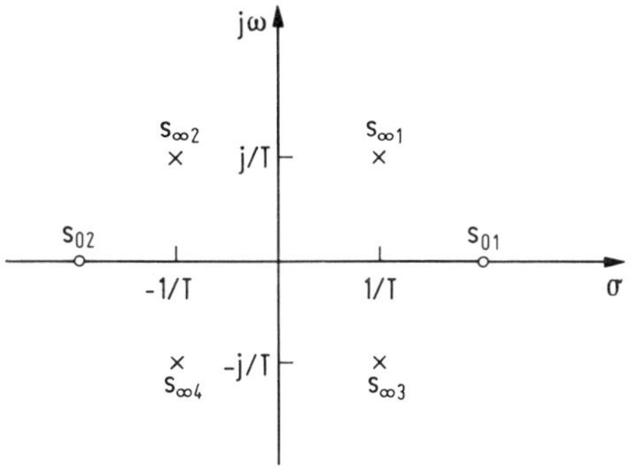

Bild 4.11: Pole und Nullstellen der Funktion $L_{yy}(s)$ (s. Beispiel 4.15)

Bei einem zeitdiskreten Zufallsprozeß liegen die Singularitäten der (wieder als gebrochen rationale Funktion vorausgesetzten) z-Transformierten $Z_{yy}(z)$ einer Autokorrelationsfunktion $R_{yy}(iT)$ symmetrisch zum Einheitskreis, d.h., aus der Lage einer Singularität bei $z = z_0$ folgt, daß auch bei $z = 1/z_0$ eine Singularität liegt. Ähnlich wie beim Entwurf eines zeitkontinuierlichen Formfilters kann daher auch hier von $Z_{yy}(z)$ ein Faktor $Z(z)$ abgespalten werden, der die z-Übertragungsfunktion eines kausalen Phasenminimumsystems ist und für den bei reellen Zufallsprozessen gilt:

$$Z_{yy}(z) = Z(z)\, Z(\tfrac{1}{z}) \quad . \tag{4-72.2}$$

Beispiel 4.16: Zeitdiskretes Formfilter

Es sei $\mathbf{x}(\eta, iT)$ ein stationärer zeitdiskreter weißer Zufallsprozeß mit dem Autoleistungsdichtespektrum $S_{xx}(\omega) = T$. Zu bestimmen sei ein kausales phasenminimales Formfilter derart, daß

$$R_{yy}(iT) = \begin{cases} 1 & i = 0 \\ 0{,}3 & |i| = 1 \\ 0 & \text{sonst} \end{cases}$$

ist. Man erhält:

$$S_{yy}(\omega) = T\,(0{,}3\, e^{j\omega T} + 1 + 0{,}3\, e^{-j\omega T}) = T\,(1 + 0{,}6 \cos\omega T) \ ,$$

$$Z_{yy}(z) = T\,(0{,}3\, z + 1 + 0{,}3\, z^{-1}) \ .$$

$Z_{yy}(z)$ hat zwei Nullstellen und zwei Pole:

$$z_{01} = -3 \ , \quad z_{02} = -1/3 \ ,$$

$$z_{\infty 1} = \infty \ , \quad z_{\infty 2} = 0$$

(Bild 4.12). Als z-Übertragungsfunktion des gesuchten Formfilters erhält man dann:

$$Z(z) = (3 + \frac{1}{z}) \,/\, \sqrt{10} \quad .$$

Somit ist schließlich:

$$Z(e^{j\omega T}) = G(\omega) = (3 + e^{-j\omega T}) \,/\, \sqrt{10} \quad .$$

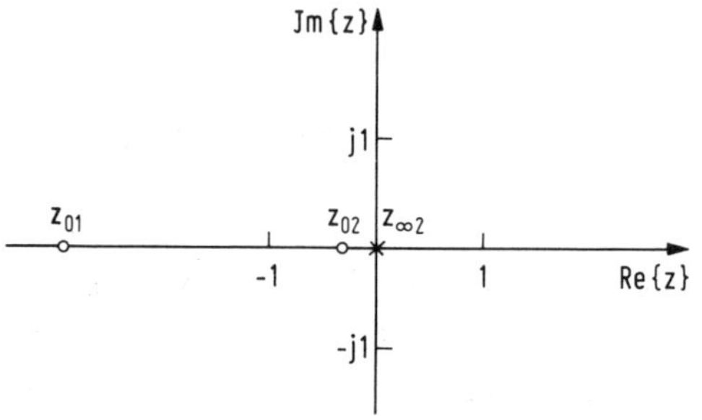

Bild 4.12: Singularitäten der Funktion $Z_{yy}(z)$ (s. Beispiel 4.16)

4.4 Lineare Ersatzsysteme

Die Berücksichtigung eines nichtlinearen Systems in einem sonst linearen Modell bedeutet in der Regel eine wesentliche Erschwernis der Systemanalyse. In diesem Abschnitt soll daher gezeigt werden, wie einfache nichtlineare Systeme durch lineare Systeme angenähert werden können. Wir beschränken uns dabei wieder auf <u>zeitinvariante gedächtnisfreie</u> Systeme, die durch eine Kennlinie $y = g(x)$ beschrieben werden. Ferner sei der Eingangsprozeß stationär. Eine Erweiterung auf zeitvariable Systeme und instationäre Zufallsprozesse ist jedoch leicht möglich. Sie erfordert nur die Annahme einer zeitabhängigen Kennlinie und zeitabhängiger Ersatzgrößen.

Als lineares Ersatzsystem sehen wir ein Element mit frequenzunabhängiger Verstärkung K vor:

$$\mathbf{z}(\eta, t) = K \, \mathbf{x}(\eta, t) \quad . \qquad (4\text{-}73)$$

Diese Verstärkung K bestimmen wir so, daß das zweite Moment des Fehlers $\mathbf{e}(\eta, t)$, der durch die Approximation des Ausgangsprozesses

$$\mathbf{y}(\eta, t) = g(\mathbf{x}(\eta, t)) \qquad (4\text{-}74)$$

des nichtlinearen Systems durch den Zufallsprozeß $\mathbf{z}(\eta,t)$ entsteht, minimal ist (Bild 4.13). Für $\mathbf{e}(\eta,t)$ gilt mit Gl.(4-73) und Gl.(4-74):

$$\mathbf{e}(\eta,t) = \mathbf{y}(\eta,t) - \mathbf{z}(\eta,t) = g(\mathbf{x}(\eta,t)) - K\,\mathbf{x}(\eta,t) \quad . \tag{4-75}$$

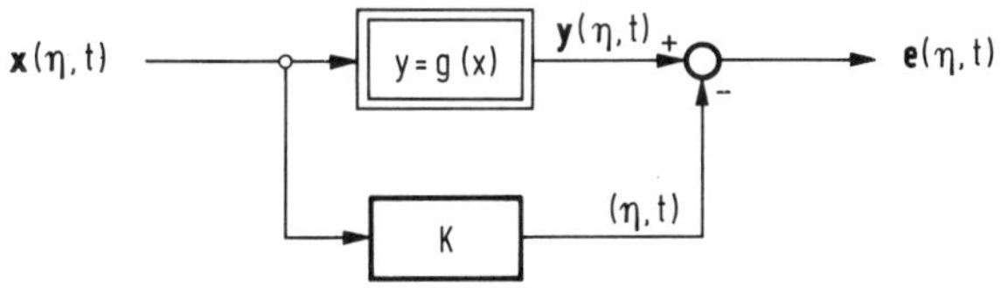

Bild 4.13: Lineares Ersatzsystem für ein gedächtnisfreies nichtlineares System

Aus Gl.(4-75) erhält man für das zweite Moment des Fehlers:

$$\overline{\mathbf{e}(\eta,t)^2} = E\{(\mathbf{y}(\eta,t) - K\,\mathbf{x}(\eta,t))^2\} \quad . \tag{4-76}$$

Dieser <u>mittlere quadratische Fehler</u> ist ein bei der Optimierung linearer Systeme sehr oft angewandtes Kriterium. Wir gehen darauf im Abschnitt 5.1 näher ein. Aus Gl.(4-76) kann der optimale Verstärkungsfaktor K_{opt} durch Ableitung nach K bestimmt werden:

$$\left.\frac{\partial\,\overline{\mathbf{e}(\eta,t)^2}}{\partial K}\right|_{K=K_{opt}} = -2\,E\{(\mathbf{y}(\eta,t) - K_{opt}\mathbf{x}(\eta,t))\,\mathbf{x}(\eta,t)\} = 0 \quad . \tag{4-77}$$

Wertet man den Erwartungswert aus und löst nach K_{opt} auf, so folgt:

$$K_{opt} = R_{\mathbf{xy}}(0)\,/\,R_{\mathbf{xx}}(0) \quad . \tag{4-78}$$

Setzt man für die Korrelationsfunktionen noch die Integrale aus Def. 3.12 und Def. 3.14 ein, so erhält man endlich:

$$K_{opt} = \int_{-\infty}^{+\infty} x\,g(x)\,f_{\mathbf{x}}(x)\,dx \,\Big/ \int_{-\infty}^{+\infty} x^2\,f_{\mathbf{x}}(x)\,dx \quad . \tag{4-79}$$

Der mittlere quadratische Fehler, der durch das optimale lineare Ersatzsystem entsteht, kann schließlich aus den Gln.(4-76) und (4-78) berechnet werden:

$$\begin{aligned}\overline{\mathbf{e}^2(\eta,t)}_{min} &= E\{(\mathbf{y}(\eta,t) - K_{opt}\mathbf{x}(\eta,t))^2\} \\ &= R_{\mathbf{yy}}(0) - R_{\mathbf{xy}}(0)^2 / R_{\mathbf{xx}}(0) \quad .\end{aligned} \tag{4-80}$$

Beispiel 4.17: Lineares Ersatzsystem bei gleichverteiltem Eingangsprozeß

Es seien $y = h\ \mathrm{sgn}(x)$ die Kennlinie eines nichtlinearen gedächtnisfreien Systems und

$$f_{\mathbf{x}}(x) = \begin{cases} 1\ /\ 2a & -a \leq x \leq a \\ 0 & \text{sonst} \end{cases}$$

die Wahrscheinlichkeitsdichte des stationären Eingangsprozesses.

Dann erhält man für ein lineares Ersatzsystem:

$$R_{\mathbf{xx}}(0) = a^2/\ 3\ ,$$

$$R_{\mathbf{yy}}(0) = h^2\ ,$$

$$R_{\mathbf{xy}}(0) = 0{,}5\ a\ h\ ,$$

$$K_{opt} = 1{,}5\ h\ /\ a\ ,$$

$$\overline{e^2(\eta, t)}_{min} = 0{,}25\ h^2\ .$$

Beispiel 4.18: Lineares Ersatzsystem bei sinusförmigem Eingangsprozeß

Es seien $\mathbf{x}(\eta, t) = \sin(\omega_0 t + \boldsymbol{\alpha}(\eta))$ (s. Beispiel 3.2) mit

$$f_{\boldsymbol{\alpha}}(\alpha) = \begin{cases} 1\ /\ 2\pi & -\pi < \alpha \leq \pi \\ 0 & \text{sonst} \end{cases}$$

und $g(x) = h\ \mathrm{sgn}(x)$. Gesucht ist die optimale Verstärkung eines linearen Ersatzsystems.

Man bestimmt zunächst $R_{\mathbf{xx}}(0)$:

$$R_{\mathbf{xx}}(0) = E\{\sin^2(\omega_0 t + \boldsymbol{\alpha}(\eta))\} = 0{,}5\ (1 - E\{\cos 2(\omega_0 t + \boldsymbol{\alpha}(\eta))\})\ .$$

Da $\boldsymbol{\alpha}(\eta)$ in $(-\pi, \pi]$ gleichverteilt ist, verschwindet der Erwartungswert für alle t und man erhält:

$$R_{\mathbf{xx}}(0) = 0{,}5\ .$$

Für die Berechnung von $R_{\mathbf{xy}}(0)$ benötigt man die Wahrscheinlichkeitsdichte $f_{\mathbf{x}}(x)$. Um diese zu berechnen, nimmt man den Zusammenhang zwischen $\boldsymbol{\alpha}(\eta)$ und $\mathbf{x}(\eta, t)$ für einen beliebigen <u>festen</u> Wert $t = t_0$ als Abbildung durch ein gedächtnisfreies zeitinvariantes System mit der Kennlinie

$$x = g(\alpha) = \sin(\omega_0 t_0 + \alpha)$$

an. Für jedes $x = x_0 \in (-1, 1)$ und $\alpha \in (-\pi, \pi]$ hat diese Funktion zwei Lösungen α_1 und α_2 (Bild 4.14):

$$x_0 = \sin(\omega_0 t_0 + \alpha_1) = \sin(\omega_0 t_0 + \alpha_2)\ .$$

Für die Ableitungen der Kennlinie an diesen Stellen gelten:

$$g'(\alpha_1) = \cos(\omega_0 t_0 + \alpha_1) ,$$
$$g'(\alpha_2) = \cos(\omega_0 t_0 + \alpha_2) .$$

Für die Beträge der Ableitungen erhält man damit:

$$|g'(\alpha_1)| = |\cos(\omega_0 t_0 + \alpha_1)|$$
$$| \sqrt{1 - \sin^2(\omega_0 t_0 + \alpha_1)} | = | \sqrt{1 - x_0^2} | ,$$
$$|g'(\alpha_2)| = |\cos(\omega_0 t_0 + \alpha_2)| = | \sqrt{1 - x_0^2} | .$$

Beide Beträge sind somit gleich und unabhängig von t_0. Da $\boldsymbol{\alpha}(\eta)$ stationär und gleichverteilt ist, erhält man für die gesuchte Wahrscheinlichkeitsdichte (s. Gl.(4-34)):

$$f_{\mathbf{x}}(x) = \begin{cases} 1 / (\pi \sqrt{1 - x^2}) & |x| < 1 \\ 0 & |x| > 1 \end{cases} ,$$

Bei $|x| = 1$ wächst diese Funktion über alle Grenzen, sie ist jedoch integrierbar. Für $R_{\mathbf{xy}}(0)$ erhält man nun:

$$R_{\mathbf{xy}}(0) = \frac{h}{\pi} \int_{-1}^{+1} \frac{x \operatorname{sgn}(x)}{\sqrt{1 - x^2}} dx = \frac{2h}{\pi} .$$

Damit lautet die Gleichung für die optimale Verstärkung des linearen Ersatzsystems endlich:

$$K_{opt} = 4 h / \pi .$$

Dieses Ergebnis stimmt mit der Beschreibungsfunktion [4.5] eines Zweipunktschalters mit der Kennlinie $y = h \operatorname{sgn}(x)$ überein, der durch ein sinusförmiges Signal angesteuert wird.

Sind der lineare Mittelwert $m_{\mathbf{x}}$ des Eingangsprozesses $\mathbf{x}(\eta, t)$ und/oder der lineare Mittelwert $m_{\mathbf{y}}$ des Ausgangsprozesses $\mathbf{y}(\eta, t)$ der Nichtlinearität von Null verschieden, so kann der mittlere quadratische Fehler der Annäherung dadurch verkleinert werden, daß die Verstärkung des Ersatzsystems für $\mathbf{x}(\eta, t) - m_{\mathbf{x}}$ und $\mathbf{y}(\eta, t) - m_{\mathbf{y}}$ bestimmt und am Ausgang des Ersatzsystems eine Größe $m_{\mathbf{y}} - K\, m_{\mathbf{x}}$ addiert wird, die die Anpassung der Mittelwerte bewirkt. Das Ersatzsystem insgesamt ist dann allerdings wieder nichtlinear.

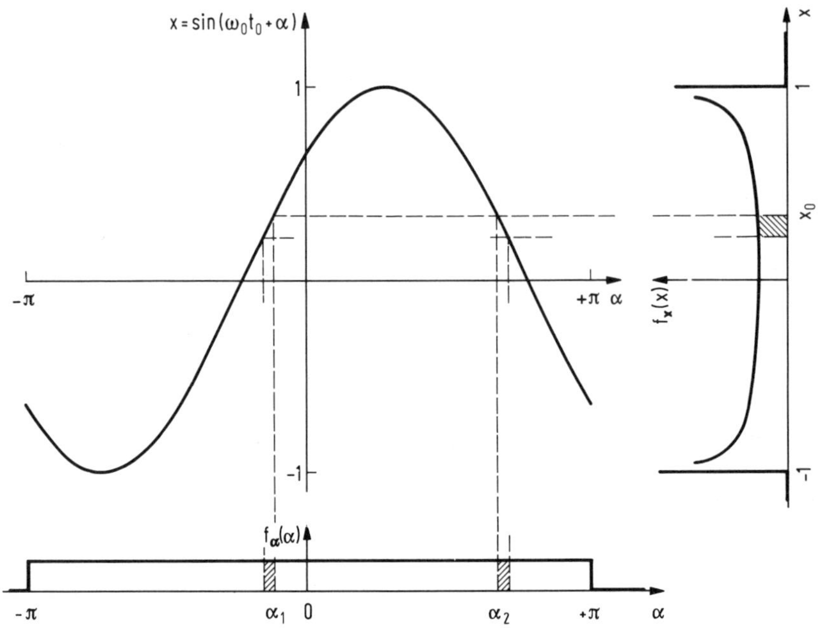

Bild 4.14: Wahrscheinlichkeitsdichtefunktion eines Zufallsprozesses mit sinusförmigen Musterfunktionen und gleichverteiltem Phasenwinkel (s. Beispiel 4.18)

Gl.(4-79) kann für den Sonderfall, daß $x(\eta,t)$ ein mittelwertfreier stationärer Gaußprozeß (s. Abschnitt 3.8.5) ist, in eine geeignetere Form gebracht werden. In diesem Fall sind

$$f_x(x) = \frac{1}{\sqrt{2\pi}\;\sigma_x} e^{-x^2/2\sigma_x^2}$$

und $R_{xx}(0) = \sigma_x^2$. Damit erhält man für Gl.(4-79):

$$K_{opt} = \frac{1}{\sqrt{2\pi}\;\sigma_x^3} \int_{-\infty}^{+\infty} x\; g(x)\; e^{-x^2/2\sigma_x^2}\, dx \quad . \tag{4-81}$$

Diese Gleichung kann weiter umgeformt und schließlich partiell integriert werden. Man erhält dann:

$$K_{opt} = \frac{-1}{\sqrt{2\pi}\;\sigma_x} \int_{-\infty}^{+\infty} g(x)\, \frac{-x}{\sigma_x^2}\, e^{-x^2/2\sigma_x^2}\, dx$$

$$= \frac{1}{\sqrt{2\pi}\;\sigma_x} \int_{-\infty}^{+\infty} g'(x)\; e^{-x^2/2\sigma_x^2}\, dx \quad . \tag{4-82}$$

Hierbei ist $g'(x)$ die Ableitung der Kennlinie $y = g(x)$ nach x. Gl.(4-82) läßt sich dann vorteilhaft anwenden, wenn sich $g(x)$ stückweise aus Geraden zusammensetzt und somit seine Ableitung fast überall verschwindet.

Beispiel 4.19: Lineares Ersatzsystem bei Anregung durch einen Gaußprozeß

Es sei $x(\eta,t)$ ein stationärer Gaußprozeß mit dem Mittelwert $m_x = 0$ und der Varianz σ_x^2. Das nichtlineare System sei ein Dreipunktschalter mit der Kennlinie

$$y = g(x) = \begin{cases} -1 & x < -a \\ 0 & -a \leq x \leq a \\ 1 & x > a \end{cases} \quad , \text{ mit } a > 0 \quad .$$

Als (verallgemeinerte) Ableitung der Kennlinie erhält man dann:

$$g'(x) = \delta(x + a) + \delta(x - a) \; .$$

Die Verstärkung des optimalen linearen Ersatzsystems berechnet sich schließlich zu:

$$K_{opt} = \frac{\sqrt{2}}{\pi} \; \frac{e^{-a^2/2\sigma_x^2}}{\sigma_x} \; .$$

4.5 Schrifttum

[4.1] Thoma, M.: Theorie linearer Regelsysteme. Vieweg-Verlag, Braunschweig, 1973.

[4.2] Unbehauen, R.: Systemtheorie. Oldenbourg-Verlag, München, 1980.

[4.3] DIN 19 229: Übertragungsverhalten dynamischer Systeme - Begriffe. Beuth-Verlag, Berlin, 1975.

[4.4] Cramér, H.: Mathematical Methods of Statistics. Princeton University Press, Princeton, 1974.

[4.5] Oppelt, W.: Kleines Handbuch technischer Regelvorgänge. Verlag Chemie, Weinheim, 1964.

[4.6] Isermann, R.: Prozeßidentifikation. Springer-Verlag, Berlin, 1974.

[4.7] Zurmühl, R.: Matrizen. Springer-Verlag, Berlin, 1964.

5. Lineare Optimalfilter

In diesem Kapitel sollen die im 4. Kapitel hergeleiteten Zusammenhänge für die Eigenschaften von Zufallsprozessen am Eingang und am Ausgang eines linearen Systems zur Bestimmung optimaler Systeme angewendet werden. Von diesen Systemen werden wir verlangen, daß sie – angeregt durch einen Zufallsprozeß $\mathbf{y}(\eta,t)$ – an ihrem Ausgang einen Zufallsprozeß $\mathbf{z}(\eta,t)$ erzeugen, der ein "möglichst guter" Schätzwert für einen Zufallsprozeß $\mathbf{d}(\eta,t)$ ist (Bild 5.1). Für den Eingangsprozeß $\mathbf{y}(\eta,t)$ werden wir dabei annehmen, daß dieser sich additiv aus einem Signalanteil $\mathbf{x}(\eta,t)$ und einer Störung $\mathbf{n}(\eta,t)$ zusammensetzt. Der zu schätzende Zufallsprozeß $\mathbf{d}(\eta,t)$ ist im einfachsten Fall der Prozeß $\mathbf{x}(\eta,t)$ selbst. Allgemein kann er ein Zufallsprozeß sein, der durch eine <u>lineare</u> Operation aus $\mathbf{x}(\eta,t)$ abgeleitet ist. Beispiele für derartige Operationen sind eine Prädiktion, eine Integration oder eine Differentiation.

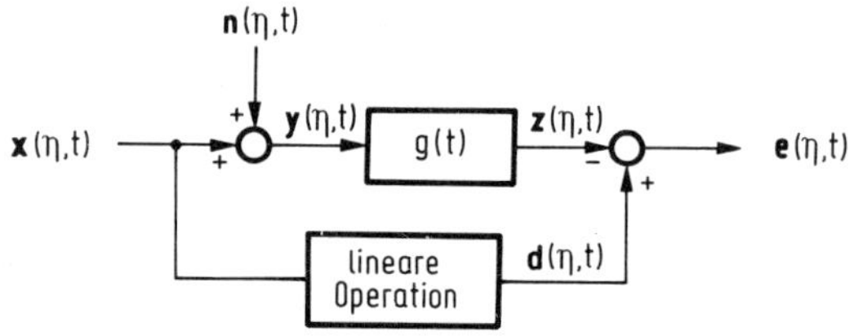

Bild 5.1: Aufgabenstellung zur Bestimmung eines linearen Optimalfilters

Wir werden im folgenden drei Klassen von linearen Optimalfiltern diskutieren: das signalangepaßte Filter, das Optimalfilter nach Wiener und Kolmogoroff und das Kalman Filter. Zunächst werden wir jedoch festlegen müssen, was wir unter einer "möglichst guten" Schätzung verstehen wollen. Für alle drei Filtertypen werden wir den <u>mittleren quadratischen Fehler</u> als Optimierungskriterium verwenden. Im ersten Abschnitt dieses Kapitels sollen daher einige wesentliche Eigenschaften dieser Fehlerfunktion und der darauf basierenden Optimalfilter diskutiert werden.

5.1 Mittlerer quadratischer Fehler

Der tatsächliche Ausgangsprozeß $\mathbf{z}(\eta,t)$ eines Filters unterscheidet sich in aller Regel von dem gewünschten Ausgangsprozeß $\mathbf{d}(\eta,t)$ um einen Fehler $\mathbf{e}(\eta,t)$:

$$\mathbf{e}(\eta,t) = \mathbf{d}(\eta,t) - \mathbf{z}(\eta,t) \tag{5-1}$$

(s. Bild 5.1). Allgemein nennt man ein Filter <u>optimal</u>, wenn sein Ausgang eine von einem Fehler e in geeigneter Weise abhängige Größe, die sog. <u>Kosten</u>, minimiert. Die Auswahl einer bestimmten <u>Kostenfunktion</u> C(e) aus der großen Anzahl möglicher und geeigneter Funktionen ist ein wesentlicher Teil der Modellbildung (s. Abschnitt 1.4) und unterliegt daher zwei Gesichtspunkten: Wirklichkeitsnähe und Komplexität. Das Filter soll einerseits nach möglichst wirklichkeitsnahen Gesichtspunkten entworfen werden. Andererseits aber soll der Optimierungsansatz konstruktiv, d.h. – möglichst geschlossen – nach der gesuchten Gewichtsfunktion $g_0(t)$ des Optimalfilters auflösbar sein. Meist widersprechen sich beide Forderungen und man ist gezwungen, das Optimierungskriterium so lange zu modifizieren, bis das Problem lösbar wird.

Für die Mehrzahl aller Optimierungsprobleme soll eine wirklichkeitsnahe Fehlerbewertung (Kostenfunktion) folgende Eigenschaften aufweisen:

1.) Positive und negative Fehler sollen sich nicht kompensieren können. Meist sollen sie gleiches Gewicht haben:

$$C(e) = C(-e)\ . \tag{5-2}$$

2.) Die Kosten eines Fehlers sollen mit wachsendem Fehlerbetrag nicht abnehmen:

$$C(e_2) \geq C(e_1) \quad \text{für} \quad |e_2| \geq |e_1|\ . \tag{5-3}$$

3.) Bei zufälligen Fehlern sollen mittlere Kosten berücksichtigt werden.

Unter der großen Anzahl von Kostenfunktionen, die diesen Anforderungen genügen, hat sich der <u>mittlere quadratische Fehler</u>

$$\overline{e(\eta,t)^2} = E\{(d(\eta,t) - z(\eta,t))^2\} \qquad (5\text{-}4)$$

als besonders geeignetes Fehlerkriterium erwiesen.

Wir wollen hier zunächst einige allgemeine Eigenschaften des Fehlers des Ausgangsprozesses eines linearen Systems, das optimal bezüglich des mittleren quadratischen Fehlers ist, herleiten. Wir setzen dabei voraus, daß alle Zufallsprozesse mindestens schwach stationär sind. Das optimale lineare System ist dann zeitinvariant. Für den Ausgangsprozeß des linearen Systems mit der Gewichtsfunktion g(t) gilt dann (s. Gl.(4-9.1)):

$$z(\eta,t) = \int_{-\infty}^{+\infty} g(u)\, y(\eta,t-u)\, du \quad . \qquad (5\text{-}5)$$

Zur Bestimmung der optimalen Gewichtsfunktion $g_0(t)$, die zu einem minimalen mittleren quadratischen Fehler gemäß Gl.(5-4) führt, machen wir folgenden Ansatz:

$$g(t) = g_0(t) + \alpha\, \gamma(t) \quad . \qquad (5\text{-}6)$$

Dieser besagt, daß wir jede zulässige Gewichtsfunktion darstellen als eine Summe aus der optimalen Gewichtsfunktion und einer Zusatzfunktion, die mit einem beliebigen reellen Faktor α multipliziert sein kann. Welche Gewichtsfunktionen als mögliche Lösungen des Optimierungsproblems zugelassen sind, wird durch <u>Randbedingungen</u> festgelegt. Wir werden im folgenden immer fordern, daß die Gewichtsfunktion des Optimalfilters <u>reell</u> ist. Darüberhinaus werden wir den Wertebereich von t festlegen, in dem $g_0(t)$ von Null verschieden sein darf. Damit legen wir gleichzeitig den Ausschnitt aus $y(\eta,t)$, das sog. Beobachtungsintervall, fest, der für die Bestimmung von $z(\eta,t)$ ausgewertet werden darf. Wir werden zwischen einem <u>kausalen</u> und einem <u>nichtkausalen</u> Optimalfilter unterscheiden. Während im ersten Fall $g_0(t)$ für alle negativen Werte von t gleich Null sein muß (s. Gl.(4-11.1)), kann bei einem nichtkausalen Filter $g_0(t)$ für alle t von Null verschieden sein. Diese Randbedingungen schränken die Menge der zulässigen Zusatzfunktionen $\gamma(t)$ entsprechend ein: erlaubt sind nur reelle Funktionen $\gamma(t)$, die überall dort verschwinden, wo auch $g_0(t) = 0$ gefordert ist.

Aus den Gln.(5-5) und (5-6) erhält man:

$$z(\eta,t) = \int_{-\infty}^{+\infty} g_0(u)\; y(\eta,t-u)\; du + \alpha \int_{-\infty}^{+\infty} \gamma(u)\; y(\eta,t-u)\; du$$

$$= z_0(\eta,t) + \alpha\; z_\gamma(\eta,t) \quad . \tag{5-7}$$

Für den mittleren quadratischen Fehler erhält man dann aus Gl.(5-4):

$$\overline{e(\eta,t)^2} = E\{(d(\eta,t) - z_0(\eta,t) - \alpha\; z_\gamma(\eta,t))^2\} \quad . \tag{5-8}$$

Bezeichnet man den kleinsten mittleren quadratischen Fehler (der bei optimalem Filter entsteht) mit

$$\overline{e(\eta,t)^2_{min}} = E\{e(\eta,t)^2_{min}\} = E\{(d(\eta,t) - z_0(\eta,t))^2\} \quad , \tag{5-9}$$

so erhält man mit Gl.(5-8):

$$\overline{e(\eta,t)^2} - \overline{e(\eta,t)^2_{min}} =$$

$$-2\alpha\; E\{e(\eta,t)_{min}\; z_\gamma(\eta,t)\} + \alpha^2\; E\{z_\gamma(\eta,t)^2\} \geq 0$$

$$\text{für alle zugelassenen } \alpha \text{ und } \gamma(t) \quad . \tag{5-10}$$

Die Ungleichung folgt aus der Bedingung, daß zulässige Abweichungen von der optimalen Gewichtsfunktion nicht zu einer Verkleinerung des Fehlers führen dürfen. Gleichheit kann dagegen eintreten, wenn die optimale Gewichtsfunktion nicht eindeutig ist. Aus der Forderung, daß die Ungleichung (5-10) für jeden beliebigen reellen Faktor α erfüllt sein muß, und der Tatsache, daß der zweite Summand nichtnegativ ist, folgt die Bedingung

$$E\{e(\eta,t)_{min}\; z_\gamma(\eta,t)\} = 0 \quad \text{für alle zugelassenen } \gamma(t) \quad . \tag{5-11}$$

Ein einfaches Gegenbeispiel kann diese Behauptung belegen: Ist der Erwartungswert in Gl.(5-11) von Null verschieden, so ist mit

$$\alpha = E\{e(\eta,t)_{min}\; z_\gamma(\eta,t)\} \;/\; E\{z_\gamma(\eta,t)^2\}$$

die Ungleichung (5-10) verletzt. Gl.(5-11) beschreibt eine notwendige und hinreichende Bedingung für das gesuchte optimale System. Mit Gl.(5-7) und nach Vertauschen von Erwartungswert und Integration folgt aus Gl. (5-11) weiter:

$$\int_{-\infty}^{+\infty} \gamma(u)\, E\{\mathbf{e}(\eta,t)_{min}\, \mathbf{y}(\eta,t-u)\}\, du = 0 \quad \text{für alle zugelassenen } \gamma(t) \quad . \tag{5-12}$$

Diese Bedingung ist aber dann und nur dann erfüllt, wenn der Erwartungswert für alle diejenigen Werte von u verschwindet, für die $g_0(u)$ und damit auch $\gamma(u)$ verschieden von Null zugelassen ist:

$$E\{\mathbf{e}(\eta,t)_{min}\, \mathbf{y}(\eta,t-u)\} = 0 \qquad \begin{array}{l}\text{für alle u, für die}\\ g_0(u) \neq 0 \text{ zugelassen ist .}\end{array} \tag{5-13}$$

Gl.(5-13) enthält ein für die Optimierung linearer Systeme gemäß dem mittleren quadratischen Fehler grundlegendes Ergebnis: Bei optimalem System ist der momentane Fehler des Ausgangsprozesses orthogonal zum Eingangsprozeß für alle Zeiten aus dem Beobachtungsintervall. Gl.(5-13) nennt man das Orthogonalitätstheorem. In den folgenden Abschnitten können wir für die Bestimmung linearer Optimalfilter immer von diesem Theorem ausgehen.

Eine weitere wichtige Eigenschaft des Fehlers ist es, daß dieser mittelwertfrei ist. Eine Schätzung mit Hilfe eines linearen Optimalfilters ist daher erwartungstreu:

$$E\{\mathbf{e}(\eta,t)_{min}\} = 0 \quad . \tag{5-14}$$

Dies läßt sich mit einer einfachen Überlegung zeigen: Wir nehmen an, daß ein lineares Filter eine Schätzung ergibt, deren Fehler $\mathbf{e}(\eta,t)$ einen von Null verschiedenen Mittelwert aufweist:

$$m_e = E\{\mathbf{e}(\eta,t)\} \neq 0 \quad . \tag{5-15}$$

Der mittlere quadratische Fehler läßt sich dann aber dadurch vermindern, daß man das Filter so modifiziert, daß ein mittelwertfreier Fehler $\mathbf{e}(\eta,t) - m_e$ entsteht:

$$\begin{aligned} E\{(\mathbf{e}(\eta,t) - m_e)^2\} &= E\{\mathbf{e}(\eta,t)^2\} - \Big[E\{\mathbf{e}(\eta,t)\}\Big]^2 \\ &\le E\{\mathbf{e}(\eta,t)^2\} \quad . \end{aligned} \tag{5-16}$$

Aus den Gln.(5-13) und (5-14) folgt endlich auch, daß der Fehler und jeder Wert des Eingangsprozesses aus dem Beobachtungsintervall unkorreliert (s. Def. 3.16) sind, denn es gilt:

$$E\{\mathbf{e}(\eta,t)_{min}\ \mathbf{y}(\eta,t-u)\} = E\{\mathbf{e}(\eta,t)_{min}\}\ E\{\mathbf{y}(\eta,t-u)\} = 0$$
$$\text{für alle } u, \text{ für die } g_0(u) \neq 0 \text{ zugelassen ist} \quad . \tag{5-17}$$

Für den Sonderfall gaußscher Zufallsprozesse (s. Abschnitt 3.8.5) folgt aus Gl.(5-17) weiter, daß $\mathbf{e}(\eta,t)_{min}$ und $\mathbf{y}(\eta,t-u)$ statistisch unabhängig (s. Def. 3.8) sind.

Wir wollen nun überlegen, ob man für Gaußprozesse den mittleren quadratischen Schätzfehler dadurch verringern kann, daß man die Beschränkung auf lineare Systeme fallen läßt. Wir nehmen dazu an, daß $\underset{\sim}{\mathbf{z}}_0(\eta,t)$ der Ausgangsprozeß eines optimalen linearen Systems sei. $\tilde{\mathbf{z}}(\eta,t)$ sei der Ausgangsprozeß eines nichtlinearen Systems. Beide sollen durch denselben Eingangsprozeß $\mathbf{y}(\eta,t)$ angeregt werden. Damit gilt für den mittleren quadratischen Fehler der Schätzung durch das nichtlineare System:

$$E\{(\mathbf{d}(\eta,t) - \tilde{\mathbf{z}}(\eta,t))^2\}$$
$$= E\{(\underline{\mathbf{d}(\eta,t) - \mathbf{z}_0(\eta,t)} + \mathbf{z}_0(\eta,t) - \tilde{\mathbf{z}}(\eta,t))^2\}$$
$$= \overline{\mathbf{e}(\eta,t)^2_{min}} + 2\ E\{\mathbf{e}(\eta,t)_{min}\ (\mathbf{z}_0(\eta,t) - \tilde{\mathbf{z}}(\eta,t))\}$$
$$+ E\{(\mathbf{z}_0(\eta,t) - \tilde{\mathbf{z}}(\eta,t))^2\} \quad . \tag{5-18}$$

Nun ist bei optimalen linearen Systemen und gaußschen Zufallsprozessen der Schätzfehler statistisch unabhängig von allen Werten des Eingangsprozesses $\mathbf{y}(\eta,t)$ aus dem Beobachtungsintervall. Die Differenz

$$\mathbf{\Delta}(\eta,t) = \mathbf{z}_0(\eta,t) - \tilde{\mathbf{z}}(\eta,t) \tag{5-19}$$

ist aber eine nichtlineare Funktion des Eingangsprozesses aus genau diesem Intervall. Daher sind auch $\mathbf{e}(\eta,t)_{min}$ und $\mathbf{\Delta}(\eta,t)$ statistisch unabhängig. Hieraus und aus der Erwartungstreue der optimalen linearen Schätzung (s. Gl.(5-14)) folgt daher:

$$E\{\mathbf{e}(\eta,t)_{min}\ \mathbf{\Delta}(\eta,t)\} = E\{\mathbf{e}(\eta,t)_{min}\}\ E\{\mathbf{\Delta}(\eta,t)\} = 0 \quad . \tag{5-20}$$

Da der dritte Summand in Gl.(5-18) nichtnegativ ist, ist damit gezeigt, daß bei Gaußprozessen der kleinste mittlere quadratische Schätzfehler durch ein lineares System erreicht wird.

Lineare Schätzwerte mit kleinstem mittlerem quadratischem Fehler haben weitere günstige Eigenschaften: Bei gaußschen Zufallsprozessen sind sie optimal bezüglich aller Kostenfunktionen C(e), die symmetrisch (s. Gl. (5-2)) und konvex,

$$\lambda C(e_1) + (1-\lambda)C(e_2) \geq C(\lambda e_1 + (1-\lambda)e_2) \text{ für alle } 0\leq\lambda\leq 1 \quad , \qquad (5\text{-}21)$$

sind. Auch für nichtkonvexe Kostenfunktionen und/oder nichtgaußsche Zufallsprozesse lassen sich noch Klassen von Kostenfunktionen angeben, für die die optimalen Schätzwerte gleich den linearen Schätzwerten mit kleinstem mittlerem quadratischem Fehler sind. Einzelheiten hierzu finden sich beispielsweise in [5.1].

5.2 Signalangepaßtes Filter

Als erste Anwendung des Orthogonalitätstheorems wollen wir die optimale Gewichtsfunktion $g_0(t)$ eines linearen Filters für das folgende Empfangsproblem bestimmen: Der Empfängereingang sei ein bei $t = t_s$ gesendeter Impuls mit der Form h(t), der durch stationäres mittelwertfreies Rauschen $\mathbf{n}(\eta,t)$ additiv gestört wird:

$$\mathbf{y}(\eta,t) = h(t - t_s) + \mathbf{n}(\eta,t) \quad . \qquad (5\text{-}22)$$

Die Impulsform h(t) sei bekannt, nicht jedoch der Sendezeitpunkt t_s. Das lineare Empfangsfilter soll so bestimmt werden, daß das Vorhandensein eines Impulses im Eingangsprozeß zu einem Zeitpunkt $t_s + t_0$, d.h. eine Zeitspanne t_0 nach dem Sendezeitpunkt, möglichst sicher erkannt werden kann.

5.2.1 Nichtkausales Filter

Es gibt verschiedene Ansätze zur Lösung dieser Aufgabe. Häufig benutzt wird ein Ansatz, nach dem zum Auswertezeitpunkt $t = t_0 + t_s$ das Verhältnis von Signalleistung zur mittleren Leistung der Störung am Filterausgang maximal sein soll (s. z.B. [5.2]). Wir wollen das Optimierungsproblem hier mit Hilfe des Orthogonalitätstheorems (Gl.(5-13)) lösen. Wir fordern daher für das gesuchte Optimalfilter, daß die Amplitude seines Ausgangsprozesses $\mathbf{z}(\eta,t)$ zum Auswertezeitpunkt $t_s + t_0$ eine (reelle) Amplitude h_0 mit minimalem mittlerem quadratischem Fehler annehmen soll:

$$\overline{\mathbf{e}(\eta,t)^2} = E\{(h_0 - \mathbf{z}(\eta,t_0 + t_s))^2\} \rightarrow \min \quad . \qquad (5\text{-}23)$$

Die spezielle Größe von h_0 ist dabei ohne Bedeutung, da ein linearer Verstärker mit frequenzunabhängigem Verstärkungsfaktor die Ausgangsamplituden des Empfangsfilters beliebig verändern kann, ohne das Verhältnis von Signalamplitude / Störungsamplitude zu verändern. Die Vorschrift, daß $z(\eta, t_0 + t_s)$ den festen Wert h_0 annehmen soll, bedeutet gleichzeitig, daß der Einfluß der Störung auf den Ausgangsprozeß möglichst gering sein soll, da eine feste (determinierte) Ausgangsamplitude mit einem linearen Filter nur aus einem festen (determinierten) Signal erzeugt werden kann.

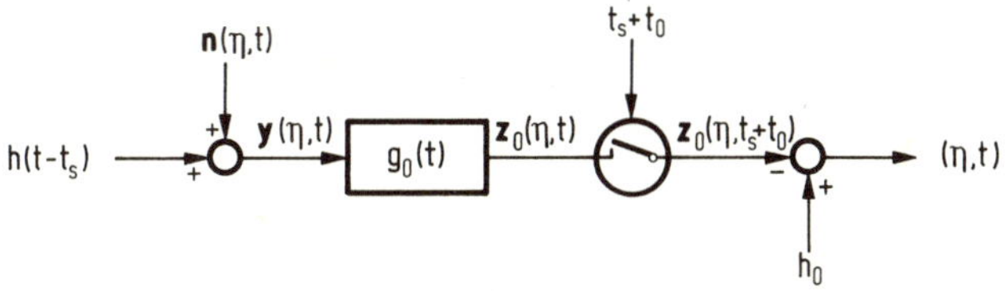

Bild 5.2: Zur Herleitung des signalangepaßten Filters

Für die gesuchte optimale Gewichtsfunktion $g_0(t)$ verzichten wir zunächst auf Kausalität und lassen $g_0(t) \neq 0$ für alle t zu. Dann folgt (s. Bild 5.2) aus dem Orthogonalitätstheorem (Gl.(5-13)):

$$E\{(h_0 - z_0(\eta, t_s + t_0))\, y(\eta, t_s + t_0 - u)\} = 0 \quad \text{für alle } u\ . \quad (5\text{-}24)$$

Mit Gl.(5-22), $t_s + t_0 - u = t$ und

$$z_0(\eta, t) = \int_{-\infty}^{+\infty} g_0(u)\, y(\eta, t - u)\, du$$

erhält man daraus:

$$E\{(h_0 - \int_{-\infty}^{+\infty} g_0(u)\, (h(t_0 - u) + n(\eta, t_s + t_0 - u))\, du) \cdot (h(t - t_s) + n(\eta, t))\} = 0 \quad \text{für alle } t\ . \quad (5\text{-}25)$$

Vertauscht man Integration und Erwartungswert und löst den Erwartungswert auf, so folgt hieraus:

$$h(t - t_s)\, (h_0 - \int_{-\infty}^{+\infty} g_0(u)\, h(t_0 - u)\, du) - \int_{-\infty}^{+\infty} g_0(u)\, R_{nn}(t_s + t_0 - t - u)\, du = 0 \quad \text{für alle } t\ . \quad (5\text{-}26)$$

Hierbei ist $R_{nn}(\tau)$ die Autokorrelationsfunktion der voraussetzungsgemäß stationären und mittelwertfreien Störung. Beschränkt man sich zunächst auf eine Störung durch <u>weißes Rauschen</u> mit der Autokorrelationsfunktion

$$R_{nn}(\tau) = N_0 \, \delta(\tau) \quad , \tag{5-27}$$

so vereinfacht sich Gl.(5-26) zu

$$h(t - t_s)\left(h_0 - \int_{-\infty}^{+\infty} g_0(u)\, h(t_0 - u)\, du\right) - N_0\, g_0(t_s + t_0 - t) = 0 \text{ für alle } t \quad . \tag{5-28}$$

Hieraus erhält man weiter:

$$g_0(t) = \frac{h_0 - \int_{-\infty}^{+\infty} g_0(u)\, h(t_0 - u)\, du}{N_0}\, h(t_0 - t) \quad . \tag{5-29}$$

Der Bruch auf der rechten Seite dieser Gleichung ist unabhängig von t. Sein Zahlenwert ist, wie bereits erläutert, für die erzielbare Güte des Schätzwertes ohne Bedeutung. Wir kürzen ihn mit K ab und erhalten dann endlich:

$$g_0(t) = K\, h(t_0 - t) \quad . \tag{5-30}$$

Die gesuchte Gewichtsfunktion des signalangepaßten Filters entspricht somit bis auf den beliebigen reellen Faktor K dem bei $t = t_0$ gespiegelten Signalimpuls h(t). Dieses Ergebnis zeigt deutlich die Anpassung des Filters an das anzuzeigende Signal.

Mit Gl.(5-30) können wir nun die Antwort des signalangepaßten Filters auf den Impuls $h(t - t_s)$ berechnen:

$$z_h(t) = \int_{-\infty}^{+\infty} g_0(u)\, h(t - t_s - u)\, du$$

$$= K \int_{-\infty}^{+\infty} h(t_0 - u)\, h(t - t_s - u)\, du = K\, R_{hh}(t - t_s - t_0) \quad . \tag{5-31}$$

Der Ausgangsimpuls hat somit die Form der <u>Impulskorrelierten</u> von h(t) (s. Gl.(3-24)). $z_h(t)$ ist maximal bei dem geforderten Auswertezeitpunkt $t = t_s + t_0$,

$$z_h(t_s + t_0) = K\, R_{hh}(0) = K \int_{-\infty}^{+\infty} h(t)^2\, dt \quad , \tag{5-32}$$

und ist symmetrisch zu diesem Zeitpunkt. Die Amplitude $z_h(t_s + t_0)$ ist unabhängig von der Form von h(t). Sie hängt nur von der Energie

$$E_h = \int_{-\infty}^{+\infty} h(t)^2\, dt \tag{5-33}$$

des Impulses ab. Dies gilt jedoch nur für eine Störung durch weißes Rauschen. Die Form der Gewichtsfunktion des nichtkausalen signalangepaßten Filters ist schließlich auch unabhängig von der Zeitspanne t_0 zwischen Sende- und Auswertezeitpunkt, da das nichtkausale Filter beliebige Totzeiten realisieren kann. Für die mittlere Leistung der Störung am Filterausgang erhält man:

$$P_n(t) = E\{z_n(\eta,t)^2\} = E\{(\int_{-\infty}^{+\infty} g_0(u)\, n(\eta, t-u)\, du)^2\}$$

$$= \int_{-\infty}^{+\infty}\int_{-\infty}^{+\infty} g_0(u)\, g_0(v)\, R_{nn}(u-v)\, du\, dv \quad . \tag{5-34}$$

Hierbei ist $z_n(\eta,t)$ der Anteil des Ausgangsprozesses des Filters, der von der Störung bewirkt wird. $P_n(t)$ ist bei stationärer Störung zeitunabhängig. Mit Gl.(5-27) (weißes Rauschen) vereinfacht sich dieser Ausdruck weiter zu

$$P_n = N_0 \int_{-\infty}^{+\infty} g_0(t)^2\, dt = N_0\, K^2 \int_{-\infty}^{+\infty} h(t)^2\, dt = N_0\, K^2\, E_h \quad . \tag{5-35}$$

Auch die mittlere Leistung der Störung am Filterausgang hängt somit bei weißem Rauschen von der Signalenergie, nicht von der Signalform ab. Für das Verhältnis von Signalleistung zur mittleren Leistung der Störung am Filterausgang gilt somit zum Auswertezeitpunkt:

$$\frac{z_h(t_s + t_0)^2}{E\{z_n(\eta, t_s + t_0)^2\}} = \frac{E_h}{N_0} \quad . \tag{5-36}$$

Beispiel 5.1: Rechteckförmiger Impuls

Es seien:

$$h(t) = \begin{cases} 1 & 0 \leq t < T \\ 0 & \text{sonst} \end{cases} \quad ,$$

$R_{nn}(\tau) = N_0\, \delta(\tau)$, $t_s = 0$ und $t_0 = T$.

Dann erhält man für die Gewichtsfunktion des signalangepaßten Filters:

$$g_0(t) = \begin{cases} K & 0 < t \leq T \\ 0 & \text{sonst} \end{cases} .$$

Setzt man (willkürlich) $K = 1/T$, so gelten:

$$g_0(t) = \begin{cases} 1/T & 0 < t \leq T \\ 0 & \text{sonst} \end{cases} ,$$

$$z_h(t) = \begin{cases} t/T & 0 \leq t < T \\ 2 - t/T & T \leq t < 2T \\ 0 & \text{sonst} \end{cases}$$

(Bild 5.3). $g_0(t)$ und $h(t)$ sind hier der Form nach gleich. Dies ist ein Sonderfall, der auf die spezielle Form des Impulses und die spezielle Wahl des Auswertezeitpunktes zurückgeht.

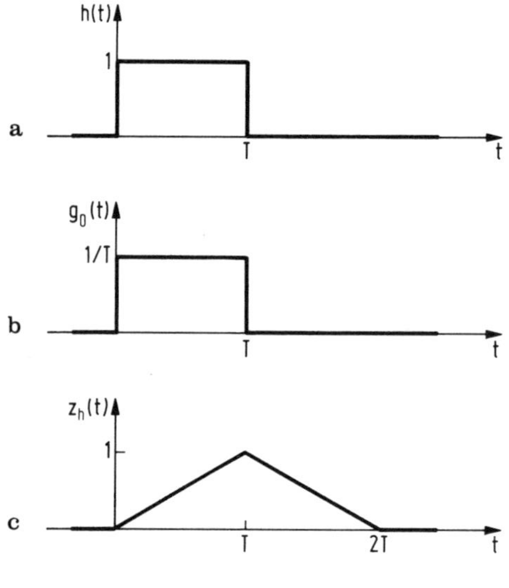

Bild 5.3: a) Rechtecksignal, b) Gewichtsfunktion des signalangepaßten Filters und c) Ausgangsimpuls (s. Beispiel 5.1)

Beispiel 5.2: Bipolarer Impuls

Es seien:

$$h(t) = \begin{cases} 1 & 0 \leq t < T/2 \\ -1 & T/2 \leq t < T \\ 0 & \text{sonst} \end{cases} ,$$

$$R_{nn}(\tau) = N_0\, \delta(\tau) \;,\; t_s = 0 \text{ und } t_0 = T .$$

Für die Gewichtsfunktion $g_0(t)$ des signalangepaßten Filters erhält man dann mit (willkürlich) $K = 1/T$:

$$g_0(t) = \begin{cases} -1/T & 0 < t \leq T/2 \\ 1/T & T/2 < t \leq T \\ 0 & \text{sonst} \end{cases} .$$

Den Ausgangsimpuls zeigt Bild 5.4.

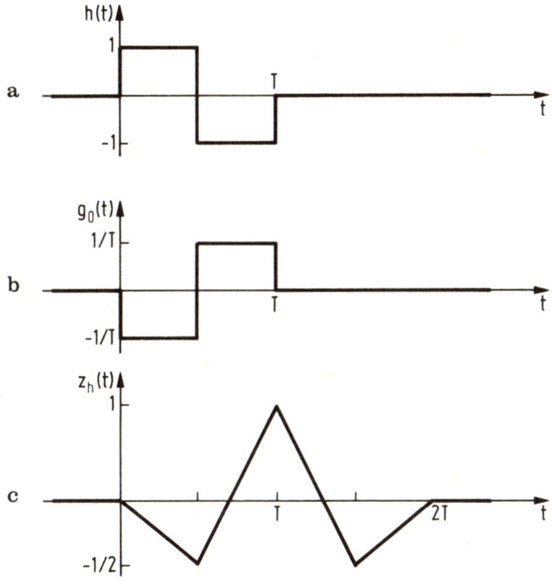

Bild 5.4: a) Bipolares Signal, b) Gewichtsfunktion des signalangepaßten Filters und c) Ausgangsimpuls (s. Beispiel 5.2)

Die Beispiele 5.1 und 5.2 zeigen eine weitere wichtige Eigenschaft eines signalangepaßten Filters: der Ausgangsimpuls $z_h(t)$ ist doppelt so lang wie der Eingangsimpuls h(t). Bei Impulsfolgen kann es daher zu Überlagerungen aufeinanderfolgender Impulse am Filterausgang kommen. In diesem Fall muß das signalangepaßte Filter durch ein weiteres Filter, einen sog. Entzerrer, ergänzt werden, der diese Überlagerungen zumindest teilweise kompensiert (s. Abschnitt 5.3.5).

Mit einem signalangepaßten Filter, einem Abtaster und einem Detektor, der prüft, ob eine Schwelle über- bzw. unterschritten ist, kann ein einfacher Empfänger für Binärsignale aufgebaut werden (Bild 5.5). Im folgenden wollen wir für einen solchen Empfänger die Wahrscheinlichkeit einer Fehlentscheidung, d.h. die <u>Fehlerwahrscheinlichkeit</u>, berechnen.

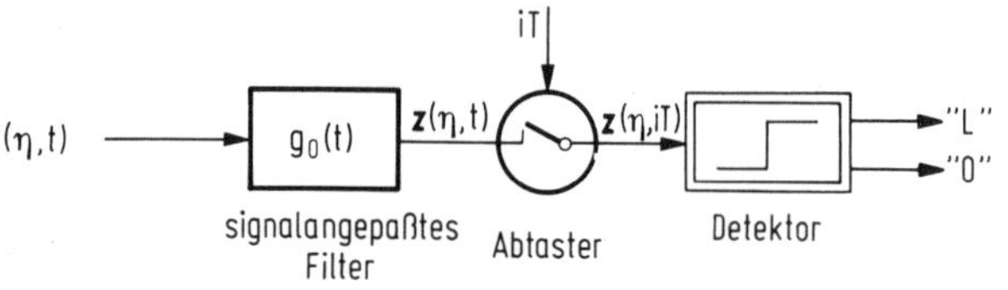

Bild 5.5: Einfacher Empfänger für Binärsignale

Wir nehmen an, daß der logische Wert "L" durch einen Impuls h(t), der Wert "0" durch einen Impuls -h(t) übertragen wird. Der Abstand aufeinanderfolgender Impulse sei T. Dieser sei hinreichend groß, so daß Impulsüberlagerungen nicht auftreten oder gegenüber anderen Störungen vernachlässigt werden können. Der Folge der Nachrichtenimpulse überlagere sich eine stationäre weiße Störung mit der Autokorrelationsfunktion $R_{nn}(\tau) = N_0\ \delta(\tau)$. Die Abtastzeitpunkte seien iT. Sie sollen optimal eingestellt sein, d.h. sie sollen genau die Extremwerte der Filterantwort auf die Impulse mit der Form h(t) erfassen. Zu jedem Abtastzeitpunkt ist daher eine von zwei Situationen möglich:

Es wurde "L" empfangen:

$$z(\eta, iT|L) = K\ E_h + z_n(\eta, iT) \quad . \tag{5-37.1}$$

Es wurde "0" empfangen:

$$z(\eta, iT|0) = -K\ E_h + z_n(\eta, iT) \quad . \tag{5-37.2}$$

Hierbei ist KE_h der Maximalwert der Filterantwort auf eine Anregung mit h(t) (s. Gln.(5-32) und (5-33)). $z_n(\eta, iT)$ ist der Abtastwert des Störungsanteils im Filterausgang. Die Varianz σ_z^2 von $z_n(\eta, iT)$ kann mit Gl.(4-48.1) berechnet werden:

$$m_z^{(2)} = \sigma_z^2 = N_0 \int_{-\infty}^{+\infty} g_0(u) \int_{-\infty}^{+\infty} g_0(v)\ \delta(u - v)\ du\ dv$$

$$= N_0\ K^2\ E_h \quad . \tag{5-38}$$

(Auf doppelte Indizierung wird hier verzichtet.) Nimmt man an, daß die Störung ein <u>Gaußprozeß</u> ist, so ist $z_n(\eta, iT)$ eine gaußsche Zufallsvariable mit dem Mittelwert $m_z = 0$ und der Varianz

$$\sigma_z^2 = N_0\ K^2\ E_h \quad .$$

Ihre Wahrscheinlichkeitsdichte folgt daher aus Gl.(2-46):

$$f_z(z) = \frac{1}{\sqrt{2\pi}\ \sigma_z}\ e^{-z^2/2\sigma_z^2} \quad . \tag{5-39}$$

Bei dem Empfang eines logischen Wertes "L" tritt somit am Eingang des Detektors die Zufallsvariable $z(\eta, iT|L)$ (s. Gl.(5-37.1)) mit der bedingten Wahrscheinlichkeitsdichte

$$f_z(z|L) = \frac{1}{\sqrt{2\pi}\,\sigma_z} e^{-(z-KE_h)^2/2\sigma_z^2} \tag{5-40.1}$$

auf. Beim Empfang des Wertes "0" liegt dagegen am Detektoreingang die Zufallsvariable $z(\eta, iT|0)$ (s. Gl.(5-37.2)) mit der bedingten Wahrscheinlichkeitsdichte

$$f_z(z|0) = \frac{1}{\sqrt{2\pi}\,\sigma_z} e^{-(z+KE_h)^2/2\sigma_z^2} \tag{5-40.2}$$

(Bild 5.6). Der Detektor entscheidet für den Wert "L", wenn sein Eingang größer oder gleich einer Schwelle s ist, für den Wert "0", wenn sein Eingang kleiner als s ist. Ein Übertragungsfehler tritt bei

$$z(\eta, iT|L) < s \tag{5-41.1}$$

oder

$$z(\eta, iT|0) \geq s \tag{5-41.2}$$

auf. Die bedingten Wahrscheinlichkeiten dieser Ereignisse können wie folgt berechnet werden:

$$P_L = P(\{\eta | z(\eta, iT|L) < s\}) = \int_{-\infty}^{s} f_z(z|L)\, dz \quad , \tag{5-42.1}$$

$$P_0 = P(\{\eta | z(\eta, iT|0) \geq s\}) = \int_{s}^{+\infty} f_z(z|0)\, dz \quad . \tag{5-42.2}$$

(Diese bedingten Wahrscheinlichkeiten entsprechen den schraffierten Flächen in Bild 5.6.) Beide Fehlerereignisse sind disjunkt. Nimmt man an, daß die Werte "L" und "0" gleichwahrscheinlich übertragen werden, so erhält man für die <u>Fehlerwahrscheinlichkeit</u>:

$$P_F = 0{,}5\ (P_L + P_0) \quad . \tag{5-43}$$

Mit den Gln.(5-42.1), (5-42.2) und (2-50) folgt daraus:

$$P_F = \frac{1}{4}\left[2 - \mathrm{erf}\left(\frac{KE_h + s}{K\sqrt{2N_0E_h}}\right) - \mathrm{erf}\left(\frac{KE_h - s}{K\sqrt{2N_0E_h}}\right)\right] \quad . \tag{5-44}$$

Da wir gleichwahrscheinliche Daten angenommen haben, wird diese Fehlerwahrscheinlichkeit minimal bei s = 0, d.h. bei symmetrischer Schwelle:

$$P_F = \frac{1}{2}\left[1 - \mathrm{erf}\left(\sqrt{\frac{E_h}{2N_0}}\right)\right] . \qquad (5\text{-}45)$$

Das Ergebnis zeigt, daß bei weißem Rauschen auch die Fehlerwahrscheinlichkeit nicht von der Impulsform h(t) sondern nur von der Impulsenergie E_h (s. Gl.(5-33)) abhängt. Sie kann daher durch Vergrößerung der Impuls<u>amplitude</u> oder/und der Impuls<u>dauer</u> verkleinert werden. Eine Vergrößerung der Impulsdauer darf jedoch nicht zu einer Überlagerung aufeinanderfolgender Impulse am Ausgang des signalangepaßten Filters führen.

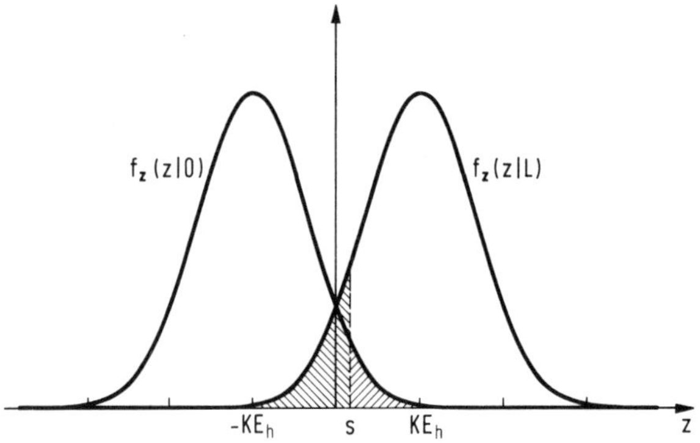

Bild 5.6: Bedingte Wahrscheinlichkeitsdichten am Detektoreingang

Signalangepaßte Filter lassen sich auch dann einsetzen, wenn in einem Empfänger zwischen mehreren Impulsen verschiedener Form unterschieden werden muß. Wir zeigen dies für <u>zwei</u> Impulse $h_1(t)$ und $h_2(t)$. In diesem Fall sind im Empfänger zwei signalangepaßte Filter parallel zu schalten (Bild 5.7). Das Filter mit der Gewichtsfunktion $g_{01}(t)$ ist an die Impulsform $h_1(t)$, das Filter mit der Gewichtsfunktion $g_{02}(t)$ ist an den Impuls $h_2(t)$ angepaßt.

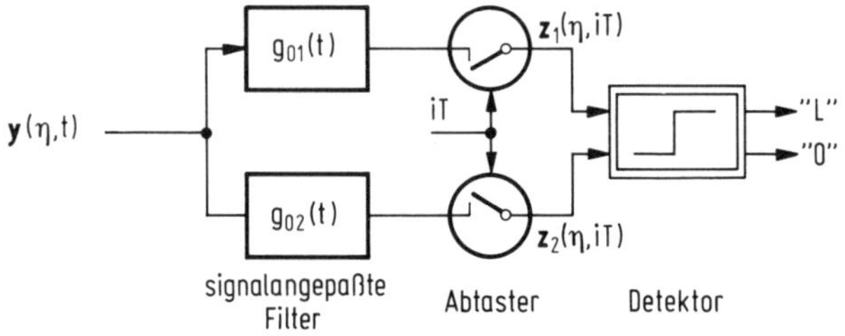

Bild 5.7: Einfacher Empfänger für zwei verschiedene Impulse

Beim Empfang eines durch stationäres weißes Rauschen gestörten Impulses $h_1(t)$ erhält man als Abtastwert des Ausgangsprozesses des ersten Filters (s. Gl.(5-32)):

$$z_1(\eta, iT|h_1) = K \int_{-\infty}^{+\infty} h_1^2(t)\, dt + z_{1n}(\eta, iT) \quad . \qquad (5\text{-}46.1)$$

Analog erhält man am Ausgang des zweiten Filters beim Empfang von $h_2(t)$:

$$z_2(\eta, iT|h_2) = K \int_{-\infty}^{+\infty} h_2^2(t)\, dt + z_{2n}(\eta, iT) \quad . \qquad (5\text{-}46.2)$$

$h_1(t)$ und $h_2(t)$ liegen jedoch auch am Eingang des jeweils an den anderen Impuls angepaßten Filters. Man erhält für die Abtastwerte der Filterausgänge in diesen Fällen:

$$z_1(\eta, iT|h_2) = K \int_{-\infty}^{+\infty} h_1(t)\, h_2(t)\, dt + z_{1n}(\eta, iT) \quad , \qquad (5\text{-}47.1)$$

$$z_2(\eta, iT|h_1) = K \int_{-\infty}^{+\infty} h_2(t)\, h_1(t)\, dt + z_{2n}(\eta, iT) \quad . \qquad (5\text{-}47.2)$$

Die signalbedingten Anteile in den Ausgangsprozessen der jeweils fehlangepaßten Filter sind somit gleich. Sie verschwinden, wenn beide Impulse $h_1(t)$ und $h_2(t)$ orthogonal zueinander sind:

$$\int_{-\infty}^{+\infty} h_1(t)\, h_2(t)\, dt = 0 \quad . \qquad (5\text{-}48)$$

Der dem Abtaster nachgeschaltete Detektor entscheidet, daß $h_1(t)$ gesendet wurde, wenn der Abtastwert des Ausgangs des ersten Filters größer als der des zweiten Filters ist.

Beispiel 5.3: Orthogonale Impulse

Ein Empfänger enthalte zwei an die Impulse $h_1(t)$ und $h_2(t)$ angepaßte Filter (Bild 5.7). Es seien:

$$h_1(t) = \begin{cases} 1 & 0 \leq t < T \\ 0 & \text{sonst} \end{cases} \quad ,$$

$$h_2(t) = \begin{cases} 1 & 0 \leq t < T/2 \\ -1 & T/2 \leq t < T \\ 0 & \text{sonst} \end{cases}$$

(s. Beispiele 5.1 und 5.2). Die Störung sei stationäres weißes Rauschen. Bild 5.8 zeigt die (ungestörten) Antworten der jeweils nichtangepaßten Filter auf die Impulse $h_2(t)$ bzw. $h_1(t)$. Der angenommene Auswertezeitpunkt ist $t_0 = T$.

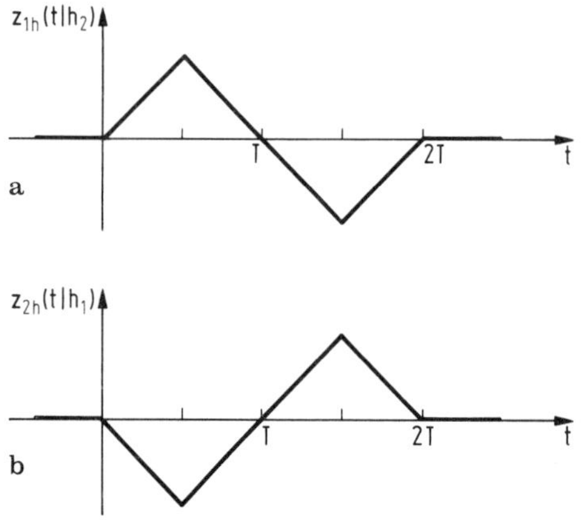

Bild 5.8: a) Antwort des auf $h_1(t)$ angepaßten Filters auf $h_2(t)$ und b) Antwort des auf $h_2(t)$ angepaßten Filters auf $h_1(t)$ (s. Beispiel 5.3)

Das nichtkausale signalangepaßte Filter für <u>farbiges Rauschen</u> kann aus Gl.(5-26) durch Fouriertransformation bestimmt werden. Mit der Abkürzung

$$K_0 = h_0 - \int_{-\infty}^{+\infty} g_0(u)\, h(t_0 - u)\, du \tag{5-49}$$

erhält man für die Fouriertransformierte der optimalen nichtkausalen Gewichtsfunktion:

$$G_0(\omega) = K_0 \frac{H(\omega)^*}{S_{nn}(\omega)} e^{-j\omega t_0} \quad . \tag{5-50}$$

Hierbei sind $H(\omega)$ die Fouriertransformierte des Impulses $h(t)$, an die das Filter angepaßt werden soll, und $S_{nn}(\omega)$ das Autoleistungsdichtespektrum der stationären Störung. Der Faktor $\exp(-j\omega t_0)$ deutet auf die Totzeit zwischen Sendezeitpunkt des Impulses und Auswertezeitpunkt hin. Der Zahlenwert des reellen Faktors K_0 ist für das Verhältnis von Signalleistung zu Rauschleistung am Ausgang des signalangepaßten Filters ohne Bedeutung. Für die durch einen Impuls $h(t-t_s)$ am Filterausgang zum Zeitpunkt $t_s + t_0$ erzeugte Amplitude erhält man:

$$z_h(t_s + t_0) = \int_{-\infty}^{+\infty} g(u)\, h(t_0 - u)\, du = \frac{1}{2\pi} K_0 \int_{-\infty}^{+\infty} \frac{|H(\omega)|^2}{S_{nn}(\omega)}\, d\omega \ . \tag{5-51}$$

Die mittlere Leistung der Störung am Filterausgang ist gegeben durch:

$$P_n = E\{z_n(\eta,t)^2\} = \frac{1}{2\pi}\int_{-\infty}^{+\infty} S_{nn}(\omega)\ |G_0(\omega)|^2\ d\omega$$

$$= \frac{1}{2\pi} K_0^{\ 2} \int_{-\infty}^{+\infty} \frac{|H(\omega)|^2}{S_{nn}(\omega)}\ d\omega \quad . \tag{5-52}$$

Für das Verhältnis von Signalleistung zur mittleren Leistung der Störung im Auswertezeitpunkt erhält man daher endlich:

$$\frac{z_h(t_s + t_0)^2}{P_n} = \frac{1}{2\pi}\int_{-\infty}^{+\infty} \frac{|H(\omega)|^2}{S_{nn}(\omega)}\ d\omega \quad . \tag{5-53}$$

Für weißes Rauschen folgt daraus wieder Gl.(5-36).

Gemäß Abschnitt 4.3.7 kann das Autoleistungsdichtespektrum $S_{nn}(\omega)$ in zwei zueinander konjugiert komplexe Faktoren $L(j\omega)$ und $L(j\omega)^*$ zerlegt werden:

$$S_{nn}(\omega) = L(j\omega)\ L(j\omega)^* \quad . \tag{5-54}$$

Hierbei kann $L(j\omega)$ der Frequenzgang eines kausalen phasenminimalen Filters sein. Dies bedeutet, daß auch $1/L(j\omega)$ kausal und phasenminimal ist. Das optimale signalangepaßte Filter für farbiges Rauschen (s. Gl. (5-50)) läßt sich daher als Reihenschaltung aus zwei Filtern darstellen (Bild 5.9):

$$G_0(\omega) = G_{01}(\omega)\ G_{02}(\omega) = \frac{1}{L(j\omega)}\ \frac{K_0\ H(\omega)^*}{L(j\omega)^*}\ e^{-j\omega t_0} \quad . \tag{5-55}$$

Das erste Filter ist ein kausales Formfilter, das aus der farbigen Störung eine weiße Störung erzeugt. Das zweite Filter ist ein signalangepaßtes Filter für weißes Rauschen, wobei die Gewichtsfunktion dieses Filters an den durch das erste Filter verformten Impuls angepaßt ist.

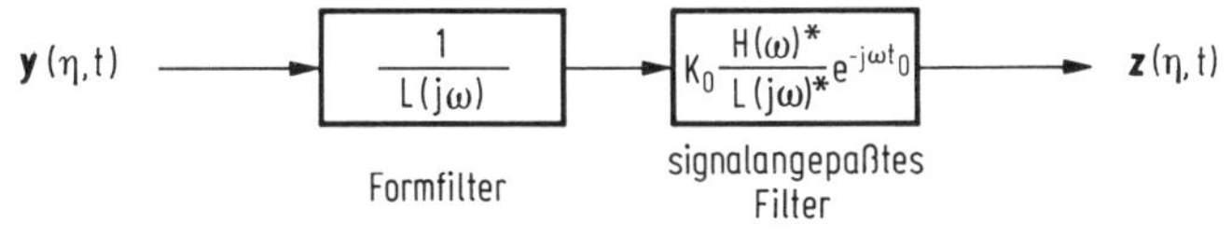

Bild 5.9: Aufspaltung eines nichtkausalen signalangepaßten Filters in ein Formfilter und ein signalangepaßtes Filter für weißes Rauschen

5.2.2 Kausales Filter

Nach Gl.(5-55) kann ein signalangepaßtes Filter für farbiges Rauschen immer auf eine Reihenschaltung aus einem Formfilter und einem signalangepaßten Filter für weißes Rauschen zurückgeführt werden. Da das Formfilter kausal ist, reicht es aus, eine optimale kausale Gewichtsfunktion für ein signalangepaßtes Filter bei weißer Störung herzuleiten.

Für eine kausale Gewichtsfunktion gilt Gl.(5-13) (Orthogonalitätstheorem) nur noch für $u \geq 0$, d.h., die Orthogonalität zwischen Fehler und Filtereingangsprozeß ist nur noch für die Vergangenheit des Eingangsprozesses gegeben. Auch die Gl.(5-24) gilt nur noch für $u \geq 0$, und folglich gelten die Gln.(5-25) und (5-26) nur noch für $t \leq t_s + t_0$. Anstelle von Gl.(5-26) erhält man nach einer Variablentransformation:

$$h(t)\left(h_0 - \int_{-\infty}^{+\infty} g_0(u)\, h(t_0 - u)\, du\right)$$

$$- \int_{-\infty}^{+\infty} g_0(u)\, R_{nn}(t_0 - t - u)\, du = 0 \quad \text{für alle } t \leq t_0 \;. \qquad (5\text{-}56)$$

Dies ist eine Integralgleichung vom Wiener-Hopf Typ. Wie sie für farbiges Rauschen gelöst werden kann, wird im Abschnitt 5.3.2 gezeigt. Wir wollen hier - wie eingangs begründet - diese Gleichung nur für stationäres weißes Rauschen mit einer Autokorrelationsfunktion gemäß Gl. (5-27) auflösen. Benutzt man wieder die Abkürzung

$$K = \left(h_0 - \int_{-\infty}^{+\infty} g_0(u)\, h(t_0 - u)\, du\right) / N_0 \quad ,$$

so erhält man aus Gl.(5-56):

$$K\, h(t) = g_0(t_0 - t) \qquad \text{für alle } t \leq t_0$$

oder schließlich:

$$g_0(t) = K\, h(t_0 - t) \qquad \text{für alle } t \geq 0 \quad . \qquad (5\text{-}57)$$

Für alle $t < 0$ verschwindet $g_0(t)$ wegen der vorausgesetzten Kausalität (s. Gl.(4-11.1)), so daß die vollständige Gleichung für die Gewichtsfunktion eines kausalen signalangepaßten Filters bei weißer Störung endlich lautet:

$$g_0(t) = \begin{cases} 0 & t < 0 \\ K\, h(t_0 - t) & t \geq 0 \end{cases} \quad . \tag{5-58}$$

K ist hierbei wieder ein beliebiger reeller Verstärkungsfaktor. Das Ergebnis bedeutet, daß sich die optimalen kausalen und nichtkausalen Gewichtsfunktionen nur bei negativen Zeiten unterscheiden. Die kausale Gewichtsfunktion ist hier definitionsgemäß gleich Null. Verschwindet bereits die nichtkausale Gewichtsfunktion bei negativen Zeiten (s. Beispiele 5.1 und 5.2), so unterscheiden sich die kausale und die nichtkausale Gewichtsfunktion nicht. Dieser einfache Zusammenhang gilt jedoch nur bei weißer Störung.

Eine Lösung für <u>farbiges Rauschen</u> erhält man analog zur nichtkausalen Lösung durch Aufspaltung des signalangepaßten Filters in zwei Filter. Das erste Filter ist ein Formfilter mit dem Frequenzgang $1/L(j\omega)$ (s. Abschnitt 5.2.1). Das zweite Filter ist nun an den durch das Formfilter verzerrten Impuls anzupassen. Für diesen gilt:

$$h_F(t) = \frac{1}{2\pi} \int_{-\infty}^{+\infty} \frac{H(\omega)}{L(j\omega)}\, e^{j\omega t}\, d\omega \quad . \tag{5-59}$$

Hierbei ist $H(\omega)$ die Fouriertransformierte von $h(t)$. $L(j\omega)$ erhält man aus Gl.(5-54). Mit Gl.(5-58) erhält man somit für die Gewichtsfunktion des zweiten Filters:

$$g_{02}(t) = \begin{cases} 0 & t < 0 \\ \dfrac{1}{2\pi} \displaystyle\int_{-\infty}^{+\infty} \frac{H(\omega)}{L(j\omega)}\, e^{-j\omega(t - t_0)}\, d\omega & t \geq 0 \end{cases} \quad .$$

Gleichwertig ist eine Integration über die konjugiert komplexen Größen:

$$g_{02}(t) = \begin{cases} 0 & t < 0 \\ \dfrac{1}{2\pi} \displaystyle\int_{-\infty}^{+\infty} \frac{H(\omega)^*}{L(j\omega)^*}\, e^{j\omega(t - t_0)}\, d\omega & t \geq 0 \end{cases} \quad . \tag{5-60}$$

Für die Fouriertransformierte der optimalen Gewichtsfunktion des kausalen signalangepaßten Filters für farbiges Rauschen erhält man damit endlich:

$$G_0(\omega) = \frac{1}{L(j\omega)} \int_0^{+\infty} \frac{1}{2\pi} \int_{-\infty}^{+\infty} \frac{H(u)^*}{L(ju)^*} e^{ju(t - t_0)} du \, e^{-j\omega t} dt \quad . \qquad (5\text{-}61)$$

Hierbei stellt das innere Integral die über $t = 0$ hinaus fortgesetzte Fourierrücktransformierte der Gewichtsfunktion $g_{02}(t)$ (s. Gl.(5-60)) dar. Die untere Grenze des äußeren Integrals liegt bei $t = 0$. Sie bewirkt damit, daß die nach der Rücktransformation bei negativen Zeiten noch vorhandenen Anteile abgeschnitten werden.

Beispiel 5.4: Kausales signalangepaßtes Filter

Es seien

$$h(t) = \begin{cases} 0 & t < 0 \\ e^{-at} & t \geq 0 \end{cases} ,$$

$$S_{nn}(\omega) = N_0 \quad \text{und} \quad t_s = 0 \; .$$

Dann erhält man für die Gewichtsfunktion des kausalen signalangepaßten Filters:

$$g_0(t) = \begin{cases} K\, e^{-a(t_0 - t)} & 0 \leq t \leq t_0 \\ 0 & \text{sonst} \end{cases}$$

(Bild 5.10 b). Für den Impuls am Ausgang des signalangepaßten Filters gilt:

$$\begin{aligned} z_h(t) &= \int_{-\infty}^{+\infty} g_0(u)\, h(t - u)\, du \\ &= \begin{cases} 0 & t < 0 \\ \frac{K}{2a} e^{-at_0} (e^{at} - e^{-at}) & 0 \leq t \leq t_0 \\ \frac{K}{2a} e^{-at} (e^{at_0} - e^{-at_0}) & t_0 < t \end{cases} \end{aligned}$$

(Bild 5.10 c). $z_h(t)$ erreicht sein Maximum zum Auswertezeitpunkt t_0:

$$z_h(t_0) = \frac{K}{2a} (1 - e^{-2at_0}) \quad .$$

K ist in diesen Ergebnissen eine Konstante mit beliebigem Zahlenwert. Mit wachsendem t_0, d.h. mit wachsender Totzeit zwischen Sendezeitpunkt und Auswertezeitpunkt, nähert sich die kausale Gewichtsfunktion der nichtkausalen Gewichtsfunktion.

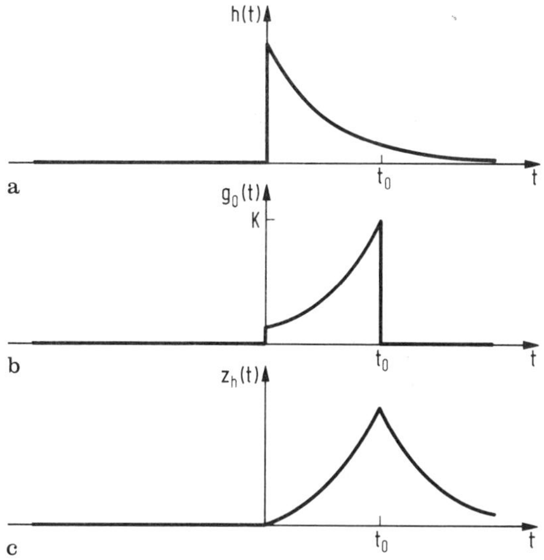

Bild 5.10: a) Sendeimpuls, b) optimale kausale Gewichtsfunktion und c) Signalimpuls am Ausgang des signalangepaßten Filters (s. Beispiel 5.4)

5.3 Wiener-Kolmogoroff Filter

Wiener [5.3] und Kolmogoroff [5.4] haben unabhängig von einander etwa gleichzeitig ein Verfahren für den Entwurf eines linearen Filters zur optimalen Schätzung eines additiv gestörten Signalprozesses angegeben. Dabei haben sie vorausgesetzt, daß die statistischen Eigenschaften des Signalprozesses und der Störung bekannt sind und daß der mittlere quadratische Fehler des Schätzwertes minimiert werden soll. Wir leiten im folgenden die Gewichtsfunktion des Wiener-Kolmogoroff Filters bzw. deren Fouriertransformierte zunächst für zeitkontinuierliche Systeme her. Anschließend betrachten wir das zeitdiskrete Filter.

5.3.1 Zeitkontinuierliches nichtkausales Filter

Das Optimalfilter nach Wiener und Kolmogoroff minimiert den mittleren quadratischen Fehler zwischen einem geschätzten Zufallsprozeß $z_0(\eta,t)$ - dem Ausgangsprozeß des Filters - und einem Zufallsprozeß $d(\eta,t)$, der linear aus dem eigentlichen Signalprozeß $x(\eta,t)$ abgeleitet ist

(Bild 5.1). Wir werden hier zunächst annehmen, daß $d(\eta,t)$ sich von $x(\eta,t)$ durch eine positive oder negative Totzeit unterscheidet:

$$d(\eta,t) = x(\eta,t - t_0) \quad . \tag{5-62}$$

Für $t_0 \geq 0$ ist damit ein Filterproblem im engeren Sinne zu lösen. Bei $t_0 < 0$ liegt ein Vorhersageproblem (Prädiktionsproblem) vor, bei dem der Verlauf der Musterfunktion eines Signalprozesses um eine Zeit t_0 vorhergesagt werden soll. Genau wie beim signalangepaßten Filter (s. Abschnitt 5.2.1) wird die Größe von t_0 allerdings nur bei kausalen Filtern die Güte der Schätzung beeinflussen. Überlegungen für den Fall, daß $d(\eta,t)$ allgemein durch eine lineare Operation aus $x(\eta,t)$ hergeleitet ist, finden sich im Abschnitt 5.3.4.

Die Lösung des Optimalfilterproblems erfordert zwei wesentliche Voraussetzungen: Signalprozeß und Störung überlagern sich additiv,

$$y(\eta,t) = x(\eta,t) + n(\eta,t) \quad , \tag{5-63}$$

und beide Prozesse sind mindestens schwach stationär. Die zweite Annahme setzt der Anwendung des Wiener-Kolmogoroff Filters besonders in der Regelungstechnik enge Grenzen. Demgegenüber kann das Kalman Filter (s. Abschnitt 5.4) auch für instationäre Vorgänge hergeleitet und realisiert werden.

Bei den folgenden Ableitungen werden wir außer den bereits genannten Voraussetzungen annehmen, daß der Signalprozeß und die Störung mittelwertfrei sind:

$$E\{x(\eta,t)\} = E\{n(\eta,t)\} = 0 \quad . \tag{5-64}$$

Für die Bestimmung der optimalen Gewichtsfunktion können wir von Gl.(5-13), dem Orthogonalitätstheorem, ausgehen. Da wir zunächst auf Kausalität verzichten, d.h. $g_0(t) \neq 0$ für alle t zulassen, gilt Gl.(5-13) für alle u:

$$E\{e(\eta,t)_{min}\; y(\eta,t - u)\} = 0 \quad \text{für alle } u \; . \tag{5-65}$$

Mit Gl.(5-62) und den Bezeichnungen aus Bild 5.1 folgt daraus:

$$E\{(x(\eta,t - t_0) - z_0(\eta,t))\; y(\eta,t - u)\} = 0 \quad \text{für alle } u \; . \tag{5-66}$$

Setzt man schließlich noch

$$z_0(\eta,t) = \int_{-\infty}^{+\infty} g_0(v)\; y(\eta,t-v)\; dv \tag{5-67}$$

ein und wertet den Erwartungswert aus, so erhält man:

$$R_{yx}(u-t_0) - \int_{-\infty}^{+\infty} g_0(v)\; R_{yy}(u-v)\; dv = 0 \quad \text{für alle } u\;. \tag{5-68}$$

Dies ist die <u>Wiener-Hopfsche Integralgleichung</u>. Bei nichtkausalem Filter gilt sie für alle u. Sie kann daher hier durch Fouriertransformation gelöst werden:

$$S_{yx}(\omega)\; e^{-j\omega t_0} = G_0(\omega)\; S_{yy}(\omega)\;. \tag{5-69}$$

Für die Fouriertransformierte der optimalen nichtkausalen Gewichtsfunktion erhält man somit:

$$G_0(\omega) = \frac{S_{yx}(\omega)}{S_{yy}(\omega)}\; e^{-j\omega t_0}\;. \tag{5-70}$$

Hierbei muß $S_{yy}(\omega) \neq 0$ für alle ω vorausgestzt werden. In einem Intervall, in dem $S_{yy}(\omega) = 0$ ist, verschwindet die mittlere Leistung des Eingangsprozesses des Filters. $G_0(\omega)$ kann daher hier beliebige Werte annehmen. Zweckmäßig setzt man in einem derartigen Intervall $G_0(\omega) = 0$. Berücksichtigt man in Gl.(5-70) schließlich noch Gl.(5-63) und ersetzt die Leistungsdichtespektren durch die entsprechenden Summen, so folgt endlich:

$$G_0(\omega) = \frac{S_{xx}(\omega) + S_{nx}(\omega)}{S_{xx}(\omega) + S_{xn}(\omega) + S_{nx}(\omega) + S_{nn}(\omega)}\; e^{-j\omega t_0}\;. \tag{5-71}$$

Sind Signalprozeß und Störung <u>unkorreliert</u> (s. Def. 3.16), so vereinfacht sich mit Gl.(5-64) dieser Ausdruck zu:

$$G_0(\omega) = \frac{S_{xx}(\omega)}{S_{xx}(\omega) + S_{nn}(\omega)}\; e^{-j\omega t_0}\;. \tag{5-72}$$

Das Wiener-Kolmogoroff Filter wirkt somit wie ein frequenzabhängiger Teiler, wobei das Teilerverhältnis durch die Leistungsdichtespektren von Signal und Störung bestimmt wird. Der Faktor $\exp(-j\omega t_0)$ repräsentiert die zwischen Signal und Schätzwert angenommene Totzeit.

Zur Beurteilung der Güte der Schätzung bestimmen wir den kleinsten mittleren quadratischen Fehler:

$$\overline{e(\eta,t)^2_{min}} = E\{(\mathbf{x}(\eta,t-t_0) - \mathbf{z}_0(\eta,t))^2\} \quad . \tag{5-73}$$

Daraus folgt:

$$\overline{e(\eta,t)^2_{min}} = E\{(\mathbf{x}(\eta,t-t_0) - \mathbf{z}_0(\eta,t))\ \mathbf{x}(\eta,t-t_0)\}$$

$$- E\{(\mathbf{x}(\eta,t-t_0) - \mathbf{z}_0(\eta,t))\ \mathbf{z}_0(\eta,t)\} \quad . \tag{5-74}$$

Aus der Orthogonalität von minimalem Fehler und Eingangsprozeß des Optimalfilters (s. Gl.(5-65)) und der Tatsache, daß der optimale Schätzwert eine lineare Funktion des Eingangsprozesses ist (s. Gl.(5-67)), folgt auch die Orthogonalität von Fehler und optimalem Schätzwert. Daher verschwindet der zweite Summand in Gl.(5-74) und man erhält mit Gl.(5-67):

$$\overline{e(\eta,t)^2_{min}} = R_{\mathbf{xx}}(0) - \int_{-\infty}^{+\infty} g_0(v)\ R_{\mathbf{yx}}(v-t_0)\ dv \quad . \tag{5-75}$$

Die Korrelationsfunktionen und die optimale Gewichtsfunktion lassen sich durch deren Fouriertransformierte ausdrücken:

$$\overline{e(\eta,t)^2_{min}} = \frac{1}{2\pi} \int_{-\infty}^{+\infty} \left[S_{\mathbf{xx}}(\omega) - G_0(\omega)^*\ S_{\mathbf{yx}}(\omega)\ e^{-j\omega t_0}\right] d\omega \quad . \tag{5-76}$$

Setzt man abschließend noch die Fouriertransformierte der optimalen Gewichtsfunktion nach Gl.(5-70) ein und formt gemäß den Gln.(3-66) und (3-67) um, so erhält man:

$$\overline{e(\eta,t)^2_{min}} = \frac{1}{2\pi} \int_{-\infty}^{+\infty} \left[S_{\mathbf{xx}}(\omega) - \frac{S_{\mathbf{xy}}(\omega)\ S_{\mathbf{yx}}(\omega)}{S_{\mathbf{yy}}(\omega)}\right] d\omega \quad . \tag{5-77}$$

Sind Signal und Störung schließlich wieder unkorreliert, so vereinfacht sich dieser Ausdruck zu:

$$\overline{e(\eta,t)^2_{min}} = \frac{1}{2\pi} \int_{-\infty}^{+\infty} \frac{S_{\mathbf{xx}}(\omega)\ S_{\mathbf{nn}}(\omega)}{S_{\mathbf{xx}}(\omega) + S_{\mathbf{nn}}(\omega)}\ d\omega \quad . \tag{5-78}$$

Da das Optimalfilter nichtkausal ist, kann es jede (positive oder negative) Totzeit ideal realisieren. Der Fehler hängt daher nicht von der Totzeit ab.

Beispiel 5.5: Nichtkausales Wiener-Kolmogoroff Filter

Es seien $\mathbf{x}(\eta,t)$ und $\mathbf{y}(\eta,t)$ stationäre, mittelwertfreie und unkorrelierte Zufallsprozesse mit

$$S_{\mathbf{xx}}(\omega) = \frac{S_0}{1+\omega^2 T^2} \quad \text{und} \quad S_{\mathbf{nn}}(\omega) = N_0 \ .$$

Die Totzeit sei t_0.

Für die Fouriertransformierte der Gewichtsfunktion des nichtkausalen Optimalfilters gilt dann (s. Gl.(5-72)):

$$G_0(\omega)\, e^{j\omega t_0} = \frac{S_0}{S_0 + (1+\omega^2T^2)\, N_0} = \frac{S_0/N_0}{(1+S_0/N_0) + \omega^2T^2} \ .$$

Durch Fourierrücktransformation erhält man hieraus die optimale Gewichtsfunktion:

$$g_0(t+t_0) = \begin{cases} \alpha\, e^{t/\beta T} & t < 0 \\ \alpha\, e^{-t/\beta T} & t \geq 0 \end{cases}$$

oder nach einer Variablentransformation:

$$g_0(t) = \begin{cases} \alpha\, e^{(t-t_0)/\beta T} & t < t_0 \\ \alpha\, e^{-(t-t_0)/\beta T} & t \geq t_0 \end{cases}$$

mit den Abkürzungen

$$\alpha = \frac{1}{2T}\sqrt{\frac{S_0}{N_0}\,\frac{S_0}{S_0+N_0}} \qquad \text{und} \qquad \beta = \sqrt{\frac{N_0}{S_0+N_0}}$$

(Bild 5.11). Die Gewichtsfunktion des Optimalfilters ist somit symmetrisch zu $t = t_0$. Die Zeitkonstante βT strebt mit wachsender Störung gegen T, gleichzeitig nähert sich der Verstärkungsfaktor α dem Wert Null. Bei verschwindender Störung strebt $g_0(t)$ gegen eine ideale Totzeit mit der Gewichtsfunktion

$$g_0(t) = \delta(t - t_0) \ .$$

Für den mittleren quadratischen Fehler der Schätzung erhält man aus Gl.(5-78):

$$\overline{e(\eta,t)^2_{min}} = \frac{1}{2\pi}\int_{-\infty}^{+\infty}\frac{S_0\ N_0}{S_0 + N_0(1+\omega^2T^2)}\,d\omega = \frac{S_0}{2T}\,\beta = \frac{S_0}{2T}\sqrt{\frac{N_0}{S_0+N_0}} \quad .$$

Für die mittlere Signalleistung gilt:

$$E\{x(\eta,t)^2\} = R_{xx}(0) = \frac{1}{2\pi}\int_{-\infty}^{+\infty} S_{xx}(\omega)\ d\omega = \frac{S_0}{2T} \quad .$$

Auf diese Größe kann man den mittleren quadratischen Fehler normieren:

$$\frac{\overline{e(\eta,t)^2_{min}}}{R_{xx}(0)} = \beta = \sqrt{\frac{N_0}{S_0+N_0}} \quad .$$

Diese Größe liegt zwischen null (keine Störung) und eins (sehr große Störung).

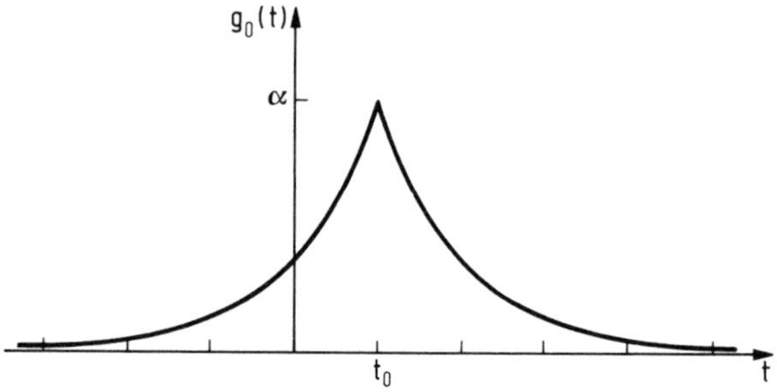

Bild 5.11: Gewichtsfunktion eines nichtkausalen Wiener-Kolmogoroff Filters (s. Beispiel 5.5)

5.3.2 Zeitkontinuierliches kausales Filter

Im Gegensatz zum vorangehenden Abschnitt fordern wir nun, daß das Optimalfilter kausal ist. Dies bedeutet, daß wir

$$g_0(t) = 0 \quad \text{für alle } t < 0$$

vorschreiben (s. Gl.(4-11.1)). Die in Gl.(5-13) formulierte Orthogonalität zwischen dem kleinsten Fehler und dem Eingangsprozeß des optimalen Filters gilt somit nur noch für die Vergangenheit des Eingangsprozesses. Gl.(5-13) lautet daher jetzt:

$$E\{e(\eta,t)_{min}\ y(\eta,t-u)\} = 0 \text{ für alle } u \geq 0 \quad . \tag{5-79}$$

Mit den Umformungen entsprechend den Gln.(5-66) und (5-67) kommt man wieder zur Wiener-Hopfschen Integralgleichung, die nun aber nur noch für $u \geq 0$ gilt:

$$R_{yx}(u - t_0) - \int_{-\infty}^{+\infty} g_0(v)\, R_{yy}(u - v)\, dv = 0 \text{ für alle } u \geq 0. \quad (5\text{-}80)$$

Für $u < 0$ ist es offen, welchen Wert die linke Seite der Gleichung annimmt. Die Gleichung kann daher nicht mehr wie im nichtkausalen Fall direkt transformiert werden. Um auch hier eine Transformation durchführen zu können, setzt man die linke Seite von Gl.(5-80) gleich einer Funktion $q(u)$:

$$R_{yx}(u - t_0) - \int_{-\infty}^{+\infty} g_0(v)\, R_{yy}(u - v)\, dv = q(u) \quad \text{für alle } u. \quad (5\text{-}81)$$

Damit gilt Gl.(5-81) wieder für alle u. Von der Funktion $q(u)$ ist aus Gl.(5-80) bekannt, daß

$$q(u) = 0 \quad \text{für alle } u \geq 0 \quad (5\text{-}82)$$

ist. Unterwirft man nun Gl.(5-81) der zweiseitigen Laplacetransformation, so folgt aus Gl.(5-82), daß

$$L_q(s) = \int_{-\infty}^{+\infty} q(u)\, e^{-su}\, du \quad (5\text{-}83)$$

analytisch in der linken s-Halbebene ist. Für die zweiseitige Laplacetransformierte der gesuchten Gewichtsfunktion $g_0(t)$,

$$L_g(s) = \int_{-\infty}^{+\infty} g_0(t)\, e^{-st}\, dt \quad , \quad (5\text{-}84)$$

folgt dagegen aus der vorausgesetzten Kausalität, daß $L_g(s)$ analytisch in der rechten s-Halbebene ist. Mit

$$L_{yx}(s) = \int_{-\infty}^{+\infty} R_{yx}(\tau)\, e^{-s\tau}\, d\tau \quad (5\text{-}85)$$

und $$L_{yy}(s) = \int_{-\infty}^{+\infty} R_{yy}(\tau)\, e^{-s\tau}\, d\tau \quad (5\text{-}86)$$

erhält man aus Gl.(5-81):

$$L_{yx}(s)\, e^{-st_0} - L_g(s)\, L_{yy}(s) = L_q(s) \quad . \quad (5\text{-}87)$$

Hierbei sind $L_{yx}(s)$ und $L_{yy}(s)$ analytisch in einem Streifen der s-Ebene, der die $j\omega$-Achse enthält. Für die Laplacetransformierte $L_{yy}(s)$

der Autokorrelationsfunktion $R_{yy}(\tau)$ gilt daher wieder, daß $L_{yy}(j\omega) = S_{yy}(\omega)$ ist . Sie kann somit gemäß Gl.(4-72.1) derart in zwei Faktoren zerlegt werden, daß L(s) analytisch in der <u>rechten</u> s-Halbebene und folglich L(-s) analytisch in der <u>linken</u> s-Halbebene ist:

$$L_{yy}(s) = L(s)\, L(-s) \quad .$$

Ist $S_{yy}(\omega)$ eine gebrochen rationale Funktion, so enthält L(s) alle Pole und Nullstellen von $L_{yy}(s)$ in der linken s-Halbebene (s. Abschnitt 4.3.7). L(s) und auch sein Kehrwert 1/L(s) sind somit kausal und phasenminimal. Dividiert man Gl.(5-87) durch L(-s),

$$\frac{L_{yx}(s)\, e^{-st_0}}{L(-s)} - L_g(s)\, L(s) = \frac{L_q(s)}{L(-s)} \quad , \qquad (5\text{-}88)$$

so ist der zweite Summand der linken Seite der Gleichung analytisch in der <u>rechten</u> s-Halbebene, die rechte Seite der Gleichung dagegen analytisch in der <u>linken</u> s-Halbebene. Gl.(5-88) kann nach $L_g(j\omega) = G_0(\omega)$ aufgelöst werden, wenn man den ersten Summanden der linken Seite der Gleichung derart in eine Summe aus zwei Funktionen zerlegt,

$$\frac{L_{yx}(s)}{L(-s)}\, e^{-st_0} = K_+(s) + K_-(s) \quad , \qquad (5\text{-}89)$$

daß $K_+(s)$ analytisch in der <u>rechten</u> und $K_-(s)$ analytisch in der <u>linken</u> s-Halbebene sind. Diese Zerlegung kann dadurch erreicht werden, daß man den gesamten Ausdruck zunächst in den Zeitbereich zurücktransformiert:

$$k(t) = k_+(t) + k_-(t) = \frac{1}{2\pi j} \int_{-\infty}^{+\infty} \frac{L_{yx}(s)}{L(-s)}\, e^{s(t-t_0)}\, ds \quad . \qquad (5\text{-}90)$$

Die Rücktransformierte $k_+(t)$ von $K_+(s)$ verschwindet voraussetzungsgemäß für alle $t < 0$, $k_-(t)$, die Rücktransformierte von $K_-(s)$, ist gleich Null für alle $t \geq 0$:

$$k_+(t) = \begin{cases} 0 & t < 0 \\ k(t) & t \geq 0 \end{cases} \quad . \qquad (5\text{-}91)$$

Man erhält $K_+(s)$, indem man den bei positiven Zeiten liegenden Teil $k_+(t)$ von k(t) wieder in den s-Bereich transformiert:

$$K_+(s) = \int_0^{+\infty} \left[\frac{1}{2\pi j} \int_{-\infty}^{+\infty} \frac{L_{yx}(u)}{L(-u)}\, e^{u(t-t_0)}\, du \right] e^{-st}\, dt \quad . \qquad (5\text{-}92)$$

$K_-(s)$ kann analog bestimmt werden, es ist jedoch für die Berechnung der optimalen Gewichtsfunktion $g_0(t)$ ohne Bedeutung. Mit Gl.(5-89) läßt sich Gl.(5-88) in zwei Gleichungen aufspalten, da jeweils Gleichheit zwischen den Summanden bestehen muß, die in der rechten bzw. linken s-Halbebene analytisch sind:

$$L_g(s) = K_+(s) \;/\; L(s) \quad , \tag{5-93}$$

$$L_q(s) = K_-(s)\, L(-s) \quad . \tag{5-94}$$

Gl.(5-94) wird im folgenden nicht mehr benötigt. Für $s = j\omega$ erhält man aus Gl.(5-93) die Fouriertransformierte $G_0(\omega)$ der gesuchten optimalen Gewichtsfunktion $g_0(t)$:

$$G_0(\omega) = L_g(j\omega) = \frac{1}{L(j\omega)} K_+(j\omega) \quad . \tag{5-95}$$

Setzt man hier schließlich Gl.(5-92) ein, so erhält man:

$$G_0(\omega) = \frac{1}{L(j\omega)} \int_0^{+\infty} \frac{1}{2\pi j} \int_{-\infty}^{+\infty} \frac{L_{\mathbf{yx}}(u)}{L(-u)}\, e^{u(t - t_0)}\, du\; e^{-j\omega t}\, dt . \tag{5-96}$$

Dieses Ergebnis zeigt, daß sich auch das kausale Wiener-Kolmogoroff Filter als Reihenschaltung eines Formfilters und eines Optimalfilters mit weißem Eingangsprozeß darstellen läßt (Bild 5.12). Grundsätzlich reicht es daher auch hier aus, die Wiener-Hopfsche Integralgleichung (s. Gl.(5-80)) für weißes Rauschen zu lösen (s. Abschnitt 5.2.2).

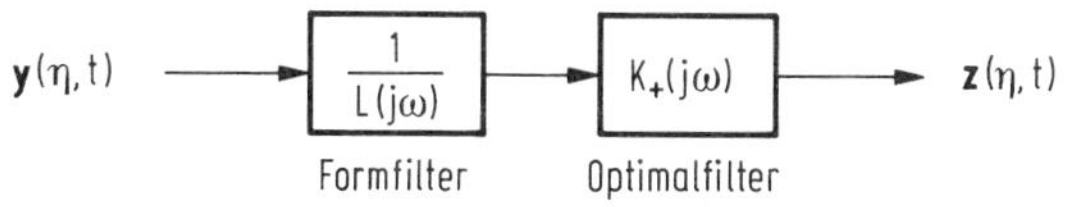

Bild 5.12: Darstellung eines kausalen Wiener-Kolmogoroff Filters als Reihenschaltung aus einem Formfilter und einem Optimalfilter mit weißem Eingangsprozeß

Abschließend wollen wir noch den kleinsten mittleren quadratischen Fehler berechnen, der bei kausaler linearer Schätzung erreicht werden kann. Wir gehen dabei von Gl.(5-75) aus und ersetzen den zweiten Summanden der rechten Seite durch Größen aus dem s-Bereich:

$$\overline{e(\eta,t)^2_{min}} = R_{xx}(0) - \frac{1}{2\pi j}\int_{-\infty}^{+\infty} L_g(-s)\, L_{yx}(s)\, e^{-st_0}\, ds \quad . \qquad (5\text{-}97)$$

Mit den Gln.(5-93), (5-92) und (5-90) und nach Vertauschen der Reihenfolge der Integrationen erhält man hieraus:

$$\overline{e(\eta,t)^2_{min}} = R_{xx}(0) - \int_{0}^{+\infty} k(v)^2\, dv \quad . \qquad (5\text{-}98)$$

Substituiert man schließlich noch $v = t + t_0$, so wird (s. Gl.(5-90)) der Integrand unabhängig von t_0:

$$\overline{e(\eta,t)^2_{min}} = R_{xx}(0) - \int_{-t_0}^{+\infty} k(t + t_0)^2\, dt \quad . \qquad (5\text{-}99)$$

Von der Totzeit t_0 ist dann nur noch die untere Integralgrenze abhängig. Da der Integrand nichtnegativ ist, bedeutet dies, daß der kleinste erzielbare mittlere quadratische Fehler bei kausaler linearer Schätzung mit wachsender Totzeit abnimmt. Bei unendlicher Totzeit erreicht er den mit nichtkausaler Schätzung erzielbaren Grenzwert.

Beispiel 5.6: Kausales Wiener-Kolmogoroff Filter

Es seien $x(\eta,t)$ und $n(\eta,t)$ unkorrelierte stationäre Zufallsprozesse mit

$$R_{xx}(\tau) = \frac{1}{2T} S_0\, e^{-|\tau|/T} \quad \text{und} \quad R_{nn}(\tau) = N_0\, \delta(\tau) \quad .$$

Zu bestimmen seien das kausale lineare Optimalfilter und der kleinste mittlere quadratische Fehler in Abhängigkeit von der Totzeit t_0.

Für die Autoleistungsdichtespektren der beiden Zufallsprozesse erhält man:

$$S_{xx}(\omega) = \frac{S_0}{1 + \omega^2 T^2} \; , \quad S_{nn}(\omega) = N_0$$

(s. auch Beispiel 5.5). Für das Leistungsdichtespektrum des Filtereingangs gilt:

$$S_{yy}(\omega) = S_{xx}(\omega) + S_{nn}(\omega) = (S_0 + N_0)\, \frac{1 + \omega^2\beta^2T^2}{1 + \omega^2T^2}$$

mit der Abkürzung

$$\beta = \sqrt{\frac{N_0}{S_0 + N_0}} \quad .$$

Für die zweiseitige Laplacetransformierte von

$$R_{yy}(\tau) = R_{xx}(\tau) + R_{nn}(\tau)$$

erhält man:

$$L_{yy}(s) = (S_0 + N_0)\,\frac{1 - s^2\beta^2T^2}{1 - s^2T^2} .$$

Diese Funktion hat zwei Nullstellen und zwei Pole:

$$s_{01} = 1 / \beta T \;, \quad s_{02} = -1 / \beta T \;,$$

$$s_{\infty 1} = 1 / T \;, \quad s_{\infty 2} = -1 / T$$

(Bild 5.13). Für die in der rechten s-Halbebene analytische Funktion L(s) erhält man daher:

$$L(s) = \sqrt{S_0 + N_0}\,\frac{1 + s\beta T}{1 + sT} .$$

Für die Kreuzkorrelationsfunktion $R_{yx}(\tau)$ gilt:

$$R_{yx}(\tau) = R_{xx}(\tau) .$$

Für deren zweiseitige Laplacetransformierte erhält man:

$$L_{yx}(s) = S_0\,\frac{1}{1 - s^2T^2} .$$

Mit diesen Funktionen kann k(t) aus Gl.(5-90) berechnet werden:

$$k(t) = \frac{\sqrt{N_0}}{\beta T}(1 - \beta) \cdot \begin{cases} e^{-(t - t_0)/T} & t \geq t_0 \\ e^{(t - t_0)/\beta T} & t < t_0 \end{cases} .$$

Wir betrachten nun zunächst den (einfacheren) Fall der Prädiktion ($t_0 < 0$) und bestimmen $K_+(s)$:

$$K_+(s) = \sqrt{N_0}\,\frac{1 - \beta}{\beta}\,\frac{1}{1 + sT}\,e^{t_0/T} .$$

Somit folgt aus Gl.(5-93):

$$L_g(s) = (1 - \beta)\,\frac{1}{1 + s\beta T}\,e^{t_0/T} .$$

Diese Funktion kann in den Zeitbereich zurücktransformiert werden. Man erhält dann die gesuchte Gewichtsfunktion des optimalen Prädiktors:

$$g_0(t) = \begin{cases} 0 & t < 0 \\ \dfrac{1}{\beta T}(1 - \beta)\,e^{t_0/T}\,e^{-t/\beta T} & t \geq 0 \end{cases} .$$

Der kleinste, auf die mittlere Signalleistung $R_{xx}(0)$ normierte Fehler kann aus Gl.(5-99) berechnet werden:

$$\frac{\overline{e(\eta,t)^2_{min}}}{R_{xx}(0)} = 1 - \frac{1-\beta}{1+\beta} e^{2t_0/T} \qquad \text{für} \quad t_0 < 0 \; .$$

Mit zunehmender Prädiktionszeit $-t_0$ nähert sich der Fehler somit der mittleren Signalleistung. In diesem Fall wird $g_0(t) = 0$ für alle t.

Für $t_0 \geq 0$ erhält man:

$$K_+(s) = \sqrt{N_0}\,(1-\beta)\left[\frac{1}{\beta}\frac{e^{-st_0}}{1+sT} - \frac{e^{-t_0/\beta T} - e^{-st_0}}{1-s\beta T}\right] .$$

Für $L_g(s)$ folgt dann aus Gl.(5-93):

$$L_g(s) = \beta\,(1-\beta)\left[\frac{1}{\beta}\frac{e^{-st_0}}{1+s\beta T} - (e^{-t_0/\beta T} - e^{-sT_0})\frac{1+sT}{1-s^2\beta^2T^2}\right].$$

Mit $s = j\omega$ erhält man hieraus die Fouriertransformierte der optimalen Gewichtsfunktion:

$$G_0(\omega) = L_g(j\omega) = \beta(1-\beta)\left[\frac{1}{\beta}\frac{e^{-j\omega t_0}}{1+j\omega\beta T} - (e^{-t_0/\beta T} - e^{-j\omega t_0})\frac{1+j\omega T}{1+\omega^2\beta^2T^2}\right].$$

Für $t_0 \to \infty$ erhält man daraus das optimale nichtkausale Filter:

$$G_{0\infty}(\omega) = (1-\beta^2)\frac{1}{1+\omega^2\beta^2T^2} e^{-j\omega t_0}$$

(s. Beispiel 5.5). Aus Gl.(5-99) folgt für den auf die mittlere Signalleistung normierten Fehler:

$$\frac{\overline{e(\eta,t)^2_{min}}}{R_{xx}(0)} = \beta\left[1 + \frac{1-\beta}{1+\beta} e^{-2t_0/\beta T}\right] \qquad \text{für } t_0 \geq 0 \; .$$

Diese Größe nimmt mit wachsender Totzeit t_0 monoton ab. Sie erreicht für $t_0 \to \infty$ den Wert des nichtkausalen Filters (Bild 5.14).

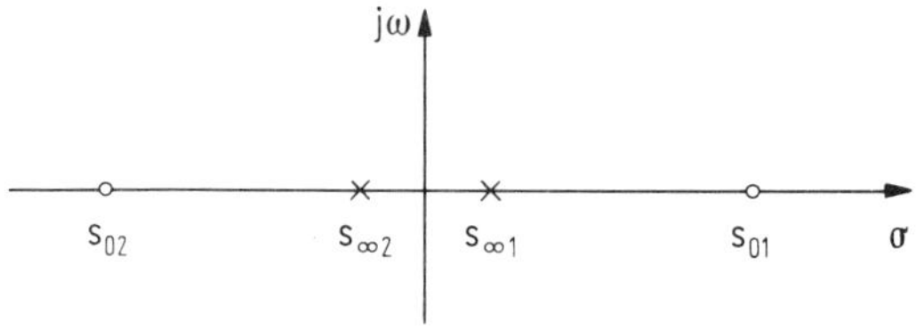

Bild 5.13: Pole und Nullstellen der Funktion $L_{yy}(s)$ (s. Beispiel 5.6)

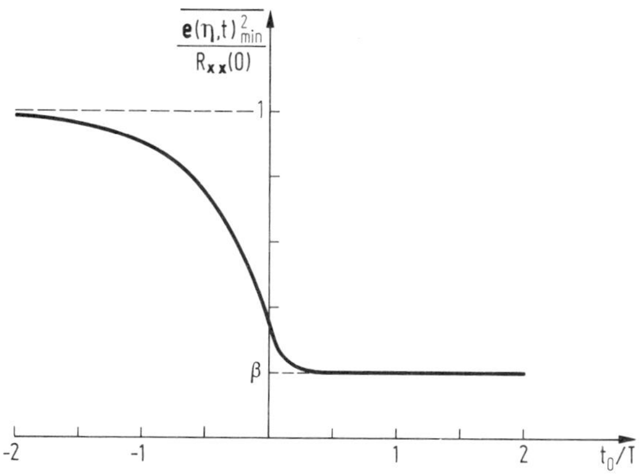

Bild 5.14: Kleinster mittlerer quadratischer Fehler bei kausalem Wiener-Kolmogoroff Filter als Funktion der Totzeit t_0 (s. Beispiel 5.6)

5.3.3 Prädiktion

Die im vorangehenden Abschnitt hergeleitete kausale Gewichtsfunktion des Wiener-Kolmogoroff Filters beschreibt im Sonderfall einen sog. "reinen" Prädiktor. Darunter versteht man ein lineares Filter, das aus einem ungestörten Eingangsprozeß

$$\mathbf{y}(\eta,t) = \mathbf{x}(\eta,t) \tag{5-100}$$

den Zufallsprozeß $\mathbf{x}(\eta,t-t_0)$, $t_0 \leq 0$, vorhersagt. Mit Gl.(5-100) ist

$$S_{\mathbf{yy}}(\omega) = S_{\mathbf{yx}}(\omega) = S_{\mathbf{xx}}(\omega) \quad , \tag{5-101}$$

und Gl.(5-92) vereinfacht sich zu:

$$K_+(s) = \int_0^{+\infty} \left[\frac{1}{2\pi j} \int_{-\infty}^{+\infty} L(u)\, e^{u(t-t_0)}\, du \right] e^{-st}\, dt \ . \tag{5-102}$$

Die Fouriertransformierte der optimalen kausalen Gewichtsfunktion (s. Gl.(5-96)) lautet dann:

$$G_0(\omega) = \frac{1}{L(j\omega)} \int_0^{+\infty} \frac{1}{2\pi j} \int_{-\infty}^{+\infty} L(u)\, e^{u(t-t_0)}\, du\, e^{-j\omega t}\, dt \ . \tag{5-103}$$

Für den Sonderfall $t_0 = 0$ wird $G_0(\omega) = 1$, d.h., der Prädiktor wird zur reinen Durchschaltung.

Beispiel 5.7: Prädiktor

Es sei $x(\eta,t)$ ein stationärer Zufallsprozeß mit der Autokorrelationsfunktion

$$R_{xx}(\tau) = \frac{1}{2T} S_0 \, e^{-|\tau|/T} .$$

Zu bestimmen sei ein kausales lineares Filter zur Vorhersage des Zufallsprozesses $x(\eta,t - t_0)$, $t_0 \leq 0$.

Man erhält (vergl. Beispiel 5.6):

$$S_{xx}(\omega) = S_{yx}(\omega) = S_{yy}(\omega) = \frac{\sqrt{S_0}}{1 + \omega^2 T^2} .$$

Dann ist

$$L(s) = \frac{S_0}{1 + sT} .$$

Damit kann k(t) aus Gl.(5-90) bestimmt werden:

$$k(t) = \frac{1}{2\pi j} \int_{-\infty}^{+\infty} L(s) \, e^{s(t-t_0)} \, ds .$$

Man erhält weiter:

$$k(t + t_0) = \frac{\sqrt{S_0}}{2\pi j} \int_{-\infty}^{+\infty} \frac{e^{st}}{1 + sT} ds$$

$$= \begin{cases} \dfrac{\sqrt{S_0}}{T} e^{-t/T} & t \geq 0 \\ 0 & t < 0 \end{cases} , \quad t_0 \leq 0 .$$

Folglich sind

$$k_+(t) = \begin{cases} 0 & t < 0 \\ \dfrac{\sqrt{S_0}}{T} e^{-(t-t_0)/T} & t \geq 0 \end{cases} \quad \text{und}$$

$$K_+(s) = \sqrt{S_0} \, e^{t_0/T} \frac{1}{1 + sT} , \qquad t_0 \leq 0 .$$

Damit werden endlich (nach Gl.(5-95)):

$$G_0(\omega) = e^{t_0/T} ,$$

$$g_0(t) = e^{t_0/T} \delta(t) , \quad t_0 \leq 0 .$$

Der Prädiktor ist somit in diesem Beispiel ein einfacher Teiler (ein Proportionalglied). Zur Erklärung dieses Ergebnisses können wir annehmen, daß der Zufallsprozeß $x(\eta,t)$ durch ein Formfilter erzeugt wird, das durch weißes Rauschen mit dem Autoleistungsdichtespektrum S_0 angeregt ist. Dieses Formfilter hat die Gewichtsfunktion

$$g_F(t) = \begin{cases} 0 & t < 0 \\ \frac{1}{T}\, e^{-t/T} & t \geq 0 \end{cases}$$

(s. Abschnitt 4.3.7). Wird dieses Filter bei t = 0 durch einen Impuls $T\delta(t)$ angeregt, so beträgt sein bei $t = -t_0$, $t_0 \leq 0$, vorhersagbarer Ausgang genau $\exp(t_0/T)$.

Der auf die mittlere Signalleistung bezogene kleinste mittlere quadratische Fehler kann endlich mit Gl.(5-99) berechnet werden:

$$\frac{\overline{e(\eta,t)^2_{min}}}{R_{xx}(0)} = 1 - \frac{2}{T}\int_{-t_0}^{+\infty} e^{-2t/T}\, dt = 1 - e^{2t_0/T} \quad , \quad t_0 \leq 0 \,.$$

Der normierte Fehler weicht somit nur bei sehr kleinen Prädiktionszeiten merklich von seinem Maximalwert Eins ab. Dies bedeutet, daß der Prädiktor nur bei sehr kleinen Vorhersagezeiten wirksam sein kann.

5.3.4 Signalwandlung

In diesem Abschnitt wollen wir die Herleitung des Wiener-Kolmogoroff Filters dahingehend verallgemeinern, daß wir die zwischen dem Signalprozeß $x(\eta,t)$ und dem am Filterausgang gewünschten Zufallsprozeß $d(\eta,t)$ zulässige lineare Operation nicht auf eine Totzeit beschränken, sondern allgemein eine lineare Operation zulassen:

$$d(\eta,t) = \int_{-\infty}^{+\infty} g_d(u)\; x(\eta,t-u)\; du \qquad (5\text{-}104)$$

(Bild 5.1). Schwierigkeiten können allerdings auftreten, wenn die angenommene Operation für $x(\eta,t)$ formal nicht zulässig ist (wie beispielsweise die Differentiation von weißem Rauschen [5.1]). Der in den Abschnitten 5.3.1 bis 5.3.3 angenommenen Totzeit entspricht im Zeitbereich eine Faltung des Zufallsprozesses $x(\eta,t)$ mit der Gewichtsfunktion

$$g_d(t) = \delta(t - t_0)$$

und im s-Bereich eine Multiplikation mit der Funktion

$$L_d(s) = e^{-st_0} \quad .$$

Die Herleitung der Gewichtsfunktion $g_0(t)$ bzw. ihrer Fouriertransformierten $G_0(\omega)$ für eine allgemeine lineare Operation verläuft analog den Herleitungen in den Abschnitten 5.3.1 und 5.3.2. Die Gleichungen für die nichtkausale und die kausale Gewichtsfunktion unterscheiden sich von den Ergebnissen dieser Abschnitte nur dadurch, daß der Faktor $\exp(-st_0)$ bzw. $\exp(-j\omega t_0)$ durch die Funktionen $L_d(s)$ bzw. $L_d(j\omega)$ ersetzt ist. Anstelle von Gl.(5-70) erhält man:

$$G_0(\omega) = \frac{S_{\mathbf{yx}}(\omega)}{S_{\mathbf{yy}}(\omega)} L_d(j\omega) \tag{5-105}$$

mit

$$L_d(s) = \int_{-\infty}^{+\infty} g_d(t)\, e^{-st}\, dt \quad . \tag{5-106}$$

Für das kausale Optimalfilter gilt anstelle von Gl.(5-96):

$$G_0(\omega) = \frac{1}{L(j\omega)} \int_0^{+\infty} \frac{1}{2\pi j} \int_{-\infty}^{+\infty} \frac{L_{\mathbf{yx}}(u)}{L(-u)} L_d(u)\, e^{ut}\, du\, e^{-j\omega t}\, dt \quad . \tag{5-107}$$

Beispiel 5.8: Optimale Integration eines gestörten Zufallsprozesses

Es seien $\mathbf{x}(\eta,t)$ und $\mathbf{y}(\eta,t)$ unkorrelierte stationäre Zufallsprozesse:

$$S_{\mathbf{xx}}(\omega) = \frac{S_0}{1 + \omega^2 T^2} \quad \text{und} \quad S_{\mathbf{nn}} = N_0 \; .$$

Zu bestimmen sei ein kausales Optimalfilter, das aus dem Eingangsprozeß

$$\mathbf{y}(\eta,t) = \mathbf{x}(\eta,t) + \mathbf{n}(\eta,t)$$

das Integral des Signalprozesses $\mathbf{x}(\eta,t)$ schätzt.

Man erhält (s. Beispiel 5.6):

$$L_{\mathbf{yy}}(s) = L(s)\, L(-s) = (S_0 + N_0)\, \frac{1 - s^2\beta^2T^2}{1 - s^2T^2}$$

mit der Abkürzung $\beta = \sqrt{\dfrac{N_0}{S_0 + N_0}}$,

$$L(s) = \sqrt{S_0 + N_0}\;\frac{1 + s\beta T}{1 + sT}\;, \quad L_{yx}(s) = S_0 \frac{1}{1 - s^2 T^2}\;.$$

Ferner gelten:

$$L_d(s) = 1 / sT\;,$$

$$\frac{L_{yx}(s)\,L_d(s)}{L(-s)} = K_+(s) + K_-(s) = \frac{S_0}{\sqrt{S_0 + N_0}}\;\frac{1}{1 + sT}\;\frac{1}{1 - s\beta T}\;\frac{1}{sT}$$

$$= \frac{S_0}{\sqrt{S_0 + N_0}}\left[\frac{1 + \frac{\beta}{1+\beta}sT}{(1 + sT)sT} + \frac{\frac{\beta^2}{1+\beta}}{1 - s\beta T}\right].$$

Aus Gl.(5-93) folgt dann:

$$L_g(s) = \frac{K_+(s)}{L(s)} = \frac{S_0}{S_0 + N_0}\;\frac{1 + \frac{\beta}{1+\beta}sT}{1 + s\beta T}\;\frac{1}{sT}\;.$$

Für die Fouriertransformierte der Gewichtsfunktion des optimalen Integrators erhält man somit:

$$G_0(\omega) = \frac{S_0}{S_0 + N_0}\;\frac{1 + j\omega T\frac{\beta}{1+\beta}}{1 + j\omega\beta T}\;\frac{1}{j\omega T}\;.$$

Der <u>optimale</u> Integrator kann daher als die Reihenschaltung eines <u>idealen</u> Integrators

$$G_{01}(\omega) = \frac{1}{j\omega T}$$ und eines Filters

$$G_{02}(\omega) = \frac{S_0}{S_0 + N_0}\;\frac{1 + j\omega T\frac{\beta}{1+\beta}}{1 + j\omega\beta T}$$

dargestellt werden. Für $\omega = 0$ hat dieses Filter die Verstärkung $S_0/(S_0 + N_0) \leq 1$, für sehr große Frequenzen strebt $G_{02}(\omega)$ dagegen gegen $1 - \sqrt{N_0/(S_0 + N_0)}$. Bei fehlender Störung ($N_0 = 0$) kann das zweite Filter entfallen, denn es wird $G_{02}(\omega) = 1$ für alle ω. Bild 5.15 zeigt die Funktion $|G_{02}(\omega)|$ für verschiedene Werte von S_0/N_0.

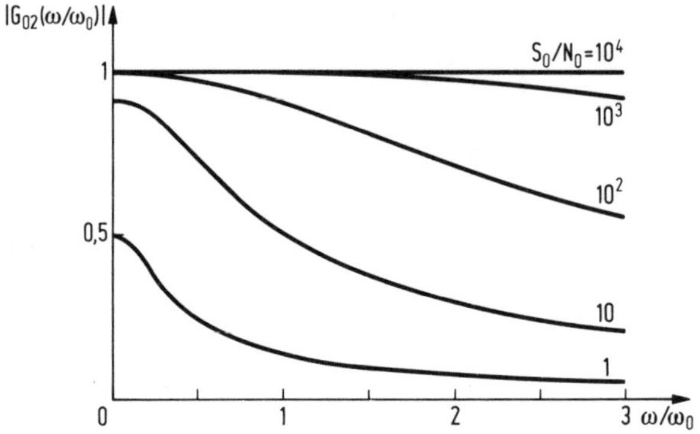

Bild 5.15: $|G_{02}(\omega)|$ mit S_0/N_0 als Parameter (s. Beispiel 5.8)

5.3.5 Empfangsfilter für PAM-Systeme

Als letzten Sonderfall eines Wiener-Kolmogoroff Filters diskutieren wir ein optimales Empfangsfilter für einen pulsamplitudenmodulierten Zufallsprozeß. Das Verfahren der PulsAmplitudenModulation wird zur Übertragung zeitdiskreter Nachrichten

$$a(\eta,kT)$$

benutzt. Hierbei wird die Amplitude eines Pulses, d.h. eines periodischen Signals

$$T\sum_{k=-\infty}^{+\infty} h(t-kT) \quad ,$$

mit der Nachricht moduliert, so daß ein Zufallsprozeß

$$x(\eta,t) = T\sum_{k=-\infty}^{+\infty} a(\eta,kT)\; h(t-kT) \tag{5-108}$$

entsteht. Wir nehmen an, daß sich diesem Prozeß eine Störung $n(\eta,t)$ additiv überlagert und daß durch ein lineares Filter $a(\eta,kT)$ optimal geschätzt werden soll. Am Filtereingang liegt somit der Zufallsprozeß

$$\begin{aligned} y(\eta,t) &= x(\eta,t) + n(\eta,t) \\ &= T\sum_{k=-\infty}^{+\infty} a(\eta,kT)\; h(t-kT) + n(\eta,t) \quad . \end{aligned} \tag{5-109}$$

Zur Gewinnung eines zeitdiskreten Zufallsprozesses wird der zeitkontinuierliche Ausgangsprozeß $z_0(\eta,t)$ des optimalen Empfangsfilters zu den Zeiten iT abgetastet (Bild 5.16). Die Abtastwerte $z_0(\eta,iT)$ sollen optimale Schätzwerte für $a(\eta, iT)$ sein. Der Fehler des Ausgangsprozesses interessiert daher – abweichend von den bisherigen Überlegungen – nur zu den Abtastzeitpunkten. Zwischen diesen Zeitpunkten kann $z_0(\eta, t)$ beliebige Werte annehmen. Anstelle von Gl.(5-4) gilt daher hier:

$$\overline{e(\eta, iT)^2} = E\{(a(\eta, iT) - z(\eta, iT))^2\} \quad , \tag{5-110}$$

wobei wir hier zur Vereinfachung auf eine Totzeit verzichten und

$$d(\eta, iT) = a(\eta, iT)$$

annehmen. Darüberhinaus beschränken wir uns auf die Herleitung der Gewichtsfunktion des <u>nichtkausalen</u> Optimalfilters. Weiter setzen wir voraus, daß $a(\eta, kT)$ und $n(\eta, t)$ mittelwertfreie stationäre Zufallsprozesse sind. $a(\eta, kT)$ und $n(\eta, t)$ seien unkorreliert für alle k und alle t. Schließlich nehmen wir an, daß die Fouriertransformierte $H(\omega)$ des Impulses $h(t)$ existiert.

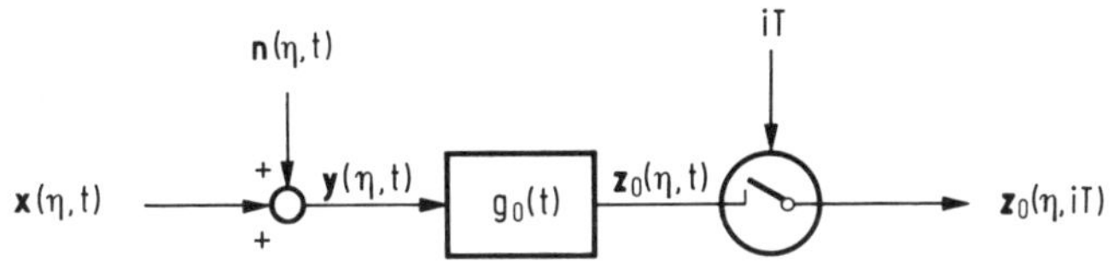

Bild 5.16: Zur Herleitung eines Empfangsfilters für ein PAM-System

Der minimale Fehler erfüllt zu den Abtastzeitpunkten das Orthogonalitätstheorem (s. Gl.(5-13)):

$$E\{e(\eta, iT)_{min}\, y(\eta, iT - u)\} = 0 \quad \text{für alle } u \quad . \tag{5-111}$$

Setzt man Gl.(5-109) in diese Gleichung ein, so erhält man nach einigen elementaren Umformungen wieder eine Wiener-Hopfsche Integralgleichung:

$$T \sum_{m=-\infty}^{+\infty} R_{aa}(mT)\, h(mT-u) - \int_{-\infty}^{+\infty} g_0(v) \Big[T^2 \sum_{k=-\infty}^{+\infty} \sum_{m=-\infty}^{+\infty} R_{aa}((m-k)T) \cdot h(mT-u)\, h(kT-v) + R_{nn}(u-v) \Big] dv = 0 \quad \text{für alle } u \ . \tag{5-112}$$

Hierbei sind $R_{aa}(kT)$ und $R_{nn}(\tau)$ die Autokorrelationsfunktionen der Nachricht und der Störung. Da wir auf die Forderung nach einer kausalen Gewichtsfunktion verzichtet haben, gilt Gl.(5-112) für alle u. Zur Auflösung können wir diese daher der Fouriertransformation unterwerfen. Man erhält dann für die einzelnen Ausdrücke:

$$\int_{-\infty}^{+\infty} T \sum_{m=-\infty}^{+\infty} R_{aa}(mT)\; h(mT-u)\; e^{-j\omega u}\, du = S_{aa}(\omega)\; H(\omega)^* \quad , \tag{5-113}$$

$$\int_{-\infty}^{+\infty}\int_{-\infty}^{+\infty} g_0(v)\; T^2 \sum_{k=-\infty}^{+\infty}\; \sum_{m=-\infty}^{+\infty} R_{aa}((m-k)T)\; h(mT-u)\; h(kT-v)\; dv\; e^{-j\omega u}\, du$$

$$= S_{aa}(\omega)\; H(\omega)^* \sum_{i=-\infty}^{+\infty} H(\omega - i\omega_0)\; G_0(\omega - i\omega_0) \quad , \tag{5-114}$$

$$\int_{-\infty}^{+\infty}\int_{-\infty}^{+\infty} g_0(v)\; R_{nn}(u-v)\; dv\; e^{-j\omega u}\, du = S_{nn}(\omega)\; G_0(\omega) \quad . \tag{5-115}$$

Hierbei ist $S_{aa}(\omega)$ das Autoleistungsdichtespektrum des zeitdiskreten Zufallsprozesses $a(\eta, iT)$ (s.Gl.(3-57)). $S_{aa}(\omega)$ ist <u>periodisch</u> mit der Periode

$$\omega_0 = 2\pi \;/\; T \quad . \tag{5-116}$$

$S_{nn}(\omega)$ ist das Autoleistungsdichtespektrum der zeitkontinuierlichen Störung $n(\eta, t)$. $S_{nn}(\omega)$ ist aperiodisch. Für die Herleitung von Gl.(5-114) kann die Poissonsche Summenformel [5.5]

$$T \sum_{k=-\infty}^{+\infty} h(kT - v)\; e^{-j\omega(kT-v)} = \sum_{i=-\infty}^{+\infty} H(\omega - i\omega_0)\; e^{j i\omega_0 v} \tag{5-117}$$

benutzt werden. Für Gl.(5-112) erhält man:

$$S_{aa}(\omega)\; H(\omega)^* \left[\, 1 - \sum_{i=-\infty}^{+\infty} H(\omega - i\omega_0)\; G_0(\omega - i\omega_0) \,\right]$$

$$= G_0(\omega)\; S_{nn}(\omega) \quad . \tag{5-118}$$

Zur Auflösung nach $G_0(\omega)$ machen wir den folgenden <u>Ansatz</u>:

$$G_0(\omega) = \frac{H(\omega)^*}{S_{nn}(\omega)}\; S_{aa}(\omega)\; B(\omega) \quad . \tag{5-119}$$

Hierbei ist $B(\omega)$ eine <u>periodische</u> Funktion mit der Periode ω_0 (s. Gl. (5-116)). Ferner nehmen wir an, daß $S_{nn}(\omega)$ und $S_{aa}(\omega)$ für alle ω von Null verschieden sind. Setzt man Gl.(5-119) in Gl.(5-118) ein, so erhält man für die Funktion $B(\omega)$:

$$B(\omega) = \frac{1}{1 + S_{aa}(\omega) \displaystyle\sum_{i=-\infty}^{+\infty} \frac{|H(\omega - i\omega_0)|^2}{S_{nn}(\omega - i\omega_0)}} \quad . \tag{5-120}$$

Damit ist die Fouriertransformierte $G_0(\omega)$ der gesuchten Gewichtsfunktion $g_0(t)$ des nichtkausalen Optimalfilters bestimmt:

$$G_0(\omega) = \frac{H(\omega)^*}{S_{nn}(\omega)} \; \frac{S_{aa}(\omega)}{1 + S_{aa}(\omega) \sum\limits_{i=-\infty}^{+\infty} \frac{|H(\omega - i\omega_0)|^2}{S_{nn}(\omega - i\omega_0)}} \; . \tag{5-121}$$

Der erste Faktor entspricht der Fouriertransformierten der Gewichtsfunktion eines nichtkausalen <u>signalangepaßten Filters</u> (s. Gl.(5-50)). Der zweite Faktor ist periodisch und repräsentiert einen sog. <u>Entzerrer</u>. Das optimale lineare Empfangsfilter eines PAM-Systems besteht daher aus der Reihenschaltung eines signalangepaßten Filters und eines Entzerrers (Bild 5.17). Das signalangepaßte Filter optimiert das Verhältnis von mittlerer Signalleistung zur mittleren Leistung der Störung zu den Abtastzeitpunkten iT. Der Entzerrer vermindert die Überlagerung aufeinanderfolgender Impulse, die durch das signalangepaßte Filter entstehen kann.

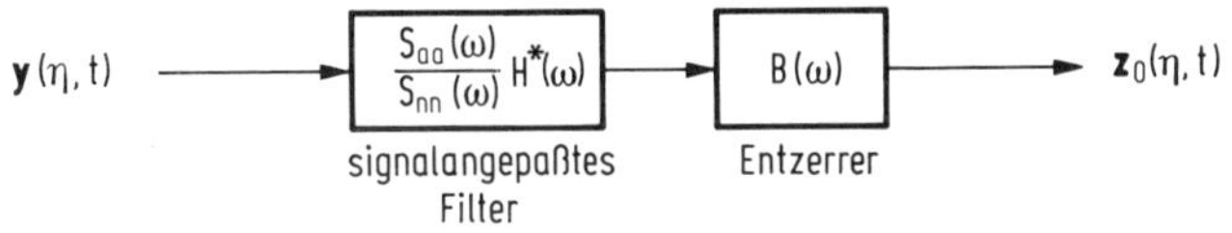

Bild 5.17: Aufteilung des optimalen linearen Empfangsfilters eines PAM-Systems in ein signalangepaßtes Filter und einen Entzerrer

Ist $H(\omega)$ bandbegrenzt,

$$H(\omega) = 0 \quad \text{für } |\omega| > \omega_0/2 \quad , \tag{5-122}$$

so vereinfacht sich G. (5-121) zu:

$$G_0(\omega) = \frac{S_{aa}(\omega)\, H(\omega)^*}{S_{aa}(\omega)|H(\omega)|^2 + S_{nn}(\omega)} \; . \tag{5-123}$$

Damit ist auch $G_0(\omega)$ bandbeschränkt. Sein Durchlaßbereich stimmt mit dem Fequenzbereich überein, in dem $H(\omega) \neq 0$ ist.

Die Berechnung des kleinsten mittleren quadratischen Fehlers verläuft analog der Herleitung im Abschnitt 5.3.1. In Gl.(5-110) können für $z(\eta, iT)$ die optimalen Abtastwerte $z_0(\eta, iT)$ eingesetzt und durch ein

Faltungsprodukt aus $y(\eta, t)$ und der optimalen Gewichtsfunktion $g_0(t)$ ausgedrückt werden. Mit Gl.(5-111) läßt sich der so erhaltene Ausdruck vereinfachen. Nach der Einführung von Größen des Frequenzbereiches kann $G_0(\omega)$ gemäß Gl.(5-121) eingesetzt werden. Schließlich erhält man [5.6]:

$$\overline{e(\eta, iT)^2}_{min} = \frac{1}{2\pi} \int_{-\omega_0/2}^{+\omega_0/2} \frac{S_{aa}(\omega)}{1 + S_{aa}(\omega) \sum_{i=-\infty}^{+\infty} \frac{|H(\omega - i\omega_0)|^2}{S_{nn}(\omega - i\omega_0)}} d\omega \; . \quad (5\text{-}124)$$

Beispiel 5.9: PAM Empfangsfilter

Es sei ein optimales nichtkausales Empfangsfilter für ein PAM-System zu bestimmen. Es gelte:

$$h(t) = \begin{cases} 0 & t < 0 \\ \frac{1}{T}\, e^{-t/T} & t \geq 0 \end{cases} .$$

Nachricht und Störung seien unkorrelierte weiße Zufallsprozesse mit den Autoleistungsdichtespektren

$$S_{aa}(\omega) = S_0 \quad \text{und} \quad S_{nn}(\omega) = N_0 \; .$$

Der Abstand zweier Abtastwerte sei T (Bild 5.16).

Das optimale Filter kann als Reihenschaltung aus einem signalangepaßten Filter und einem Entzerrer dargestellt werden (Bild 5.17). Nimmt man den hier konstanten Faktor $S_{aa}(\omega)/S_{nn}(\omega)$ zum Entzerrer hinzu, so folgt aus Gl.(5-119) für das signalangepaßte Filter:

$$G_{01}(\omega) = H(\omega)^* \; .$$

$H(\omega)$ ist dabei die Fouriertransformierte von $h(t)$. Für die Gewichtsfunktion gilt dann:

$$g_{01}(t) = h(-t) \; .$$

Ein Impuls $h(t)$ am Filtereingang erzeugt somit am Ausgang des nichtkausalen signalangepaßten Filters einen Impuls $h_A(t)$:

$$h_A(t) = \int_{-\infty}^{+\infty} g_{01}(u)\, h(t - u)\, du = \frac{1}{2T}\, e^{-|t|/T}$$

(Bild 5.18). Für den Entzerrer (multipliziert mit dem hier konstanten Faktor $S_{aa}(\omega)/S_{nn}(\omega) = S_0/N_0$) folgt schließlich:

$$B(\omega) = \frac{1}{\frac{N_0}{S_0} + \sum_{i=-\infty}^{+\infty} |H(\omega - i\omega_0)|^2} .$$

Für dieses Filter setzen wir eine rekursive Struktur mit der konstanten Verstärkung S_0/N_0 im Vorwärtszweig und der frequenzabhängigen Verstärkung $G_R(\omega)$ (bzw. der Gewichtsfunktion $g_R(t)$) in der Rückführung an (Bild 5.19). Dann gilt [5.7]:

$$B(\omega) = \frac{1}{\frac{N_0}{S_0} + G_R(\omega)} .$$

Die Gewichtsfunktion der Rückführung bestimmen wir mit dem Ansatz

$$g_R(t) = \sum_{k=-\infty}^{+\infty} b_k \, \delta(t - kT) .$$

Die Fouriertransformierte $G_R(\omega)$ lautet dann:

$$G_R(\omega) = \sum_{k=-\infty}^{+\infty} b_k \, e^{-j\omega kT} .$$

Die jetzt noch unbekannten Koeffizienten b_k erhält man durch einen Vergleich:

$$\sum_{k=-\infty}^{+\infty} b_k \, e^{-j\omega kT} = \sum_{i=-\infty}^{+\infty} |H(\omega - i\omega_0)|^2 .$$

Mit der Regel für die Berechnung der Koeffizienten einer Fourierreihe erhält man daraus:

$$b_k = \frac{1}{\omega_0} \int_{-\omega_0/2}^{+\omega_0/2} \sum_{i=-\infty}^{+\infty} |H(\omega-i\omega_0)|^2 \, e^{j\omega kT} \, d\omega = \frac{T}{2\pi} \int_{-\infty}^{+\infty} |H(\omega)|^2 \, e^{j\omega kT} \, d\omega$$

$$= T \int_{-\infty}^{+\infty} h(t) \, h(t - kT) \, dt .$$

Setzt man h(t) in diese Gleichung ein, so folgt:

$$b_k = \frac{1}{2} \, e^{-|k|} .$$

Für die signalabhängigen Anteile der Ausgangsprozesse (gekennzeichnet durch den zusätzlichen Index h) der einzelnen Teilfilter erhält man damit zu den Abtastzeitpunkten $t = iT$:

$$z_{Ah}(\eta, iT) = \frac{1}{2} \sum_{k=-\infty}^{+\infty} a(\eta, kT)\; e^{-|k-i|} \; ,$$

$$z_{Rh}(\eta, iT) = \frac{1}{2} \sum_{k=-\infty}^{+\infty} z_{0h}(\eta, kT)\; e^{-|k-i|} \; .$$

$z_{0h}(\eta, t)$ ist dabei der signalabhängige Anteil des Ausgangsprozesses des Optimalfilters. Mit wachsendem Signal-Rauschleistungsverhältnis nimmt die Verstärkung S_0/N_0 im Vorwärtszweig des rekursiven Entzerrers zu. Der Ausgangsprozeß $z_0(\eta, t)$ stellt sich bei großer Verstärkung so ein, daß

$$z_A(\eta, t) \approx z_R(\eta, t) \quad \text{bzw.} \quad z_{Ah}(\eta, t) \approx z_{Rh}(\eta, t)$$

ist. Somit gilt für die Abtastzeitpunkte bei verschwindender Störung:

$$z_0(\eta, iT) \approx z_{0h}(\eta, iT) \approx a(\eta, iT) \; .$$

Das Filter kompensiert daher unter diesen idealisierten Annahmen die Impulsüberlagerungen vollständig.

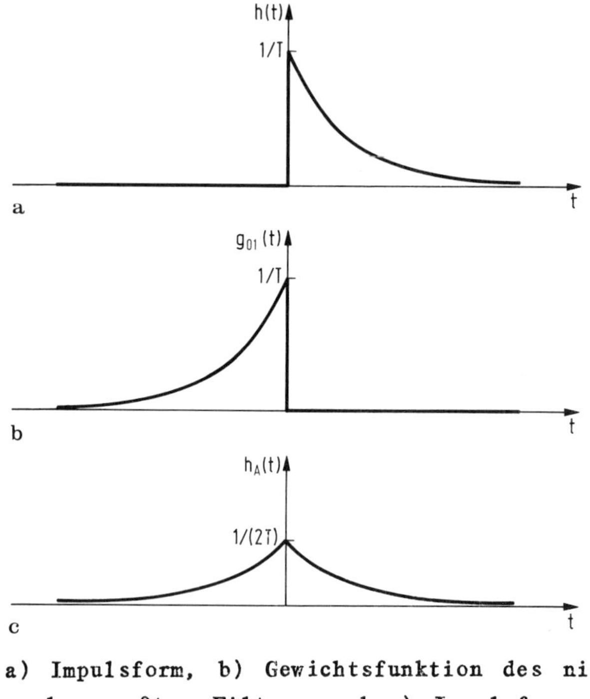

Bild 5.18: a) Impulsform, b) Gewichtsfunktion des nichtkausalen signalangepaßten Filters und c) Impulsform am Ausgang des signalangepaßten Filters (s. Beispiel 5.9)

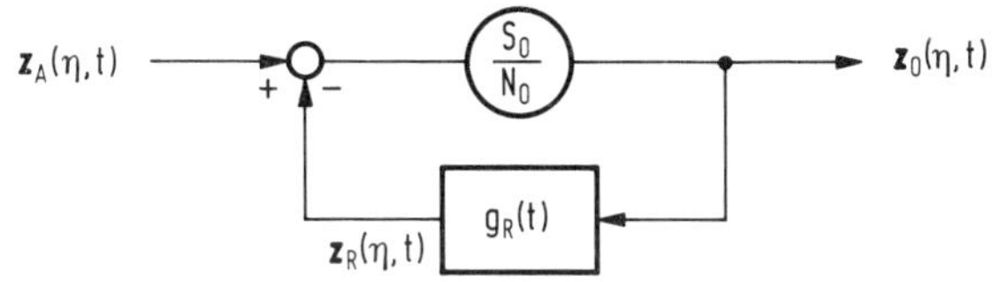

Bild 5.19: Ansatz für ein rekursives Filter zur Realisierung der Funktion B(ω) (s. Beispiel 5.9)

5.3.6 Zeitdiskretes Optimalfilter

Die Herleitung der Gewichtsfunktion des zeitkontinuierlichen Optimalfilters (s. Abschnitte 5.3.1 und 5.3.2) läßt sich auf zeitdiskrete Filter übertragen, wenn man anstelle der Fouriertransformation und der Laplacetransformation die Fouriersumme und die z-Transformation anwendet. Wir gehen auch hier von dem Orthogonalitätstheorem (s. Gl.(5-13)) aus, das für diskrete Zeiten lautet:

$$E\{\mathbf{e}(\eta, iT)_{min}\ \mathbf{y}(\eta, (i-k)T)\} = 0 \tag{5-125}$$

für alle k, für die $g_0(kT) \neq 0$ zugelassen ist .

Als lineare Operation zwischen $\mathbf{x}(\eta, iT)$ und $\mathbf{d}(\eta, iT)$ nehmen wir eine diskrete Totzeit an, die positiv oder negativ (Vorhersage) sein kann:

$$\mathbf{d}(\eta, iT) = \mathbf{x}(\eta, (i - i_0)T) \quad . \tag{5-126}$$

Für den kleinsten durch lineare Schätzung erzielbaren Fehler gilt dann:

$$\mathbf{e}(\eta, iT)_{min} = \mathbf{x}(\eta, (i - i_0)T) - \mathbf{z}_0(\eta, iT) \tag{5-127}$$

(s. Bild 5.1). $\mathbf{z}_0(\eta, iT)$ erhält man durch diskrete Faltung des Filtereingangsprozesses mit der Gewichtsfolge des Filters (s. Gl.(4-9.2)):

$$\mathbf{z}_0(\eta, iT) = T \sum_{m=-\infty}^{+\infty} g_0(mT)\ \mathbf{y}(\eta, (i - m)T) \quad . \tag{5-128}$$

Setzt man die Gln.(5-127) und (5-128) in Gl.(5-125) ein, so erhält man:

$$R_{\mathbf{yx}}((k - i_0)T) - T \sum_{m=-\infty}^{+\infty} g_0(mT)\ R_{\mathbf{yy}}((k - m)T) = 0 \tag{5-129}$$

für alle k, für die $g_0(kT) \neq 0$ zugelassen ist .

Dies ist die diskrete Form der Wiener-Hopf Gleichung (vergl.Gl.(5-68) und Gl.(5-80)). Wir lösen Gl.(5-129) zunächst für <u>nichtkausale</u> Optimalfilter. In diesem Fall gilt die Gleichung für alle $k \in \mathbb{Z}$. Sie kann daher unmittelbar transformiert werden:

$$S_{yx}(\omega)\, e^{-j\omega i_0 T} = G_0(\omega)\, S_{yy}(\omega) \quad . \tag{5-130}$$

$S_{yx}(\omega)$ und $S_{yy}(\omega)$ sind die Fouriertransformierten der entsprechenden Korrelationsfunktionen (s. Gl.(3-57)). Sie sind periodische Funktionen von ω mit der Periode $\omega_0 = 2\pi/T$. $G_0(\omega)$ ist die Fouriertransformierte von $g_0(iT)$ und somit ebenfalls periodisch. Gl.(5-130) kann nach $G_0(\omega)$ aufgelöst werden:

$$G_0(\omega) = \frac{S_{yx}(\omega)}{S_{yy}(\omega)}\, e^{-j\omega i_0 T} \quad . \tag{5-131}$$

Formal erhalten wir somit dasselbe Ergebnis wie im kontinuierlichen Fall (s. Gl.(5-70)), bei dem die Funktionen $S_{yx}(\omega)$ und $S_{yy}(\omega)$ jedoch aperiodisch sind.

Bei der Berechnung des bei linearer Schätzung mit einem nichtkausalen Filter erzielbaren kleinsten mittleren quadratischen Fehlers ist darauf zu achten, daß bei der Umkehrung der Fouriersumme nur über eine Periode, beispielsweise von $-\omega_0/2$ bis $+\omega_0/2$, zu integrieren ist (s. Gl.(3-59)). Analog zu Gl.(5-78) erhält man für ein diskretes Filter:

$$\overline{e(\eta,iT)^2}_{min} = \frac{1}{2\pi} \int_{-\omega_0/2}^{+\omega_0/2} \frac{S_{xx}(\omega)\, S_{nn}(\omega)}{S_{xx}(\omega) + S_{nn}(\omega)}\, d\omega \quad . \tag{5-132}$$

Hierbei sind Signalprozeß und Störung unkorreliert und mittelwertfrei vorausgesetzt.

Beispiel 5.10: Zeitdiskretes nichtkausales Optimalfilter

Es seien $x(\eta,iT)$ und $n(\eta,iT)$ stationäre, unkorrelierte und zeitdiskrete Zufallsprozesse mit den Autokorrelationsfunktionen

$$R_{xx}(iT) = \frac{S_0}{T}\, b^{|i|} \quad , \quad 0 < b < 1 \; , \quad \text{und}$$

$$R_{nn}(iT) = \begin{cases} N_0/T & i = 0 \\ 0 & \text{sonst} \end{cases} \quad .$$

$x(\eta,iT)$ und $n(\eta,iT)$ überlagern sich additiv. Zu bestimmen sei das nichtkausale zeitdiskrete Wiener-Kolmogoroff Filter.

Man berechnet zunächst die Autoleistungsdichtespektren:

$$S_{xx}(\omega) = S_0 \frac{\frac{1}{b} - b}{\frac{1}{b} + b - 2\cos\omega T} , \quad S_{nn}(\omega) = N_0 .$$

Dann gilt für das Optimalfilter (Gl.(5-131)):

$$G_0(\omega) = \frac{S_0}{N_0} \frac{\frac{1}{b} - b}{\frac{1}{c} + c - 2\cos\omega T} e^{-j\omega i_0 T}$$

mit der Abkürzung

$$\frac{S_0}{N_0}(\frac{1}{b} - b) + (\frac{1}{b} + b) = \frac{1}{c} + c , \quad 0 < c < 1 .$$

Da die rechte Seite dieser Abkürzung für $0 < c < 1$ mit wachsendem c monoton abnimmt, ist $c \leq b$.

Für die Gewichtsfolge des nichtkausalen Optimalfilters erhält man:

$$g_0(iT) = \frac{1}{T} \frac{S_0}{N_0} \frac{\frac{1}{b} - b}{\frac{1}{c} - c} c^{|i-i_0|} .$$

Für das <u>kausale</u> Filter gilt Gl.(5-129) nur für $k \geq 0$. Eine Transformation ist daher (wie im kontinuierlichen Fall) nur mit Hilfe einer Zusatzfunktion q(kT) möglich:

$$R_{yx}((k - i_0)T) - T \sum_{m=-\infty}^{+\infty} g_0(mT) R_{yy}((k - m)T) = q(kT) \qquad (5\text{-}133)$$

$$\text{für alle } k \in \mathbb{Z} .$$

Für die Zusatzfunktion q(kT) gilt (vergl. Gl.(5-82)):

$$q(kT) = 0 \quad \text{für alle } k \geq 0 .$$

Damit ist die z-Transformierte von q(kT),

$$Z_q(z) = T \sum_{k=-\infty}^{+\infty} q(kT) z^{-k} \qquad (5\text{-}134)$$

analytisch <u>innerhalb</u> des Einheitskreises. Gl.(5-133) kann nun ebenfalls z-transformiert werden:

$$Z_{yx}(z) z^{-i_0} - Z_g(z) Z_{yy}(z) = Z_q(z) . \qquad (5\text{-}135)$$

Die z-Transformierte $Z_g(z)$ der kausal vorausgesetzten Gewichtsfolge $g_0(iT)$ ist analytisch <u>außerhalb</u> des Einheitskreises. Die Funktion $Z_{yy}(z)$ kann so in zwei Faktoren

$$Z_{yy}(z) = Z(z)\, Z(\frac{1}{z})$$

zerlegt werden (s. Gl.(4-72.2)), daß Z(z) analytisch <u>außerhalb</u> des Einheitskreises ist. Damit läßt sich Gl.(5-135) in folgende Form bringen:

$$\frac{Z_{yx}(z)}{Z(\frac{1}{z})}\, z^{-i_0} - Z_g(z)\, Z(z) = \frac{Z_q(z)}{Z(\frac{1}{z})} \quad . \tag{5-136}$$

Der erste Summand der linken Seite dieser Gleichung wird schließlich noch so in eine Summe zerlegt,

$$\frac{Z_{yx}(z)}{Z(\frac{1}{z})}\, z^{-i_0} = K_+(z) + K_-(z) \quad , \tag{5-137}$$

daß $K_+(z)$ analytisch <u>außerhalb</u> und $K_-(z)$ analytisch <u>innerhalb</u> des Einheitskreises sind. Dann gilt für die z-Transformierte der gesuchten optimalen Gewichtsfolge:

$$Z_g(z) = K_+(z) \;/\; Z(z) \quad . \tag{5-138}$$

Die Zerlegung in $K_+(z)$ und $K_-(z)$ kann über den Umweg einer Transformation in den Zeitbereich durchgeführt werden. Mit $z = e^{j\omega T}$ erhält man aus Gl.(5-138) den z-Frequenzgang bzw. die Fouriersumme der optimalen Gewichtsfolge:

$$Z_g(e^{j\omega T}) = G_0(\omega) = K_+(e^{j\omega T}) \;./\; Z(e^{j\omega T}) \quad . \tag{5-139}$$

Beispiel 5.11: Zeitdiskretes kausales Optimalfilter

Es gelten die Annahmen von Beispiel 5.10. Zu bestimmen sei nun das kausale Optimalfilter.

Man erhält:

$$Z_{yx}(z) = Z_{xx}(z) = S_0 \frac{\frac{1}{b} - b}{\frac{1}{b} + b - (z + \frac{1}{z})} \quad , \quad Z_{nn}(z) = N_0 \quad ,$$

$$Z_{yy}(z) = Z_{xx}(z) + Z_{nn}(z) = \frac{S_0(\frac{1}{b} - b) + N_0(\frac{1}{b} + b) - N_0(z + \frac{1}{z})}{\frac{1}{b} + b - (z + \frac{1}{z})} \quad .$$

Diese Funktion hat zwei Pole und zwei Nullstellen:

$$z_{01} = 1/c \ , \quad z_{02} = c \ , \quad z_{\infty 1} = 1/b \ , \quad z_{\infty 2} = b \ , \text{ mit}$$

$$\frac{S_0}{N_0}\left(\frac{1}{b} - b\right) + \left(\frac{1}{b} + b\right) = \frac{1}{c} + c \ , \quad 0 < c < 1 \ .$$

Damit werden

$$Z(z) = \sqrt{N_0 \frac{b}{c}} \ \frac{z - c}{z - b} \quad \text{und} \quad Z\left(\frac{1}{z}\right) = \sqrt{N_0 \frac{b}{c}} \ \frac{1 - cz}{1 - bz} \ .$$

$Z(z)$ ist analytisch außerhalb, $Z(1/z)$ ist analytisch innerhalb des Einheitskreises. Mit Gl.(5-137) erhält man nun:

$$\frac{S_0}{\sqrt{N_0 \frac{b}{c}}} \ \frac{\frac{1}{b} - b}{\frac{1}{b} + b - \left(\frac{1}{z} + z\right)} \ \frac{1 - bz}{1 - cz} \ z^{-i_0} = K_+(z) + K_-(z) \ .$$

Zur Aufteilung der linken Seite dieser Gleichung transformiert man sie in den Zeitbereich zurück. Mit der Abkürzung

$$K_0 = \frac{S_0}{\sqrt{N_0 \frac{c}{b}}} \ \frac{b - \frac{1}{b}}{b - \frac{1}{c}} = \sqrt{N_0 \frac{b}{c}} \ \left(1 - \frac{c}{b}\right) \quad \text{erhält man:}$$

$$k_+(iT) + k_-(iT) = \begin{cases} \frac{1}{T} K_0 \, c^{-(i-i_0)} & i < i_0 \\ \frac{1}{T} K_0 \, b^{(i-i_0)} & i \geq i_0 \end{cases} \ .$$

Jetzt müssen zwei Fälle unterschieden werden:

1.) $i_0 \leq 0$ (Prädiktion):

Hier sind $k_+(iT) = \begin{cases} 0 & i < 0 \\ \frac{1}{T} K_0 \, b^{i-i_0} & i \geq 0 \end{cases}$,

$$K_+(z) = K_0 \, b^{-i_0} \frac{z}{z - b}$$

und schließlich mit Gl.(5-138):

$$Z_g(z) = \left(1 - \frac{c}{b}\right) b^{-i_0} \frac{z}{z - c} \quad \text{für } i_0 \leq 0 \ .$$

2.) $i_0 \geq 0$ (Totzeit):

Hier sind
$$k_+(iT) = \begin{cases} 0 & i < 0 \\ \frac{1}{T} K_0 \, c^{-(i-i_0)} & 0 \leq i < i_0 , \\ \frac{1}{T} K_0 \, b^{(i-i_0)} & i \geq i_0 \end{cases}$$

$$K_+(z) = K_0 \left[(c^{i_0} - z^{-i_0}) \frac{z}{z - \frac{1}{c}} + z^{-i_0} \frac{z}{z - b} \right]$$

und endlich:

$$Z_g(z) = (1 - \frac{c}{b}) \left[(c^{i_0} - z^{-i_0}) \frac{z}{z - c} \frac{z - b}{z - \frac{1}{c}} + z^{-i_0} \frac{z}{z - c} \right] .$$

Für zwei Sonderfälle kann dieser Ausdruck noch vereinfacht werden:

a) Für $i_0 = 0$ gilt:

$$Z_g(z) = (1 - \frac{c}{b}) \frac{z}{z - c} .$$

Daraus erhält man für die optimale Gewichtsfolge:

$$g_0(iT) = \begin{cases} 0 & i < 0 \\ (1 - \frac{c}{b}) \, c^i & i \geq 0 \end{cases} .$$

b) Mit $z = e^{j\omega T}$ und $i_0 \to \infty$ erhält man die nichtkausale Lösung (s. Beispiel 5.10):

$$Z_g(e^{j\omega T}) = G_0(\omega) = \frac{S_0}{N_0} \frac{\frac{1}{b} - b}{\frac{1}{c} + c - 2\cos\omega T} e^{-j\omega i_0 T} .$$

5.4 Kalman Filter

Einer der wesentlichen Nachteile des Wiener-Kolmogoroff Filters (s. Abschnitt 5.3) ist darin zu sehen, daß dieses erst nach Abklingen des Einschwingvorganges optimale Schätzwerte ergibt. Es hat daher zahlreiche Versuche gegeben, die Wiener-Hopfsche Integralgleichung (Gln. (5-68) und (5-80)) unter der Annahme, daß das empfangene Signal nur endlich lange beobachtet wird, zu lösen und damit diesen Nachteil zu überwinden [5.8]. Eine konstruktive Lösung des Filterproblems für ein endliches Beobachtungsintervall hat Kalman zunächst für zeitdiskrete Zufallsprozesse angegeben [5.9]. Etwas später haben dann Bucy und Kalman auch eine Lösung für zeitkontinuierliche Prozesse veröffentlicht [5.10]. Beide Lösungen gehen von Prozeßmodellen aus, die mit Hilfe von Zustandsvariablen formuliert sind. Die daraus hergeleiteten Filter sind kausal und ergeben optimale lineare Schätzwerte bereits unmittelbar nach dem Einschalten. Der bei der Bestimmung der Gewichtsfunktion eines Wiener-Kolmogoroff Filters notwendige Umweg über den Frequenzbereich und die zur Erzielung einer kausalen Lösung erforderliche Faktorisierung entfallen damit.

Wir werden im folgenden das Filter nur für zeitdiskrete Zufallsprozesse betrachten. Da dieses unmittelbar digital realisiert werden kann, ist seine Bedeutung heute aus praktischer Sicht größer als die des zeitkontinuierlichen Filters. Seine Herleitung ist darüber hinaus formal einfacher als die Herleitung des Filters für zeitkontinuierliche Zufallsprozesse. Wir beschränken uns weiter auf Filter mit skalarer Eingangs- und Ausgangsgröße. Eine Verallgemeinerung auf Systeme mit mehrdimensionaler Eingangs- und/oder mehrdimensionaler Ausgangsgröße ist jedoch leicht möglich.

5.4.1 Zustandsvariablen

Der Zusammenhang zwischen der Eingangsfolge u(i) und der Ausgangsfolge x(i) eines linearen zeitdiskreten Systems (Bild 5.20) kann durch eine lineare Differenzengleichung dargestellt werden:

$$x(i+1) + a_{m-1}(i)\, x(i) + \ldots + a_0(i)\, x(i+1-m)$$

$$= d(i+1)\, u(i+1) + \beta_{m-1}(i)\, u(i) + \ldots + \beta_0(i)\, u(i+1-m). \quad (5\text{-}140)$$

(Da in diesem Abschnitt ausschließlich zeitdiskrete Größen auftreten, schreiben wir abkürzend x(i) anstelle von $x(t_i)$ bzw. x(iT).) Gl.(5-140) beschreibt ein lineares zeitvariantes System der Ordnung m. Sind die Koeffizienten $a_k(i)$, $\beta_k(i)$, k = 0, ... , m-1, und d(i+1) zeitunabhängig, so liegt ein zeitinvariantes System vor.

Gl.(5-140) kann wie folgt umgeformt werden:

$$x(i+1) - d(i+1)\, u(i+1) = -a_{m-1}(i)\, x(i) - \ldots - a_0(i)\, x(i+1-m)$$

$$+ \beta_{m-1}(i)\, u(i) + \ldots + \beta_0(i)\, u(i+1-m) \quad . \quad (5\text{-}141)$$

Damit beschreibt die rechte Seite dieser Differenzengleichung den Einfluß der vergangenen Eingangs- und Ausgangswerte auf den momentanen Systemausgang. Mit

$$x(i+1) - d(i+1)\, u(i+1) = v(i+1) \qquad (5\text{-}142)$$

erhält man daraus:

$$\begin{aligned} v(i+1) &= -a_{m-1}(i)\, v(i) - \dots - a_0(i)\, v(i+1-m) \\ &+ \left[\beta_{m-1}(i) - d(i+1) a_{m-1}(i)\right] u(i) + \dots + \left[\beta_0(i) - d(i+1) a_0(i)\right] u(i+1-m) \\ &= -a_{m-1}(i)\, v(i) - \dots - a_0(i)\, v(i+1-m) \\ &\quad + b_{m-1}(i)\, u(i) + \dots + b_0(i)\, u(i+1-m) \quad . \end{aligned} \qquad (5\text{-}143)$$

Diese Umformung bedeutet, daß von dem ursprünglich angenommenen System (Bild 5.20 a) ein System mit der Ausgangsfolge v(i) abgespalten wird, das auf eine Anregung frühestens nach einer Totzeit von der Dauer eines Taktintervalls antwortet. Man sagt, der Durchgriff d(i) eines derartigen Systems sei gleich Null (oder das System sei nicht sprungfähig). Wir werden für die Herleitung des Kalman Filters immer annehmen, daß

$$d(i) = 0 \quad \text{für alle } i \qquad (5\text{-}144)$$

ist. Abweichungen hiervon lassen sich durch ein parallel geschaltetes Proportionalsystem berücksichtigen (Bild 5.20 b).

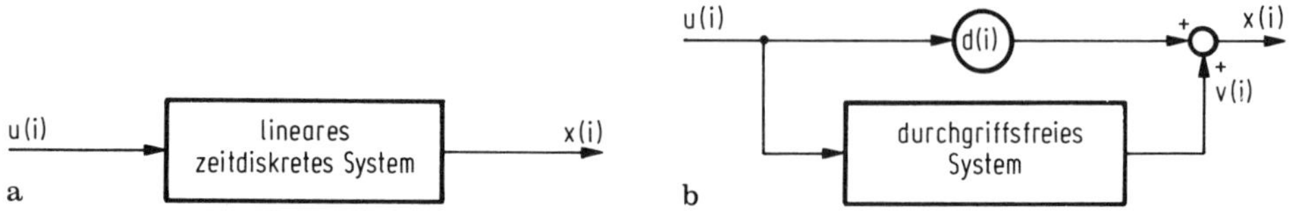

Bild 5.20: a) Lineares zeitdiskretes System, b) Abspaltung des Durchgriffs bei einem linearen zeitdiskreten System

Zur Vereinfachung der Schreibweise von Gl.(5-143) definieren wir folgende Spaltenvektoren:

$$\underline{u}(i) = (\, u(i+1-m), \dots , u(i)\,)^T \quad , \qquad (5\text{-}145)$$

$$\underline{v}(i) = (\, v(i+1-m), \dots , v(i)\,)^T \quad , \qquad (5\text{-}146)$$

$$\underline{a}(i) = (a_0(i), \ldots , a_{m-1}(i))^T \quad , \tag{5-147}$$

$$\underline{b}(i) = (b_0(i), \ldots , b_{m-1}(i))^T \quad . \tag{5-148}$$

Der Vektor $\underline{u}(i)$ enthält die m letzten Werte der Eingangsfolge, der Vektor $\underline{v}(i)$ die m letzten Werte der Ausgangsfolge des durchgriffsfreien Systems. Die Systemeigenschaften sind in den Vektoren $\underline{a}(i)$ und $\underline{b}(i)$ zusammengefaßt. Die Differenzengleichung (5-143) lautet nunmehr:

$$v(i+1) = -\underline{a}(i)^T \, \underline{v}(i) + \underline{b}(i)^T \, \underline{u}(i) \quad . \tag{5-149}$$

Für den Zusammenhang zwischen $\underline{v}(i+1)$ und $\underline{v}(i)$ gilt:

$$\underline{v}(i+1) = \begin{bmatrix} 0 & 1 & 0 & & 0 \\ 0 & 0 & 1 & & 0 \\ . & . & . & \ldots & . \\ 0 & 0 & 0 & & 1 \\ 0 & 0 & 0 & & 0 \end{bmatrix} \underline{v}(i) + \begin{bmatrix} 0 \\ 0 \\ . \\ 0 \\ 1 \end{bmatrix} v(i+1) \; . \tag{5-150}$$

Somit erhält man den Vektor $\underline{v}(i+1)$ aus $\underline{v}(i)$ durch Verschieben aller Elemente um eine Stelle und Einsetzen von v(i+1) an der dann freien untersten Stelle des Vektors. Das "älteste" Element v(i+1-m) fällt dabei heraus. Setzt man schließlich noch Gl.(5-149) in Gl.(5-150) ein, so folgt:

$$\underline{v}(i+1) = \underline{A}(i) \, \underline{v}(i) + \underline{B}(i) \, \underline{u}(i) \quad . \tag{5-151}$$

Hierbei sind:

$$\underline{A}(i) = \begin{bmatrix} 0 & 1 & 0 & \ldots & 0 \\ 0 & 0 & 1 & \ldots & 0 \\ . & . & . & \ldots & . \\ 0 & 0 & 0 & \ldots & 1 \\ -a_0(i) & -a_1(i) & -a_2(i) & \ldots & -a_{m-1}(i) \end{bmatrix} , \tag{5-152}$$

$$\underline{B}(i) = \begin{bmatrix} 0 & 0 & 0 & \ldots & 0 \\ 0 & 0 & 0 & \ldots & 0 \\ . & . & . & \ldots & . \\ 0 & 0 & 0 & \ldots & 0 \\ b_0(i) & b_1(i) & b_2(i) & \ldots & b_{m-1}(i) \end{bmatrix} . \tag{5-153}$$

Eine Gleichung für den Ausgangswert x(i) des linearen Systems erhält man endlich aus Gl.(5-142):

$$x(i) = \underline{c}(i)^T \, \underline{v}(i) + \underline{d}(i)^T \, \underline{u}(i) \qquad (5\text{-}154)$$

mit den Vektoren

$$\underline{c}(i) = (\ 0,\ 0,\ \dots\ 0,\ 1\ )^T \ , \qquad (5\text{-}155)$$

$$\underline{d}(i) = (\ 0,\ 0,\ \dots\ 0,\ d(i)\ )^T \ . \qquad (5\text{-}156)$$

Die Gln.(5-151) und (5-154) beschreiben zusammen das lineare zeitdiskrete System im Zustandsraum. Man nennt Gl.(5-151) die Systemgleichung und Gl.(5-154) die Meßgleichung. Der Vektor $\underline{v}(i)$ ist der Zustandsvektor des Systems. Die Matrix $\underline{A}(i)$ nennt man die Systemmatrix, die Matrix $\underline{B}(i)$ die Steuermatrix des Systems. $\underline{c}(i)$ ist der Meßvektor und $\underline{d}(i)$ der Durchgriff.

Die hier gefundene Beschreibung eines linearen Systems ist eine spezielle Form der Zustandsraumdarstellung. Der Zustandsvektor enthält die m letzten Werte der Ausgangsfolge des durchgriffsfreien Systems. Die Systemmatrix liegt in der sog. Regelungs-Normalform vor [5.11]. Da die Ausgangsgröße skalar ist, sind $\underline{c}(i)$ und $\underline{d}(i)$ Vektoren. $\underline{c}(i)$ ist zeitunabhängig. Bei mehrdimensionalem Systemausgang treten auch an die Stellen von $\underline{c}(i)$ und $\underline{d}(i)$ Matrizen.

Die Zustandsdifferenzengleichung (5-151) kann rekursiv gelöst werden. Ist iT = 0 der Anfangszeitpunkt, so erhält man folgendes Gleichungssystem:

$$\begin{aligned}
\underline{v}(1) &= \underline{A}(0)\,\underline{v}(0) + \underline{B}(0)\,\underline{u}(0)\\
\underline{v}(2) &= \underline{A}(1)\,\underline{v}(1) + \underline{B}(1)\,\underline{u}(1)\\
&= \underline{A}(1)\,\underline{A}(0)\,\underline{v}(0) + \underline{A}(1)\,\underline{B}(0)\,\underline{u}(0) + \underline{B}(1)\,\underline{u}(1) \ . \qquad (5\text{-}157)\\
&\cdots\cdots\cdots\cdots\\
\underline{v}(i) &= \underline{A}(i-1)\,\underline{A}(i-2)\cdot\ldots\cdot\underline{A}(0)\,\underline{v}(0)\\
&\quad + \underline{A}(i-1)\,\underline{A}(i-2)\cdot\ldots\cdot\underline{A}(1)\,\underline{B}(0)\,\underline{u}(0)\\
&\quad + \underline{A}(i-1)\,\underline{A}(i-2)\cdot\ldots\cdot\underline{A}(2)\,\underline{B}(1)\,\underline{u}(1)\\
&\quad + \ldots + \underline{B}(i-1)\,\underline{u}(i-1)
\end{aligned}$$

Mit der Abkürzung

$$\underline{\Phi}_v(i_1,i_2) = \begin{cases} \underline{A}(i_1-1)\ \underline{A}(i_1-2) \cdot \ldots \cdot \underline{A}(i_2) & i_1 > i_2 \\ \underline{E} & i_1 = i_2 \end{cases} \quad (5\text{-}158)$$

($\underline{E}$ = Einheitsmatrix) lautet die allgemeine Lösung der Zustandsdifferenzengleichung:

$$\underline{v}(i) = \underline{\Phi}_v(i,0)\underline{v}(0) + \sum_{k=1}^{i} \underline{\Phi}_v(i,i+1-k)\underline{B}(i-k)\underline{u}(i-k), \ i > 0. \quad (5\text{-}159)$$

Die Matrix $\underline{\Phi}_v(i_1,i_2)$ nennt man die <u>Transitionsmatrix</u> oder die <u>Fundamentalmatrix</u> des linearen Systems. Sie genügt der homogenen Differenzengleichung:

$$\underline{\Phi}_v(i_1+1,i_2) = \underline{A}(i_1)\ \underline{\Phi}_v(i_1,i_2) \ . \quad (5\text{-}160)$$

Bei einem <u>zeitinvarianten</u> System sind $\underline{A}(i)$ und $\underline{B}(i)$ zeitunabhängig. Die Transitionsmatrix hängt dann nur noch von $i_1 - i_2$ ab:

$$\underline{\Phi}_v(i_1,i_2) = \underline{\Phi}_v(i_1-i_2) = \underline{A}^{i_1-i_2} \ , \quad i_1 \geq i_2 \ . \quad (5\text{-}161)$$

Die Lösung der Zustandsdifferenzengleichung vereinfacht sich dann zu:

$$\underline{v}(i) = \underline{A}^i\ \underline{v}(0) + \sum_{k=1}^{i} \underline{A}^{k-1}\ \underline{B}\ \underline{u}(i-k) \ , \quad i > 0 \ . \quad (5\text{-}162)$$

Die Lösung der Zustandsdifferenzengleichung setzt sich somit aus zwei Beiträgen zusammen: der vom Anfangswert des Zustandsvektors abhängigen homogenen Lösung und der von der Eingangsfolge abhängigen partikulären Lösung. Nimmt man an, daß der Anfangswert $\underline{v}(0)$ des Zustandsvektors gleich Null ist oder daß der durch ihn bedingte Lösungsanteil abgeklungen ist, so vereinfacht sich Gl.(5-162) weiter zu

$$\underline{v}(i) = \sum_{k=1}^{i} \underline{A}^{k-1}\ \underline{B}\ \underline{u}(i-k) \ , \quad i > 0 \ . \quad (5\text{-}163)$$

Für die Ausgangsgröße des zeitinvarianten linearen Systems erhält man dann mit Gl.(5-154):

$$x(i) = \underline{c}^T \sum_{k=1}^{i} \underline{A}^{k-1}\ \underline{B}\ \underline{u}(i-k) + \underline{d}^T\ \underline{u}(i) \ , \quad i > 0 \ . \quad (5\text{-}164)$$

Diese Darstellung entspricht der Beschreibung des Zusammenhanges zwischen Eingangs- und Ausgangsfolge eines zeitdiskreten Systems durch eine Faltungssumme (Gl.(4-9.2)). Die Gewichtsfolge g(kT) kann aus Gl.(5-164) durch einen Koeffizientenvergleich bestimmt werden.

Beispiel 5.12: Zustandsraumdarstellung eines linearen zeitinvarianten Systems

Es sei

$$x(i+1) - a\,x(i) = d\,u(i+1) + \beta\,u(i)$$

die Differenzengleichung eines zeitdiskreten Systems erster Ordnung. Zu bestimmen sind die Zustandsdifferenzengleichung und die Gewichtsfolge. Man erhält:

$$x(i+1) - d\,u(i+1) = a\,x(i) + \beta\,u(i)\ .$$

Mit $v(i) = x(i) - d\,u(i)$ folgen daraus:

$$v(i+1) = a\,v(i) + (\beta + a\,d)\,u(i) \quad \text{und} \quad x(i) = v(i) + d\,u(i)\ .$$

Beide Gleichungen sind skalar, da das System nur die Ordnung Eins hat. Für die Lösung der Zustandsdifferenzengleichung gilt:

$$v(i) = a^{i}\,v(0) + \sum_{k=1}^{i} a^{k-1}\,(\beta + a\,d)\,u(i-k)\ , \quad i > 0\ .$$

Mit $v(0) = 0$ und $\beta = 0$ erhält man für die Ausgangsgröße:

$$x(i) = d\,(u(i) + \sum_{k=1}^{i} a^{k}\,u(i-k))\ , \quad i > 0\ .$$

Stellt man andererseits $x(i)$ durch eine Faltungssumme dar, so gilt für ein kausales System (Gl.(4-12.2)) und $u(i) = 0$ für $i < 0$:

$$x(i) = T\sum_{k=0}^{i} g(kT)\,u(i-k)\ .$$

Ein Koeffizientenvergleich ergibt somit:

$$g(kT) = \frac{d}{T}\,a^{k}\ , \quad 0 \leq k \leq i\ .$$

Die durch die Gln.(5-151) und (5-154) dargestellten Zusammenhänge lassen sich durch ein Blockschaltbild wiedergeben (Bild 5.21). T bedeutet darin eine Totzeit von der Dauer eines Taktintervalls. Doppelte Linien kennzeichnen vektorielle Größen.

Für die weiteren Überlegungen gehen wir wieder zu Zufallsprozessen über und zeigen als Beispiel für die Anwendung der Zustandsraumdarstellung die Herleitung der Systemmatrix $\underline{A}(i)$ eines zeitvarianten <u>kausalen</u> <u>Formfilters</u> (s. auch Abschnitt 4.3.7). Wir nehmen an, $\underline{\mathbf{x}}(\eta,i)$ sei der Zustandsvektor eines zeitdiskreten Systems, das durch einen Zufallsprozeß $\mathbf{u}(\eta,i)$ angeregt wird. Mit der speziellen Steuermatrix

$$\underline{B}(i) = \underline{B} = (\ 0,\ 0,\ \ldots\ ,\ 0,\ 1\ )^{T} \tag{5-165}$$

gelte:

$$\underline{x}(\eta,i+1) = \underline{A}(i)\ \underline{x}(\eta,i) + \underline{B}\ \mathbf{u}(\eta,i) \quad . \tag{5-166}$$

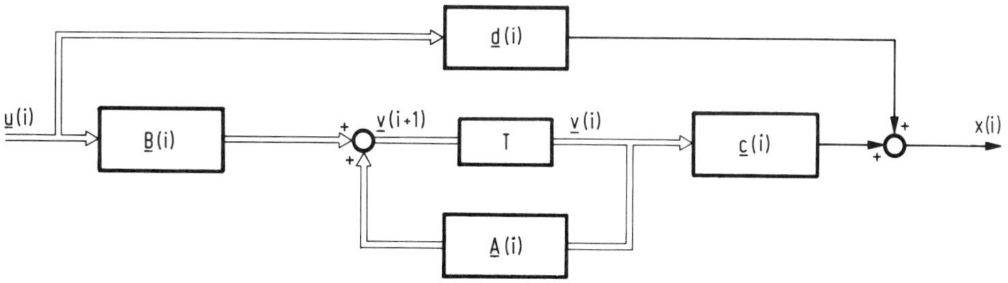

Bild 5.21: Lineares zeitvariantes System in Zustandsraumdarstellung

Zur Vereinfachung sei $\mathbf{u}(\eta,i)$ weißes Rauschen - das instationär sein kann - mit der Autokorrelationsfunktion

$$R_{\mathbf{uu}}(i_1,i_2) = \begin{cases} U(i_1) & i_1 = i_2 \\ 0 & i_1 \neq i_2 \end{cases} \quad . \tag{5-167}$$

Ferner nehmen wir an, daß der Anfangswert des Zustandsvektors $\underline{x}(\eta,0)$ und $\mathbf{u}(\eta,i)$ orthogonal für alle $i \geq 0$ sind:

$$E\{\underline{x}(\eta,0)\ \mathbf{u}(\eta,i)\} = \underline{0} \quad \text{für alle } i \geq 0 \quad . \tag{5-168}$$

Für dieses vereinfachte System wollen wir nun den Zusammenhang zwischen der Kovarianzmatrix (s. auch Gl.(2-55))

$$\underline{R}_{\mathbf{xx}}(i_1,i_2) = E\{\underline{x}(\eta,i_1)\ \underline{x}(\eta,i_2)^T\} \tag{5-169}$$

des (mittelwertfreien) Zustandsvektors, der Systemmatrix $\underline{A}(i)$ und der Autokorrelationsfunktion $R_{\mathbf{uu}}(i_1,i_2)$ der Anregung herleiten. Für $i_1 > i_2$ läßt sich $\underline{x}(\eta,i_1)$ aus $\underline{x}(\eta,i_2)$ und der Anregung mit Gl.(5-159) berechnen:

$$\underline{x}(\eta,i_1) = \underline{\Phi}_{\mathbf{x}}(i_1,i_2)\ \underline{x}(i_2) + \sum_{k=1}^{i_1-i_2} \underline{\Phi}_{\mathbf{x}}(i_1,i_1+1-k)\ \underline{B}\ \mathbf{u}(i_1-k) \ ,$$

$$i_1 > i_2 \quad . \tag{5-170}$$

Setzt man dies in Gl.(5-169) ein und berücksichtigt Gl.(5-168), so folgt:

$$\underline{R}_{\mathbf{xx}}(i_1,i_2) = \underline{\Phi}_{\mathbf{x}}(i_1,i_2)\ \underline{R}_{\mathbf{xx}}(i_2,i_2), \quad i_1 > i_2 \quad . \tag{5-171}$$

Wegen $\underline{\emptyset}_x(i,i) = \underline{E}$ (Gl.(5-158)) gilt diese Gleichung auch für $i_1 = i_2$. Mit $i_1 - 1 = i_2 = i$ und Gl.(5-160) erhält man schließlich:

$$\underline{R}_{xx}(i+1,i) = \underline{A}(i)\,\underline{R}_{xx}(i,i) \quad . \qquad (5\text{-}172)$$

Durch eine analoge Rechnung erhält man:

$$\underline{R}_{xx}(i,i+1) = \underline{R}_{xx}(i,i)\,\underline{A}(i)^T \quad . \qquad (5\text{-}173)$$

Die Kovarianzmatrix $\underline{R}_{xx}(i,i)$ ist symmetrisch (s. Abschnitt 2.8.2) und, da die Komponenten des Zustandsvektors hier linear unabhängig sind, positiv definit. Gl.(5-172) kann daher nach der Systemmatrix $\underline{A}(i)$ aufgelöst werden:

$$\underline{A}(i) = \underline{R}_{xx}(i+1,i)\,\underline{R}_{xx}(i,i)^{-1} \quad . \qquad (5\text{-}174)$$

Diese Gleichung hat ähnliche Bedeutung wie Gl.(4-69): Sie ermöglicht die Bestimmung der Systemmatrix eines Formfilters, das aus weißem Rauschen einen Zustandsvektor (und damit über einen geeigneten Meßvektor einen Ausgangsprozeß) mit vorgegebenen Korrelationseigenschaften erzeugt. Zur Vervollständigung dieses Ergebnisses bestimmen wir noch $\underline{R}_{xx}(i+1,i+1)$:

$$\underline{R}_{xx}(i+1,i+1) = E\{\underline{x}(\eta,i+1)\,\underline{x}(\eta,i+1)^T\}$$

$$= \underline{A}(i)\,\underline{R}_{xx}(i,i)\,\underline{A}(i)^T + \underline{B}\,U(i)\,\underline{B}^T \quad . \qquad (5\text{-}175)$$

Dies folgt aus der Systemgleichung (5-166) und den Annahmen über die darin enthaltenen Größen. Löst man Gl.(5-175) nach $\underline{B}\,U(i)\,\underline{B}^T$ auf und setzt gleichzeitig Gl.(5-174) ein, so erhält man endlich:

$$\underline{B}\,U(i)\,\underline{B}^T = \underline{R}_{xx}(i+1,i+1) - \underline{R}_{xx}(i+1,i)\,\underline{R}_{xx}(i,i)^{-1}\,\underline{R}_{xx}(i,i+1) \quad .$$

$$(5\text{-}176)$$

Aufgrund der speziellen Annahme für $\underline{B}$ (Gl.(5-165)) ist in $\underline{B}\,U(i)\,\underline{B}^T$ hier nur das Element in der rechten unteren Ecke der Matrix von Null verschieden. Aus Gl.(5-176) kann daher U(i) berechnet werden. Dieses bezeichnet die erforderliche mittlere Leistung der Anregung des Systems, wenn ein Zustandsvektor mit der Kovarianzmatrix $\underline{R}_{xx}(i_1,i_2)$ erzeugt werden soll.

Die Gln.(5-174) und (5-176) gelten für zeitvariante Systeme und instationäre Zufallsprozesse. Einschränkungen, wie bei der Herleitung der Gewichtsfunktion eines Formfilters (s. Abschnitt 4.3.7), sind daher bei Verwendung von Zustandsvariablen nicht erforderlich.

5.4.2 Der Filteralgorithmus

Unter der Bezeichnung "Kalman Filter" versteht man ein Rechenverfahren, das einen linearen Schätzwert für eine nur gestört meßbare Größe bestimmt. Dieser Schätzwert ist erwartungstreu, und die Varianz des Schätzfehlers ist minimal. Im Gegensatz zum Wiener-Kolmogoroff Filter wird beim Kalman Filter der Schätzwert rekursiv bestimmt. Dies bedeutet, daß der momentane Schätzwert als lineare Funktion des momentanen Meßwertes und der vorangegangenen Schätzwerte dargestellt wird. Voraussetzung für einen optimalen Schätzwert ist es daher, daß die vorangegangenen Schätzwerte optimal bezüglich des Zeitpunktes sind, zu dem der neue Schätzwert bestimmt wird. Mit jedem neuen Meßwert ist daher nicht nur ein aktueller Schätzwert zu bestimmen, sondern es sind auch alle vorhergegangenen Schätzwerte, soweit sie den aktuellen Schätzwert beeinflussen, zu korrigieren. Diese Verbesserung alter Schätzwerte ist notwendig, da jeder neu verfügbare Meßwert zusätzliche Information auch über vergangene Werte des zu schätzenden Zufallsprozesses enthalten kann. Mit dem Kalman-Filteralgorithmus wird daher zu jedem Zeitpunkt nicht nur ein einzelner Wert eines zeitdiskreten Zufallsprozesses, sondern der Zustandsvektor eines linearen Systems geschätzt, das als Modell für die Erzeugung des zu schätzenden Zufallsprozesses aus weißem Rauschen angesehen werden kann.

Für die Herleitung des Kalman Filters gehen wir von folgender Problemstellung aus: Ein zeitdiskreter Zufallsprozeß $\mathbf{x}(\eta,i)$ sei als Ausgangsprozeß eines linearen zeitdiskreten Systems der Ordnung m darstellbar, das durch einen Zufallsprozeß $\mathbf{u}(\eta,i)$ angeregt wird. Das System sei durchgriffsfrei (Gl.(5-144)). Sein Zustandsvektor $\underline{\mathbf{x}}(\eta,i)$ enthalte die m letzten Ausgangswerte des Systems:

$$\underline{\mathbf{x}}(\eta,i) = (\ \mathbf{x}(\eta,i+1-m)\ ,\ \ldots\ ,\ \mathbf{x}(\eta,i)\ )^T \qquad (5\text{-}177)$$

(Bild 5.22). Für die Steuermatrix $\underline{B}(i)$ gelte wieder vereinfachend die Gl.(5-165). Dem Systemausgang überlagere sich additiv eine Störung $\mathbf{n}(\eta,i)$. System- und Meßgleichung lauten daher:

$$\underline{\mathbf{x}}(\eta,i+1) = \underline{A}(i)\ \underline{\mathbf{x}}(\eta,i) + \underline{B}(i)\ \mathbf{u}(\eta,i)\ , \qquad (5\text{-}178)$$

$$\mathbf{y}(\eta,i) = \underline{c}(i)^T\ \underline{\mathbf{x}}(\eta,i) + \mathbf{n}(\eta,i)\ . \qquad (5\text{-}179)$$

Für den Meßvektor $\underline{c}(i)$ gelte wieder Gl.(5-155). Die beiden Zufallsprozesse $\mathbf{u}(\eta,i)$ und $\mathbf{n}(\eta,i)$ werden in diesem Zusammenhang Systemrauschen und Meßrauschen genannt.

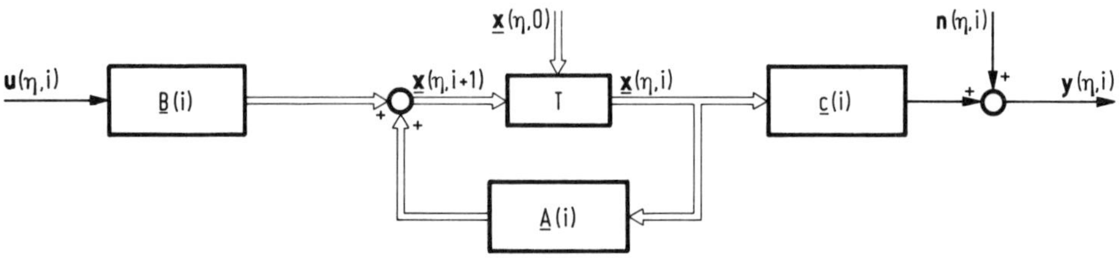

Bild 5.22: Prozeßmodell zur Herleitung des Kalman Filters

Das Kalman Filter bestimmt aus den Meßwerten $\mathbf{y}(\eta,k)$, $0 \leq k \leq i$, einen optimalen Schätzwert $\underline{z}(\eta,i)$ für den Zustandsvektor $\underline{x}(\eta,i)$ des Prozeßmodells. Wir leiten das Filterverfahren zunächst unter sehr einschränkenden Voraussetzungen her. Einige dieser Voraussetzungen werden im folgenden Abschnitt 5.4.3 verallgemeinert. Für den Anfangswert des Zustandsvektors $\underline{x}(\eta,0)$ nehmen wir an, daß dieser mittelwertfrei ist,

$$E\{\underline{x}(\eta,0)\} = \underline{0} \quad , \tag{5-180}$$

und daß seine Kovarianzmatrix

$$\underline{R}_{xx}(0,0) = \underline{P}(0) = E\{\underline{x}(\eta,0)\ \underline{x}(\eta,0)^T\} \tag{5-181}$$

bekannt sei. System- und Meßrauschen seien weiße Zufallsprozesse mit bekannten Kovarianzmatrizen:

$$E\{\mathbf{u}(\eta,i)\} = 0 \quad \text{für alle } i \quad , \tag{5-182}$$

$$R_{uu}(i_1,i_2) = E\{\mathbf{u}(\eta,i_1)\ \mathbf{u}(\eta,i_2)\} = \begin{cases} U(i_1) & i_1 = i_2 \\ 0 & i_1 \neq i_2 \end{cases} \quad , \tag{5-183}$$

$$E\{\mathbf{n}(\eta,i)\} = 0 \quad \text{für alle } i \quad , \tag{5-184}$$

$$R_{nn}(i_1,i_2) = E\{\mathbf{n}(\eta,i_1)\ \mathbf{n}(\eta,i_2)\} = \begin{cases} N(i_1) & i_1 = i_2 \\ 0 & i_1 \neq i_2 \end{cases} \quad . \tag{5-185}$$

Das Systemrauschen, das Meßrauschen und der Anfangswert des Zustandsvektors seien orthogonal:

$$R_{un}(i_1,i_2) = E\{\mathbf{u}(\eta,i_1)\ \mathbf{n}(\eta,i_2)\} = 0 \quad \text{für alle } i_1,\ i_2 \quad , \tag{5-186}$$

$$\underline{R}_{xu}(0,i) \quad = E\{\underline{x}(\eta,0)\ \mathbf{u}(\eta,i)\} \quad = \underline{0} \quad \text{für alle } i \quad , \tag{5-187}$$

$$\underline{R}_{xn}(0,i) \quad = E\{\underline{x}(\eta,0)\ \mathbf{n}(\eta,i)\} \quad = \underline{0} \quad \text{für alle } i \quad . \tag{5-188}$$

Wir gliedern den rekursiven Filteralgorithmus in drei Schritte: Zunächst bestimmen wir einen Schätzwert für den Anfangswert des Zustandsvektors $\underline{x}(\eta,0)$. Den sich daran anschließenden Rekursionsschritt teilen wir in zwei Teilschritte auf: Vor der Verfügbarkeit eines neuen Meßwertes, also zwischen den Zeitpunkten iT und (i+1)T, bestimmen wir einen vorhergesagten Schätzwert $\overset{*}{\underline{z}}(\eta,i+1)$ des Zustandsvektors $\underline{x}(\eta,i+1)$. Nach Vorliegen eines neuen Meßwertes, also nach dem Zeitpunkt (i+1)T, ermitteln wir schließlich einen korrigierten Schätzwert $\underline{z}(\eta,i+1)$ für $\underline{x}(\eta,i+1)$. In jedem Fall fordern wir, daß die Varianzen der Schätzfehler minimal sind, d.h. die Fehler der optimalen Schätzwerte das Orthogonalitätstheorem (s. Abschnitt 5.1) erfüllen.

1. Schritt: Anfangswert

Für den Anfangszeitpunkt iT = 0 lautet die Meßgleichung (Gl. (5-179)) des Prozeßmodells:

$$\mathbf{y}(\eta,0) = \underline{c}(0)^T\ \underline{x}(\eta,0) + \mathbf{n}(\eta,0) \quad . \tag{5-189}$$

Aus $\mathbf{y}(\eta,0)$ ist ein linearer Schätzwert $\underline{z}(\eta,0)$ für $\underline{x}(\eta,0)$ zu bestimmen. Wir machen dafür einen Ansatz:

$$\boxed{\underline{z}(\eta,0) = \underline{K}(0)\ \mathbf{y}(\eta,0) + \underline{z}_A \quad .} \tag{5-190}$$

$\underline{K}(0)$ bewirkt eine Gewichtung des Meßwertes, $\underline{z}_A$ ermöglicht eine Anpassung der Erwartungswerte. Aus der geforderten Erwartungstreue,

$$E\{\underline{z}(\eta,i)\} = E\{\underline{x}(\eta,i)\} \quad , \tag{5-191}$$

und den Voraussetzungen folgt hier unmittelbar:

$$\boxed{\underline{z}_A = \underline{0} \quad .} \tag{5-192}$$

Die Varianz des Schätzfehlers

$$\tilde{\underline{z}}(\eta,i) = \underline{x}(\eta,i) - \underline{z}(\eta,i) \tag{5-193}$$

ist minimal, wenn dieser orthogonal zu den Meßwerten ist. Für den Anfangszeitpunkt gilt daher:

$$E\{\underline{\tilde{z}}(\eta,0)\ \mathbf{y}(\eta,0)\} = \underline{0} \quad . \tag{5-194}$$

Mit den Gln.(5-190), (5-192) und (5-193) kann daraus $\underline{K}(0)$ bestimmt werden:

$$\underline{K}(0)\ E\{\mathbf{y}^2(\eta,0)\} = E\{\underline{\mathbf{x}}(\eta,0)\ \mathbf{y}(\eta,0)\} \quad . \tag{5-195}$$

Setzt man hier schließlich Gl.(5-189) ein und beachtet die vorausgesetzte Orthogonalität zwischen dem Anfangswert $\underline{\mathbf{x}}(\eta,0)$ des Zustandsvektors und dem Meßrauschen $\mathbf{n}(\eta,i)$, so erhält man für den Anfangswert der sog. Kalman Verstärkung endlich:

$$\underline{K}(0) = \underline{P}(0)\ \underline{c}(0) \left[\ \underline{c}(0)^T\ \underline{P}(0)\ \underline{c}(0) + N(0)\ \right]^{-1} \quad . \tag{5-196}$$

Aufgrund der speziellen Annahmen von $\underline{c}(i)$ (Gl.(5-155)) und $\mathbf{n}(\eta,i)$ ist der Klammerausdruck hier skalar. Zur Vorbereitung des nächsten Schrittes bestimmen wir noch die Kovarianzmatrix $\underline{\tilde{P}}(0)$ des Anfangswertes des Schätzfehlers:

$$\underline{R}_{\tilde{\mathbf{z}}\tilde{\mathbf{z}}}(0,0) = \underline{\tilde{P}}(0) = E\{\underline{\tilde{z}}(\eta,0)\ \underline{\tilde{z}}(\eta,0)^T\} \quad . \tag{5-197}$$

Mit Gl.(5-193) und dem optimalen Schätzwert erhält man daraus:

$$\underline{\tilde{P}}(0) = E\{\underline{\mathbf{x}}(\eta,0)\ \underline{\tilde{\mathbf{z}}}(\eta,0)^T\} - \underline{K}(0)\ E\{\mathbf{y}(\eta,0)\ \underline{\tilde{\mathbf{z}}}(\eta,0)^T\} \quad . \tag{5-198}$$

Da Fehler und Meßwert bei optimaler Schätzung orthogonal sind (Gl.(5-194)), verschwindet der zweite Erwartungswert und man erhält:

$$\underline{\tilde{P}}(0) = \underline{P}(0) - \underline{K}(0)\ \underline{c}(0)^T\ \underline{P}(0) \quad . \tag{5-199}$$

2. Schritt: Vorhergesagter Schätzwert

Wir nehmen nun an, daß für den Zeitpunkt iT bereits ein optimaler Schätzwert $\underline{z}(\eta,i)$ des Zustandsvektors $\underline{\mathbf{x}}(\eta,i)$ bestimmt wurde und daß die Kovarianzmatrix $\underline{\tilde{P}}(i)$ des Schätzfehlers $\underline{\tilde{z}}(\eta,i)$ bekannt ist. Als

Vorbereitung für die Berechnung des nächsten Schätzwertes $\underline{z}(\eta,i+1)$ bestimmen wir aufgrund der Meßwerte $\mathbf{y}(\eta,k)$, $0 \leq k \leq i$, bzw. des daraus gewonnenen Schätzwertes $\underline{z}(\eta,i)$ zunächst einen <u>vorhergesagten</u> Schätzwert $\overset{*}{\underline{z}}(\eta,i+1)$ des Zustandsvektors $\underline{x}(\eta,i+1)$. Auch für diesen Schätzwert machen wir einen linearen Ansatz:

$$\overset{*}{\underline{z}}(\eta,i+1) = \underline{A}(i)\;\underline{z}(\eta,i) + \underline{z}_V(i+1) \quad . \tag{5-200}$$

Aus der geforderten Erwartungstreue des Schätzwertes und den Voraussetzungen folgt hier wieder unmittelbar:

$$\underline{z}_V(i+1) = \underline{0} \quad . \tag{5-201}$$

Die Varianz des Fehlers des vorhergesagten Schätzwertes ist minimal, wenn dieser Fehler orthogonal zu allen Meßwerten ist, die bis zum Schätzzeitpunkt iT verfügbar sind:

$$E\{(\underline{x}(\eta,i+1) - \overset{*}{\underline{z}}(\eta,i+1))\;\mathbf{y}(\eta,k)\} = \underline{0} \quad \text{für } 0 \leq k \leq i \quad . \tag{5-202}$$

Mit der Systemgleichung (5-178) und den Gln.(5-200) und (5-201) lautet diese Bedingung:

$$\begin{aligned} &E\{\underline{A}(i)\;(\underline{x}(\eta,i) - \underline{z}(\eta,i))\;\mathbf{y}(\eta,k)\} + E\{\underline{B}(i)\;\mathbf{u}(\eta,i)\;\mathbf{y}(\eta,k)\} \\ &\quad = \underline{A}(i)\;E\{\underline{\tilde{z}}(\eta,i)\;\mathbf{y}(\eta,k)\} + \underline{B}(i)\;E\{\mathbf{u}(\eta,i)\;\mathbf{y}(\eta,k)\} \\ &\quad = \underline{0} \qquad \text{für } 0 \leq k \leq i \quad . \end{aligned} \tag{5-203}$$

Der erste Erwartungswert in der zweiten Zeile von Gl.(5-203) verschwindet aufgrund der Annahme, daß $\underline{z}(\eta,i)$ ein optimaler Schätzwert ist. Der zweite Erwartungswert ist gleich Null, da frühestens $\mathbf{y}(\eta,i+1)$ von $\mathbf{u}(\eta,i)$ abhängt und der Anfargswert $\underline{x}(\eta,0)$ des Zustandsvektors und $\mathbf{u}(\eta,i)$ für alle i orthogonal vorausgesetzt wurden (Gl.(5-187)). Damit ist gezeigt, daß der Ansatz Gl.(5-200) zulässig ist. Für die Kovarianzmatrix $\overset{*}{\underline{P}}(i+1)$ des Fehlers des vorhergesagten Schätzwertes erhält man schließlich:

$$\begin{aligned} \overset{*}{\underline{P}}(i+1) &= E\{(\underline{x}(\eta,i+1) - \overset{*}{\underline{z}}(\eta,i+1))\;(\underline{x}(\eta,i+1)^T - \overset{*}{\underline{z}}(\eta,i+1)^T)\} \\ &= E\{(\underline{A}(i)\underline{\tilde{z}}(\eta,i) + \underline{B}(i)\mathbf{u}(\eta,i))\;(\underline{\tilde{z}}(\eta,i)^T\underline{A}(i)^T + \mathbf{u}(\eta,i)\underline{B}(i)^T)\}, \end{aligned}$$

$$\overset{*}{\underline{P}}(i+1) = \underline{A}(i)\ \tilde{\underline{P}}(i)\ \underline{A}(i)^T + \underline{B}(i)\ U(i)\ \underline{B}(i)^T \quad . \tag{5-204}$$

Aufgrund der speziellen Annahme der Steuermatrix $\underline{B}(i)$ (Gl.(5-165)) ist hier in dem zweiten Summanden der rechten Seite von Gl.(5-204) nur das Element in der rechten unteren Ecke von Null verschieden. Der Ansatz Gl.(5-200) bedeutet eine Vorhersage des Zustandsvektors $\underline{x}(\eta,i+1)$ entsprechend der Systemgleichung (5-178), wobei der unbekannte Zustandsvektor $\underline{x}(\eta,i)$ durch seinen Schätzwert $\underline{z}(\eta,i)$ ersetzt ist. Mit $\underline{z}_V(i+1)$ kann ein bekannter Anteil des Systemrauschens berücksichtigt werden (s. Abschnitt 5.4.3).

3. Schritt: Korrigierter Schätzwert

Als letzten Schritt des Kalman Verfahrens bestimmen wir nun einen Schätzwert $\underline{z}(\eta,i+1)$ des Zustandsvektors $\underline{x}(\eta,i+1)$ unter Einbeziehung des Meßwertes $\mathbf{y}(\eta,i+1)$. Wir erhalten diesen Schätzwert durch eine Korrektur des vorhergesagten Schätzwertes $\overset{*}{\underline{z}}(\eta,i+1)$. Auch hier machen wir einen linearen Ansatz:

$$\begin{aligned}\underline{z}(\eta,i+1) &= \overset{*}{\underline{z}}(\eta,i+1)\\ &+ \underline{K}(i+1)\left[\mathbf{y}(\eta,i+1) - z_K(i+1) - \underline{c}(i+1)^T\ \overset{*}{\underline{z}}(\eta,i+1)\right].\end{aligned} \tag{5-205}$$

Der Klammerausdruck auf der rechten Seite dieses Ansatzes enthält den nicht vorhersagbaren Anteil des neuen Meßwertes $\mathbf{y}(\eta,i+1)$, die sog. Innovation. Die Größen $z_K(i+1)$ und $\underline{K}(i+1)$ bestimmen wir wieder aus der geforderten Erwartungstreue und der geforderten minimalen Fehlervarianz. Aus der Erwartungstreue des Schätzwertes $\underline{z}(\eta,i+1)$ folgt unter den eingangs formulierten Voraussetzungen:

$$z_K(i+1) = 0 \quad . \tag{5-206}$$

Die Varianz des Schätzfehlers $\tilde{\underline{z}}(\eta,i+1)$ (Gl.(5-193)) ist minimal, wenn dieser orthogonal zu allen verfügbaren Meßwerten $\mathbf{y}(k)$, $0 \leq k \leq i+1$, ist:

$$E\{\tilde{\underline{z}}(\eta,i+1)\ \mathbf{y}(k)\} = \underline{0} \quad \text{für} \quad 0 \leq k \leq i+1 \quad . \tag{5-207}$$

Für den Schätzfehler gilt:

$$\underline{\tilde{z}}(\eta,i+1) = \underline{x}(\eta,i+1) - \underline{z}(\eta,i+1)$$
$$= (\underline{E} - \underline{K}(i+1)\ \underline{c}(i+1)^T)\ (\underline{x}(\eta,i+1) - \underline{\overset{*}{z}}(\eta,i+1))$$
$$- \underline{K}(i+1)\ \mathbf{n}(\eta,i+1) \quad . \qquad (5\text{-}208)$$

Dies folgt aus dem Ansatz Gl.(5-205) und der Meßgleichung (5-179). Setzt man Gl.(5-208) in die Orthogonalitätsbedingung Gl.(5-207) ein, so erhält man:

$$(\underline{E} - \underline{K}(i+1)\ \underline{c}(i+1)^T)\ E\{(\underline{x}(\eta,i+1) - \underline{\overset{*}{z}}(\eta,i+1))\ \mathbf{y}(\eta,k)\}$$
$$- \underline{K}(i+1)\ E\{\mathbf{n}(\eta,i+1)\ \mathbf{y}(\eta,k)\} = \underline{0} \quad \text{für} \quad 0 \leq k \leq i+1 \quad . \qquad (5\text{-}209)$$

Für $0 \leq k \leq i$ verschwindet der erste Erwartungswert gemäß Gl.(5-202) und der zweite aufgrund der Voraussetzungen Gl.(5-185) und Gl.(5-187). Die bis jetzt noch unbekannte Kalman Verstärkung $\underline{K}(i+1)$ bestimmt man schließlich so, daß Gl.(5-209) auch für $k = i+1$ erfüllt ist. Mit der Meßgleichung (5-179) und der Orthogonalität zwischen dem Fehler des vorhergesagten Schätzwertes $\underline{x}(\eta,i+1) - \underline{\overset{*}{z}}(\eta,i+1)$ und dem Meßrauschen $\mathbf{n}(\eta,i+1)$ folgt aus Gl.(5-209) für $k = i+1$:

$$(\underline{E} - \underline{K}(i+1)\ \underline{c}(i+1)^T)\ E\{(\underline{x}(\eta,i+1) - \underline{\overset{*}{z}}(\eta,i+1))\ \underline{x}(\eta,i+1)^T\}\ \underline{c}(i+1)$$
$$- \underline{K}(i+1)\ N(i+1) = \underline{0} \quad . \qquad (5\text{-}210)$$

Den Erwartungswert in dieser Gleichung formen wir weiter um:

$$E\{(\underline{x}(\eta,i+1) - \underline{\overset{*}{z}}(\eta,i+1))\ \underline{x}(\eta,i+1)^T\}$$
$$= E\{(\underline{x}(\eta,i+1) - \underline{\overset{*}{z}}(\eta,i+1))\ (\underline{x}(\eta,i+1)^T - \underline{\overset{*}{z}}(\eta,i+1)^T)\}$$
$$+ E\{(\underline{x}(\eta,i+1) - \underline{\overset{*}{z}}(\eta,i+1))\ \underline{\overset{*}{z}}(\eta,i+1)^T\}$$
$$= \underline{\overset{*}{P}}(i+1) + E\{(\underline{x}(\eta,i+1) - \underline{\overset{*}{z}}(\eta,i+1))\ \underline{\overset{*}{z}}(\eta,i+1)^T\} \quad . \qquad (5\text{-}211)$$

Mit der Systemgleichung (5-178) und den Gln.(5-200) und (5-201) folgt ferner:

$$E\{(\underline{x}(\eta,i+1) - \underline{\overset{*}{z}}(\eta,i+1))\ \underline{\overset{*}{z}}(\eta,i+1)^T\}$$
$$= \underline{A}(i)\ E\{(\underline{x}(\eta,i) - \underline{z}(\eta,i))\ \underline{z}(\eta,i)^T\}\ \underline{A}(i)^T$$
$$+ \underline{B}(i)\ E\{\mathbf{u}(\eta,i)\ \underline{z}(\eta,i)^T\}\ \underline{A}(i)^T = \underline{0} \quad . \qquad (5\text{-}212)$$

Der erste Erwartungswert auf der rechten Seite dieser Gleichung verschwindet, da $\underline{z}(\eta,i)$ ein optimaler linearer Schätzwert ist. Der Schätzfehler $\underline{x}(\eta,i) - \underline{z}(\eta,i)$ ist daher orthogonal zu $y(\eta,k)$ für $0 \le k \le i$ und somit auch zu jeder linearen Funktion aus diesen Meßwerten. Der zweite Erwartungswert ist gleich Null aufgrund der Voraussetzungen und der Tatsache, daß $u(\eta,i)$ frühestens $\underline{x}(\eta,i+1)$ und damit auch frühestens $\underline{z}(\eta,i+1)$ beeinflußt. Aus den Gln.(5-210), (5-211) und (5-212) folgt daher endlich:

$$(\underline{E} - \underline{K}(i+1)\ \underline{c}(i+1)^T)\ \overset{*}{\underline{P}}(i+1)\ \underline{c}(i+1) - \underline{K}(i+1)\ N(i+1) = \underline{0}. \quad (5\text{-}213)$$

Nach $\underline{K}(i+1)$ aufgelöst, erhält man für die gesuchte Kalman Verstärkung:

$$\underline{K}(i+1) = \overset{*}{\underline{P}}(i+1)\underline{c}(i+1)\left[\underline{c}(i+1)^T\overset{*}{\underline{P}}(i+1)\underline{c}(i+1) + N(i+1)\right]^{-1}. \quad (5\text{-}214)$$

Aufgrund des speziellen Meßvektors $\underline{c}(i)$ (Gl.(5-155)) ist der Klammerausdruck auf der rechten Seite von Gl.(5-214) hier wieder skalar. Als letzte noch unbekannte Größe des Rechenverfahrens bestimmen wir abschließend die Kovarianzmatrix $\tilde{\underline{P}}(i+1)$ des Schätzfehlers:

$$\tilde{\underline{P}}(i+1) = E\{(\underline{x}(\eta,i+1)-\underline{z}(\eta,i+1))\ (\underline{x}(\eta,i+1)^T-\underline{z}(\eta,i+1)^T)\}\ . \quad (5\text{-}215)$$

Setzt man Gl.(5-208) in diese Gleichung ein und berücksichtigt die Orthogonalität von $\underline{x}(\eta,i+1) - \overset{*}{\underline{z}}(\eta,i+1)$ und $n(\eta,i+1)$, so erhält man nach einigen Umformungen:

$$\tilde{\underline{P}}(i+1) = (\underline{E} - \underline{K}(i+1)\ \underline{c}(i+1)^T)\ \overset{*}{\underline{P}}(i+1)\quad . \quad (5\text{-}216)$$

Damit ist der Kalman Filteralgorithmus vollständig. Maßgebend für die Berechnung eines Schätzwertes $\underline{z}(\eta,i)$ des Zustandsvektors $\underline{x}(\eta,i)$ sind die Gln.(5-190) und (5-192), (5-200) und (5-201) sowie (5-205) und (5-206). Die durch sie repräsentierten Zusammenhänge können durch ein Diagramm dargestellt werden (Bild 5.23). Ein Vergleich mit Bild 5.22 zeigt, daß das Kalman Filter das Prozeßmodell nachbildet. Diese Nachbildung wird angeregt durch die nicht vorhersagbaren Anteile der Meßwerte, die mit der Kalman Verstärkung gewichtet werden. Der Ablauf des Kalman Filteralgorithmus (Bild 5.24) zeigt deutlich, daß diese Verstärkung nur von den statistischen Eigenschaften der das Prozeßmodell anregenden Größen, nicht jedoch von den Meßwerten selbst abhängt. Der vorhergesagte Schätzwert $\overset{*}{\underline{z}}(\eta,i)$ und die Kovarianzmatrizen der Schätzfehler $\tilde{\underline{P}}(i)$ und $\overset{*}{\underline{P}}(i)$ sind Zwischengrößen, die eine bessere Übersicht über den Ablauf des Rechenverfahrens erlauben. Grundsätzlich könnten sie jedoch durch Einsetzen in die entsprechenden Gleichungen für $\underline{z}(\eta,i)$ und $\underline{K}(i)$ eliminiert werden. Einige Eigenschaften der Kalman Verstärkung sollen an zwei sehr einfachen Beispielen diskutiert werden.

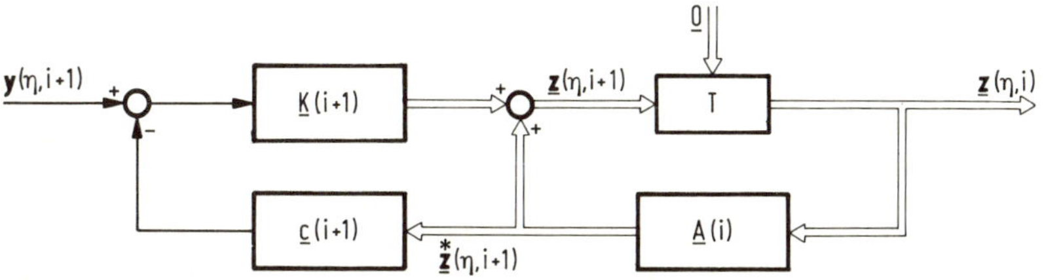

Bild 5.23: Kalman Filter

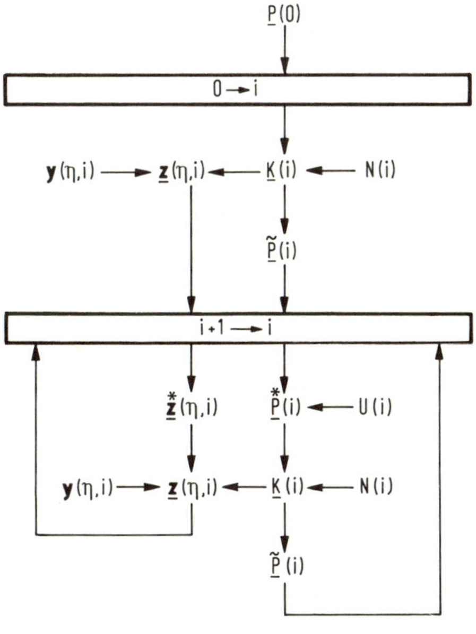

Bild 5.24: Rechenverfahren zum Kalman Filter

Beispiel 5.13: Schätzung einer Konstanten

System- und Meßgleichung eines Modellsystems seien gegeben durch

$$\mathbf{x}(\eta,i+1) = \mathbf{x}(\eta,i) \quad ,$$

$$\mathbf{y}(\eta,i) = \mathbf{x}(\eta,i) + \mathbf{n}(\eta,i) \quad .$$

$x(\eta,i)$ ist in diesem Fall skalar und für alle i konstant. Es soll aus den additiv gestörten Meßwerten $y(\eta,i)$ geschätzt werden. Das Meßrauschen $n(\eta,i)$ sei stationäres weißes Rauschen mit der Varianz $\sigma_n^2 = N$. $x(\eta,i)$ sei mittelwertfrei, seine Varianz σ_x^2 sei gleich P. Dann gelten:

1. Anfangswerte:

$$K(0) = P \,/\, (P + N),\; \tilde{P}(0) = P\,N \,/\, (P + N),\; z(\eta,0) = K(0)\; y(\eta,0).$$

2. Vorhersage:

$$\overset{*}{P}(i+1) = \tilde{P}(i)\;,\; \overset{*}{z}(\eta,i+1) = z(\eta,i)\;.$$

3. Korrektur:

$$K(i+1) = \overset{*}{P}(i+1) \,/\, (\overset{*}{P}(i+1)+N),\; \tilde{P}(i+1) = \overset{*}{P}(i+1)\; N \,/\, (\overset{*}{P}(i+1)+N),$$

$$z(\eta,i+1) = \overset{*}{z}(\eta,i+1) + K(i+1)\left[y(\eta,i+1) - \overset{*}{z}(\eta,i+1)\right].$$

Mit $\frac{1}{\tilde{P}(i+1)} = \frac{1}{\tilde{P}(i)} + \frac{1}{N}$ erhält man durch wiederholtes Einsetzen für die Kalman Verstärkung:

$$K(i) = \frac{P}{(i+1)\;P + N}\;,\quad i \geq 0\;.$$

Da hier eine von i unabhängige Größe zu schätzen ist, d.h. eine Anregung des Prozeßmodells fehlt, strebt die Kalman Verstärkung monoton gegen Null. Dies bedeutet, daß mit wachsender Anzahl der Meßwerte das Gewicht des einzelnen Meßwertes abnimmt. In gleicher Weise vermindert sich der Einfluß der Varianzen P und N auf die Kalman Verstärkung. Für große Werte von i nähert sich der Schätzwert $z(\eta,i)$ dem arithmetischen Mittel der Meßwerte.

Beispiel 5.14: System erster Ordnung (s. auch Beispiel 5.11)

Es sei $x(\eta,i)$ der Ausgangsprozeß eines zeitinvarianten linearen Systems erster Ordnung:

$$x(\eta,i+1) = b\; x(\eta,i) + u(\eta,i)\;.$$

$u(\eta,i)$ sei stationäres weißes Rauschen mit der Varianz

$$\sigma_u^2 = U = \frac{S_0}{T}\,(1 - b^2)\;.$$

$x(\eta,i)$ überlagere sich additiv ein stationäres weißes Rauschen $n(\eta,i)$:

$$y(\eta,i) = x(\eta,i) + n(\eta,i)\;.$$

Die Varianz von $\mathbf{n}(\eta,i)$ sei $\sigma_{\mathbf{n}}^2 = N = N_0/T$, die Varianz $\sigma_{\mathbf{x}}^2$ von $\mathbf{x}(\eta,0)$ sei P. Zu bestimmen ist die Kalman Verstärkung K(i) zur Schätzung von $\mathbf{x}(\eta,i)$ aus den Meßwerten $\mathbf{y}(\eta,k)$, $0 \leq k \leq i$.

1. Anfangswerte:

$$K(0) = P / (P + N),\ \tilde{P}(0) = P\,N / (P + N),\ \mathbf{z}(\eta,0) = K(0)\,\mathbf{y}(\eta,0).$$

2. Vorhersage:

$$\overset{*}{P}(i+1) = b^2\,\tilde{P}(i) + U\ ,\ \overset{*}{\mathbf{z}}(\eta,i+1) = b\,\mathbf{z}(\eta,i)\ .$$

3. Korrektur:

$$K(i+1) = \overset{*}{P}(i+1) / (\overset{*}{P}(i+1)+N),\ \tilde{P}(i+1) = \overset{*}{P}(i+1)\,N / (\overset{*}{P}(i+1)+N).$$

$$\mathbf{z}(\eta,i+1) = \overset{*}{\mathbf{z}}(\eta,i+1) + K(i+1)\left[\mathbf{y}(\eta,i+1) - \overset{*}{\mathbf{z}}(\eta,i+1)\right].$$

Da das System zeitinvariant ist und $\mathbf{u}(\eta,i)$ und $\mathbf{n}(\eta,i)$ stationäre Zufallsprozesse sind, erreichen K(i) und $\tilde{P}(i)$ mit wachsendem i stationäre Endwerte. Für diese gelten:

$$K(i+1) = K(i) = K\ ,\ \tilde{P}(i+1) = \tilde{P}(i) = \tilde{P}\ .$$

Wir bestimmen zunächst $\tilde{P}$ und setzen dazu $\overset{*}{P}(i+1)$ in die Gleichung für $\tilde{P}(i+1)$ ein:

$$\tilde{P}(i+1) = \frac{(b^2\tilde{P}(i) + U)\,N}{b^2\tilde{P}(i) + U + N}\ .$$

Für K(i+1) erhält man nach Einsetzen von $\overset{*}{P}(i+1)$:

$$K(i+1) = \frac{b^2\tilde{P}(i) + U}{b^2\tilde{P}(i) + U + N}\ .$$

Dann gilt für dieses Beispiel:

$$K(i+1) = \tilde{P}(i+1) / N\ .$$

Mit den Abkürzungen $\tilde{p} = \tilde{P}/N$ und $u = U/N$ folgt nun für den stationären Fall:

$$\tilde{p}^2 + \left(\frac{u+1}{b^2} - 1\right)\tilde{p} - \frac{u}{b^2} = 0\ .$$

Mit der Abkürzung

$$\frac{S_0}{N_0}\left(\frac{1}{b} - b\right) + \left(\frac{1}{b} + b\right) = \frac{1}{c} + c\ ,\ 0 < c < 1\ ,$$

(s. Beispiel 5.11) lautet die Lösung dieser Gleichung:

$$\tilde{p} = 1 - \frac{c}{b} .$$

Die zweite Lösung der quadratischen Gleichung ist wegen der Nebenbedingung $\tilde{p} \geq 0$ nicht zulässig. Für die stationäre Lösung der Kalman Verstärkung erhält man dann:

$$K = 1 - \frac{c}{b} .$$

Bild 5.25 zeigt K(i) mit p = P/N als Parameter. K(i) erreicht nach wenigen Schritten nahezu seinen stationären Endwert. Annahmen über p, die aufgrund mangelhafter Vorkenntnisse fehlerhaft sein können, wirken sich damit nur auf die ersten Schätzwerte aus. Setzt man den vorhergesagten Schätzwert in die Gleichung für den korrigierten Wert ein, so erhält man folgende Differenzengleichung:

$$\mathbf{z}(\eta,i+1) = L(i+1)\ \mathbf{z}(\eta,i) + K(i+1)\ \mathbf{y}(\eta,i+1) \ , \quad i \geq 0$$

mit der Abkürzung L(i) = b (1 - K(i)). Diese Gleichung kann rekursiv gelöst werden:

$$\begin{aligned}
\mathbf{z}(\eta,0) &= K(0)\ \mathbf{y}(\eta,0) \quad \text{(aus der Anfangsbedingung)} \ , \\
\mathbf{z}(\eta,1) &= L(1)\ \mathbf{z}(\eta,0) + K(1)\ \mathbf{y}(\eta,1) \\
&= L(1)\ K(0)\ \mathbf{y}(\eta,0) + K(1)\ \mathbf{y}(\eta,1) \ , \\
\mathbf{z}(\eta,2) &= L(2)\ L(1)\ K(0)\ \mathbf{y}(\eta,0) + L(2)\ K(1)\ \mathbf{y}(\eta,1) + K(2)\ \mathbf{y}(\eta,2) \ , \\
\ldots \ & \ \ldots\ldots\ldots\ldots\ldots\ldots \ , \\
\mathbf{z}(\eta,i) &= K(i)\ \mathbf{y}(\eta,i) + \sum_{k=1}^{i} L(i)\ L(i-1) \cdots L(i+1-k)\ K(i-k)\ \mathbf{y}(\eta,i-k) .
\end{aligned}$$

Für hinreichend großes i können anfängliche Abweichungen von K(i) von seinem stationären Endwert vernachlässigt werden:

$$\mathbf{z}(\eta,i) = \sum_{k=0}^{i} K\ L^k\ \mathbf{y}(\eta,i-k) \ , \qquad i \geq 0 .$$

Diese Darstellung entspricht einer Faltungssumme:

$$\mathbf{z}(\eta,i) = T \sum_{k=0}^{i} g(kT)\ \mathbf{y}(\eta,i-k) \ , \quad i \geq 0 .$$

Ein Koeffizientenvergleich ergibt für die Gewichtsfolge g(kT):

$$T\ g(kT) = K\ L^k = K\ b^k\ (1 - K)^k = (1 - \frac{c}{b})\ c^k \ , \quad 0 \leq k \leq i .$$

Dies ist die Gewichtsfolge des kausalen Wiener-Kolmogoroff Filters ohne Totzeit für dasselbe Problem (s. Beispiel 5.11).

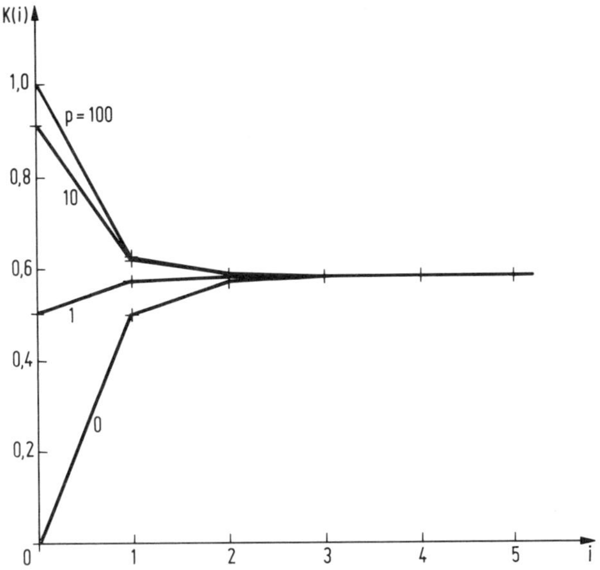

Bild 5.25: Kalman Verstärkung K(i) mit p = P/N als Parameter (s. Beispiel 5.14), U/N = 1, b = 0.8

5.4.3 Verallgemeinerung der Voraussetzungen

Abschließend zur Betrachtung des Kalman Filters soll in diesem Abschnitt gezeigt werden, wie einige allgemeinere Voraussetzungen auf die speziellen Voraussetzungen von Abschnitt 5.4.2 zurückgeführt werden können, so daß auch hier die im vorangehenden Abschnitt hergeleitete Form des Kalman Filters angewandt werden kann. Wir wollen drei Verallgemeinerungen diskutieren:

a) Mittelwertbehaftetes System- und Meßrauschen

Anstelle der Gln.(5-182) und (5-184) gelten nun:

$$E\{\mathbf{u}(\eta,i)\} = m_{\mathbf{u}}(i) \quad , \tag{5-217}$$

$$E\{\mathbf{n}(\eta,i)\} = m_{\mathbf{n}}(i) \quad . \tag{5-218}$$

Die Mittelwerte $m_{\mathbf{u}}(i)$ und $m_{\mathbf{n}}(i)$ seien bekannt. Setzt man

$$\mathbf{u}_1(\eta,i) = \mathbf{u}(\eta,i) - m_{\mathbf{u}}(i) \quad , \tag{5-219}$$

$$\mathbf{n}_1(\eta,i) = \mathbf{n}(\eta,i) - m_{\mathbf{n}}(i) \quad , \tag{5-220}$$

so sind $\mathbf{u}_1(\eta,i)$ und $\mathbf{n}_1(\eta,i)$ wieder mittelwertfrei und die System- und die Meßgleichung lauten:

$$\underline{x}(\eta,i+1) = \underline{A}(i)\ \underline{x}(\eta,i) + \underline{B}(i)\ \mathbf{u}_1(\eta,i) + \underline{B}(i)\ m_{\mathbf{u}}(i) \quad , \tag{5-221}$$

$$\mathbf{y}(\eta,i) = \underline{c}(i)^T\ \underline{x}(\eta,i) + \mathbf{n}_1(\eta,i) + m_{\mathbf{n}}(i) \quad . \tag{5-222}$$

Beide Gleichungen enthalten gegenüber den Gln.(5-178) und (5-179) zusätzlich je einen Summanden, dessen Wert als bekannt vorausgesetzt wird. Beide Summanden beeinflussen nur die in den Ansätzen für die zu schätzenden Größen enthaltenen Konstanten, die bei mittelwertfreiem Rauschen den Wert Null haben. Für den <u>Anfangswert</u> der Schätzung erhält man aus den Gln.(5-190) und (5-191):

$$\underline{z}_A = -\ \underline{K}(0)\ m_{\mathbf{n}}(0) \quad . \tag{5-223}$$

Mit Gl.(5-200) folgt für den <u>vorhergesagten Schätzwert</u>:

$$\underline{z}_V(i+1) = \underline{B}(i+1)\ m_{\mathbf{u}}(i+1) \quad . \tag{5-224}$$

Bei dem <u>korrigierten Schätzwert</u> (Gl.(5-205)) ändert sich schließlich nur die Größe $z_K(i+1)$. Anstelle von Gl.(5-206) erhält man nun:

$$z_K(i+1) = m_{\mathbf{n}}(i+1) \quad . \tag{5-225}$$

Alle weiteren Gleichungen des Rechenverfahrens gelten unverändert.

b) <u>Korreliertes System- und Meßrauschen</u>

System- und Meßrauschen seien nun korreliert. Anstelle von Gl.(5-186) gelte nunmehr:

$$R_{\mathbf{un}}(i_1,i_2) = E\{\mathbf{u}(\eta,i_1)\ \mathbf{n}(\eta,i_2)\} = \begin{cases} S(i_1) & i_1 = i_2 \\ 0 & i_1 \neq i_2 \end{cases} \quad . \tag{5-226}$$

Auch diese Voraussetzung kann auf den Fall unkorrelierter Störungen zurückgeführt werden, wenn man die Systemgleichung (5-178) wie folgt erweitert:

$$\begin{aligned} \underline{x}(\eta,i+1) &= \underline{A}(i)\ \underline{x}(\eta,i) + \underline{B}(i)\ \mathbf{u}(\eta,i) \\ &\quad + \gamma(i)\ \underline{B}(i)\left[\mathbf{y}(\eta,i) - \underline{c}(i)^T\ \underline{x}(\eta,i) - \mathbf{n}(\eta,i)\right]. \end{aligned} \tag{5-227}$$

Der Klammerausdruck ist gleich Null, denn er entspricht der Meßgleichung (5-179). Daher ist der Faktor $\gamma(i)$ frei wählbar. Bevor wir hierfür einen Wert festlegen, formen wir Gl.(5-227) um:

$$\underline{x}(\eta,i+1) = (\underline{A}(i) - \gamma(i)\,\underline{B}(i)\,\underline{c}(i)^T)\,\underline{x}(\eta,i)$$
$$+\,\underline{B}(i)\,(\mathbf{u}(\eta,i) - \gamma(i)\,\mathbf{n}(\eta,i)) + \gamma(i)\,\underline{B}(i)\,\mathbf{y}(\eta,i)$$
$$= \underline{A}_1(i)\underline{x}(\eta,i) + \underline{B}(i)\mathbf{u}_1(\eta,i) + \gamma(i)\underline{B}(i)\mathbf{y}(\eta,i)\;, \qquad (5\text{-}228)$$

mit den Abkürzungen

$$\underline{A}_1(i) = \underline{A}(i) - \gamma(i)\,\underline{B}(i)\,\underline{c}(i)^T\;, \qquad (5\text{-}229)$$

$$\mathbf{u}_1(\eta,i) = \mathbf{u}(\eta,i) - \gamma(i)\,\mathbf{n}(\eta,i)\;. \qquad (5\text{-}230)$$

Gl.(5-228) stellt eine neue Systemgleichung dar, bei der $\gamma(i)\underline{B}(i)\mathbf{y}(\eta,i)$ eine zusätzliche Anregung bedeutet. Da $\mathbf{y}(\eta,i)$ ein Meßwert ist, ist die Größe dieser zusätzlichen Anregung bekannt. Sie kann daher wie ein von Null verschiedener Mittelwert des Systemrauschens behandelt werden. $\mathbf{u}_1(\eta,i)$ schließlich bedeutet ein verändertes Systemrauschen, für das wir fordern, daß es orthogonal zu dem Meßrauschen $\mathbf{n}(\eta,i)$ ist:

$$E\{\mathbf{u}_1(\eta,i_1)\,\mathbf{n}(\eta,i_2)\} = 0 \quad \text{für alle } i_1,\ i_2\;. \qquad (5\text{-}231)$$

Aus dieser Bedingung bestimmen wir den bisher noch unbekannten Faktor $\gamma(i)$:

$$E\{(\mathbf{u}(\eta,i_1) - \gamma(i_1)\,\mathbf{n}(\eta,i_1))\,\mathbf{n}(\eta,i_2)\}$$
$$= \begin{cases} S(i_1) - \gamma(i_1)\,N(i_1) & i_1 = i_2 \\ 0 & i_1 \neq i_2 \end{cases}\;. \qquad (5\text{-}232)$$

Daraus folgt endlich:

$$\gamma(i) = S(i)\;/\;N(i)\;. \qquad (5\text{-}233)$$

Diese Umformungen lassen sich auch bei mehrdimensionalem Meß- und Systemrauschen durchführen. An die Stelle von $\gamma(i)$ tritt dann eine Matrix [5.12].

c) Farbiges Systemrauschen

Als letzte Verallgemeinerung nehmen wir farbiges Systemrauschen an, d.h., wir ersetzen Gl.(5-183) durch

$$R_{\mathbf{uu}}(i_1,i_2) = E\{\mathbf{u}(\eta,i_1)\,\mathbf{u}(\eta,i_2)\} = U(i_1,i_2)\;. \qquad (5\text{-}234)$$

Zusätzlich nehmen wir an, daß $\mathbf{u}(\eta,i)$ als Zustandsvektor eines linearen Systems, das durch weißes Rauschen $\mathbf{r}(\eta,i)$ angeregt wird, dargestellt werden kann:

$$\mathbf{u}(\eta,i+1) = F(i)\,\mathbf{u}(\eta,i) + \mathbf{r}(\eta,i) \quad . \tag{5-235}$$

$\mathbf{u}(\eta,i)$ kann dann mit dem Zustandsvektor $\underline{x}(\eta,i)$ zu einem erweiterten Zustandsvektor $\underline{x}_e(\eta,i)$ zusammengefaßt werden:

$$\underline{x}_e(\eta,i) = \begin{bmatrix} \underline{x}(\eta,i) \\ \mathbf{u}(\eta,i) \end{bmatrix} \quad . \tag{5-236}$$

Für diesen Zustandsvektor erhält man aus den Gln.(5-178) und (5-235) folgende Differenzengleichung:

$$\underline{x}_e(\eta,i+1) = \underline{A}_e(i)\,\underline{x}_e(\eta,i) + \underline{B}_e(i)\,\mathbf{r}(\eta,i) \tag{2-237}$$

mit den Abkürzungen:

$$\underline{A}_e(i) = \begin{bmatrix} \underline{A}(i) & \underline{B}(i) \\ \underline{0} & F(i) \end{bmatrix} \quad , \tag{5-238}$$

$$\underline{B}_e(i) = (\ \underline{0}\ ,\ 1\ )^T \quad . \tag{5-239}$$

Damit liegt wieder ein Prozeßmodell vor, das durch weißes Rauschen angeregt wird und auf das der in Abschnitt 5.4.2 hergeleitete Filteralgorithmus angewandt werden kann. Die Systemgröße F(i) und die Varianz $\sigma_{\mathbf{r}}^2(i)$ der Anregung $\mathbf{r}(\eta,i)$ sind so zu bestimmen, daß für die Autokorrelationsfunktion $R_{\mathbf{uu}}(i_1,i_2)$ des Systemrauschens $\mathbf{u}(\eta,i)$ die Gl. (5-234) erfüllt ist. Aus Gl.(5-174) folgt:

$$F(i) = U(i+1,i)\,U(i,i)^{-1} \quad . \tag{5-240}$$

Die Varianz der Anregung $\mathbf{r}(\eta,i)$ erhält man schließlich aus der Gl.(5-176) unter Berücksichtigung von Gl.(5-239):

$$\sigma_{\mathbf{r}}^2(i) = R_{\mathbf{rr}}(i,i) = U(i+1,i+1) - U(i+1,i)\,U(i,i)^{-1}\,U(i,i+1) \quad . \tag{5-241}$$

Alle Betrachtungen zum Kalman Filter beschränken sich hier auf den Fall skalaren System- und Meßrauschens, skalarer Ausgangsgröße und eines Zustandsvektors, der die letzten m Werte des zu schätzenden Zufallsprozesses enthält. Die Zusammenhänge sind jedoch so formuliert, daß sie einfach auf den besonders in der Regelungstechnik häufig auftretenden Fall vektorieller Eingangs- und Ausgangsgrößen und allgemeinerer Formen des Zustandsvektors übertragen werden können [5.12]. Die hier diskutierte spezielle Form des Zustandsvektors (Gl.(5-177)) erlaubt besondere Realisierungen des Kalman Filters, bei denen die Anzahl der Rechenoperationen, die für die Bestimmung eines Schätzwertes benötigt werden, gegenüber dem allgemeinen Verfahren stark vermindert werden kann [5.13].

5.5 Schrifttum

[5. 1] Van Trees, H. L.: Detection, Estimation, and Modulation Theory. Part I. J. Wiley, New York, 1968.

[5. 2] Thomas, J. B.: An Introduction to Applied Probability and Random Processes. J. Wiley, New York, 1971.

[5. 3] Wiener, N.: The Extrapolation, Interpolation, and Smoothing of Stationary Time Series with Engineering Applications. J.Wiley, New York, 1949. (Die Originalarbeit erschien als MIT Radiation Laboratory Report bereits 1942.)

[5. 4] Kolmogoroff, A.: Interpolation und Extrapolation von stationären zufälligen Folgen (russ.). Akad. Nauk. UdSSR Ser. Math. 5 (1941), 3-14.

[5. 5] Papoulis, A.: Signal Analysis. McGraw-Hill, New York, 1977.

[5. 6] Berger, T. and D. W. Tufts: Optimum pulse amplitude modulation, part I: transmitter-receiver design and bounds from information theory. IEEE Trans. on Information Theory, IT-13 (1967), 196-208.

[5. 7] Oppelt, W.: Kleines Handbuch technischer Regelvorgänge. Verlag Chemie, Weinheim, 1964.

[5. 8] Sorenson, H. W.: Least-squares estimation: from Gauss to Kalman. IEEE Spectrum, 7 (1970), No.7, 63-68.

[5. 9] Kalman, R. E.: A new approach to linear filtering and prediction problems. Trans. ASME, J. of Basic Eng. 82 (1960), 35-45.

[5.10] Kalman, R. E. and R. S. Bucy: New results in linear filtering and prediction theory. Trans. ASME, J. of Basic Eng. 83 (1961), 95-108.

[5.11] Brammer, K. und G. Siffling: Stochastische Grundlagen des Kalman-Bucy-Filters. Oldenbourg-Verlag, München, 1975.

[5.12] Brammer, K. und G. Siffling: Kalman-Bucy-Filter. Oldenbourg-Verlag, München, 1975.

[5.13] Falconer, D. D. and L. Ljung: Application of fast Kalman estimation to adaptive equalization. IEEE Trans. on Communication, COM-26 (1978), 1439-1446.

6. Namen- und Sachverzeichnis